世纪出版·普通高等教育"十二五"规划教材

电工与电子技术教程

忻尚芝　主编

上海科学技术出版社

内 容 提 要

　　电工与电子学课程是高等院校工科非电类本科专业一门非常重要的电类基础课程,本书是电工与电子学课程的授课教材。全书共分十二章,包括电路原理、电工基础、模拟电子技术和数字电子技术的知识内容,涵盖了电工和电子技术两大部分的所有主要章节。本书各章节后都有适当数量的习题,供课后练习以巩固所学的知识。

　　本书可作为普通高等院校工科非电类各专业本科的课程教材,以及其他同等程度电工与电子学课程的教学用书,也可作为从事相关工程技术人员的参考书。

图书在版编目(CIP)数据

电工与电子技术教程/忻尚芝主编. — 上海:上海科学技术出版社,2012.8(2023.1 重印)
　ISBN 978 - 7 - 5478 - 1395 - 9

　Ⅰ.①电… Ⅱ.①忻… Ⅲ.①电工技术 - 高等学校 - 教材②电子技术 - 高等学校 - 教材 Ⅳ.①TM②TN

　中国版本图书馆 CIP 数据核字(2012)第 161840 号

电工与电子技术教程
忻尚芝　　主编

上海世纪出版(集团)有限公司
上 海 科 学 技 术 出 版 社　出版、发行
(上海市闵行区号景路 159 弄 A 座 9F - 10F)
邮政编码 201101　　www.sstp.cn
常熟市兴达印刷有限公司印刷
开本 787×1092　1/16　印张:19
字数:400 千字
2012 年 8 月第 1 版　2023 年 1 月第 10 次印刷
ISBN 978 - 7 - 5478 - 1395 - 9/TM·30
定价:36.00 元

本书如有缺页、错装或坏损等严重质量问题,请向工厂联系调换

电工与电子技术教程
编委会

主　编　忻尚芝

编　委　易映萍　李玉凤　蒋　玲

　　　　夏　耘　刘　犖　侯　文

　　　　忻尚芝

前　言

电工与电子技术是高等院校工科非电类本科专业一门很重要的专业基础课程,《电工与电子技术教程》作为电工与电子技术课程的授课教材,是根据教育部颁布的电工技术和电子技术课程教学大纲的基本要求,结合学校进一步加强本科教学,提高本科教学质量和电工与电子学核心课程建设,在多年理论与实践教学经验积累的基础上编写而成。本教材在编写过程中,坚持从各种非电专业的实际需要出发,注重应用,力求叙述精炼,突出重点,深入浅出地把深奥的原理、定律阐述清楚,并把分析设计的方法解释清楚。

《电工与电子技术教程》全书共分十二章,内容包括电路原理、电工基础、模拟电子技术和数字电子技术四部分,涵盖了电工和电子技术所有主要的章节。书中每章均有习题可巩固所学的知识点,还有习题参考答案供检查解答是否准确,书后附有必要的附录供学习过程中查阅。

本书由上海理工大学电工电子教研室的教师编写。第一、二章由蒋玲编写,第三、四章由李玉凤编写,第五、六章由侯文和刘牮编写,第七、八章由夏耘编写,第九章由易映萍编写,第十、十一和十二章由忻尚芝编写。忻尚芝主编并负责全书的统稿。感谢电工电子教研室其他教师对本教材编写的支持,也感谢在编写过程中给予帮助的所有老师和同行。

《电工与电子技术教程》可作为高等院校工科非电类及相关专业本科学生的电工与电子技术课程教材,也可作为其他同等程度类似课程的教学用书,同时可供从事与电工和电子技术相关人员作为参考书。

由于编者的水平有限和时间比较仓促,书中不妥和错误之处,恳请使用本书的师生和读者批评指正并提出修改建议,以便重印和修订时改正,电子邮箱:xinsz@usst.edu.cn。

编　者

目　录

电 工 部 分

电 子 部 分

电 工 部 分

第1章　电路分析的基本定律

1.1　电路和电路模型

1.1.1　电路的作用和基本组成

电路是电流流通的路径,由某些电气设备或电路器件(如电阻器、电容器、线圈、开关、晶体管、电源等)按一定的方式相互连接而成,是人们为完成某种预期的目的而设计、安装、运行的。

电路的作用主要有两类,一类是实现电能的传输和转换。在电力系统中,发电机组把热能、水能、原子能转换成电能,通过变压器、输电线路输送和分配到户,用户则根据需要将电能转换为机械能、光能和热能等。另一类是实现电信号的产生、变换和处理。通过电路元件将信号源的信号变换或加工成所需的输出信号。如收音机和电视机,通过接收天线把载有声音和图像信息的高频电视信号接收后转换成相应的电信号,然后通过电路将信号进行传递和处理(调谐、变频、检波、放大等),恢复出原来的声音和图像信息,送到扬声器和显像管。

电路虽然形式各样、繁简不一,但作为电路的基本组成必须具有电源(或信号源)、负载和中间环节。

电源是把其他形式的能量(机械能、化学能)转换为电能的供电设备,信号源是将非电信号转换为电信号的器件。负载是指用电设备和器件,它将电能转换成其他形式的能量。常见的有电灯、电动机、扬声器等。电灯将电能转换为光能,电动机将电能转换为机械能等。中间环节起传输、分配和控制电能的作用,最简单的中间环节就是开关和导线,而实际电路的中间环节可能是相当复杂的。

无论电能的传输和转换,还是信号的传递和处理,我们将电源或信号源称为激励,在电路各部分产生的电压和电流称为响应。所谓电路分析,就是在已知电路的结构和元件参数的条件下,讨论电路的激励和响应之间的关系。

1.1.2　电路模型

电气设备和器件种类繁多,即使是很简单的电气设备,在工作时所发生的物理现象也是很复杂的。例如一个实际的线绕电阻器,电流通过时,除了对电流呈现阻力外,还会产生微弱的磁场,因而具有电感的性质。由于实际器件的电磁性质比较复杂,难以用数学式子来描述它们,用这些实际器件组成电路时,如果不分主次,把这些现象或特性全部加以考虑,就会导致问题非常复杂,给分析电路带来很大困难。

为了便于对实际电路进行分析和用数学表达式精确地描述,将实际元器件理想化,即在一定条件下突出其主要的电磁性质,忽略其次要因素,把它近似地看成理想电路元件。除了理想电阻元件 R 之外,还有电感元件 L、电容元件 C 以及理想电源等。由一些理想电路元件所组成的电路,称为实际电路的电路模型,它是对实际电路电磁性质的科学抽象和概括。

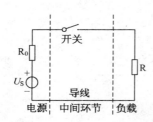

图 1.1　手电筒的电路模型

例如手电筒的实际电路中含有干电池、电珠、开关和筒体,图1.1所示为手电筒的电路模型,电路中表示电珠的电阻元件参数为R;干电池是电源元件,其参数为电压 U_S 和内阻 R_0;包括开关的筒体是连接干电池与电珠的中间环节。

又如日光灯电路的电路模型,就其灯管而言,可近似用一个电阻 R 来表示,而镇流器接入电路时将发生电能转换为磁场能量及电能转换为热能两种物理过程,所以用电感 L 和电阻 R_L 的串联组合来表示。

本书所讲述的电路均为由理想电路元件构成的电路模型而非实际电路,同时把理想电路元件简称为电路元件。

1.2　电路中的电流、电压及功率

1.2.1　电流

电荷在电场作用下作有规则的定向运动称为电流,通常在金属导体内部的电流是由自由电子在电场力作用下运动而形成的。电流的大小用电流强度来表示,电流强度是指在单位时间内通过导体横截面的电荷量。电流强度简称为电流。

电流的大小和方向都不随时间变化时,称为直流电流,用大写字母 I 表示。如果电流的大小和方向随时间变化称为时变电流,一般用符号 i 表示。时变电流的大小和方向都随时间进行周期性变化且平均值为零,则称为交变电流,简称交流。

国际单位制中,电流的单位为安培,简写为安,用字母 A 表示。在电力系统中,电流的单位常为几安培、几十安培甚至更大;而在晶体管组成的电子电路中经常遇到较小的电流,是以 mA(毫安)或 μA(微安)为单位来计算的。它们的关系是:$1(A) = 10^3(mA) = 10^6(\mu A)$。

习惯上规定正电荷移动的方向为电流的实际方向。但对于比较复杂的直流电路,往往事先不能确定电流的实际方向;对于交流电,电流的实际方向是随时间而变化的,也无法在电路图中标出它的实际方向。为方便电路分析,常任意选择一个方向作为电流的参考方向(在电路图中用箭头表示),所选电流的参考方向并不一定与电流的实际方向一致。当电流的参考方向与电流的实际方向一致时,电流值为正,如图 1.2a 所示;若与电流的实际方向相反,则电流值为负,如图 1.2b 所示。在分析电路时,可以先任意假设电流的参考方向,并以此为准进行分析、计算,利用计算结果中电流的正负值结合参考方向来表明电流的真实方向。显然,在未标示参考方向的情况下,电流的正负是毫无意义的。

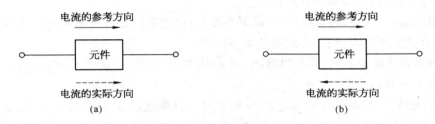

图 1.2　电流的参考方向

(a) 电流值为正;(b) 电流值为负

1.2.2　电压与电位

电路中 a、b 两点间的电压定义为电场力把单位正电荷由 a 点移至 b 点所做的功。

电压的大小和方向都不随时间变化时,称为直流电压,用大写字母 U 表示,反之称为时变电压,一般用符号 u 表示。

国际单位制中,电压的单位为伏特,简写为伏,用字母 V 表示。在测量中也可用 kV(千伏)、mV(毫伏)和 μV(微伏)为单位表示。它们的关系是:$1(kV) = 10^3(V) = 10^6(mV) = 10^9(\mu V)$。

电压的实际方向规定由高电位处指向低电位处,即电位降低的方向。

与电流的参考方向类似,电压的参考方向也可以任意选取,两点之间的电压参考方向可以用正(+)、负(-)极性表示,正极指向负极的方向就是电压的参考方向;也可用一个箭头表示电压的参考方向;还可用双下标表示电压,如 U_{ab} 表示 a、b 之间的电压参考方向由 a 指向 b。同样,所选的参考方向并不一定就是电压的实际方向。当电压取得的值为正值时,说明电压的实际方向与参考方向一致,如图 1.3a 所示;否则说明两者相反,如图 1.3b 所示。

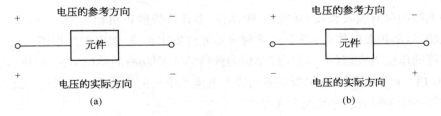

图 1.3　电压的参考方向

(a) 电压值为正;(b) 电压值为负

在分析电路尤其是电子线路时,常常需要计算电路中某点的电位。电路中某点的电位定义为电场力把单位正电荷由该点移至参考点所做的功。为了确定某点的电位,必须事先在电路中选定某一点作为"参考点"。参考点的电位通常规定为零。

在电路中 a、b 两点间的电压常称为 a、b 两点间的电位差。

$$U_{ab} = V_a - V_b \tag{1.1}$$

式中 V_a 为 a 点的电位,V_b 为 b 点的电位。由此可见,电路中某点的电位就是该点到参考点的电压。

在电位计算中应注意以下两点:

(1) 电位是一个相对的物理量,不确定参考点,讨论电位是没有意义的。在同一个电路中,当参考点选定不同时,同一点的电位是不同的。

(2) 参考点选取的不同,并不影响同一电路中两点之间电压的大小,即两点之间电压的大小与参考点的选取无关。

对一个元件,电流参考方向和电压参考方向可以相互独立地任意确定,但为了方便起见,通常将其取为一致,称关联参考方向;如不一致,称非关联参考方向,如图 1.4 所示。

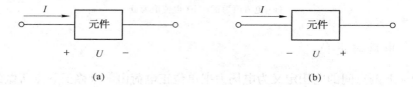

(a)　　　　　　　　　　　　(b)

图 1.4　参考方向的关联性

(a) 关联参考方向;(b) 非关联参考方向

1.2.3　功率

电场力在单位时间内所做的功称为电功率,简称功率。当一个元件上的电流、电压满足关联参考方向时,功率计算为:

$$P = UI \tag{1.2}$$

而当一个元件上的电流、电压为非关联参考方向时,功率计算为:

$$P = -UI \tag{1.3}$$

元件上的功率有吸收和发出两种可能,用功率计算值的正负相区别。当 $P > 0$ 时表示元件吸收功率,起负载的作用;当 $P < 0$ 时表示元件发出功率,起电源的作用。

若电流的单位为安培(A),电压的单位为伏特(V),则功率的单位为瓦特(W),简称瓦。

【例 1.1】　试判断图 1.5 中所示各元件上电流和电压的实际方向,计算各元件的功率并说明该元件实际是吸收功率还是发出功率。

解:图 1.5a 中元件 1 上电流为负值,可判断电流的实际方向为 b 指向 a,电压值为正,实际方向同参考方向,为 a 指向 b。

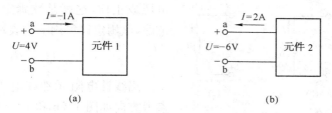

图 1.5　例 1.1 的电路

由于电流、电压为关联参考方向，$P = UI = 4 \times (-1) = -4(\text{W})$，由于 $P < 0$，该元件发出功率。

图 1.5b 中元件 2 上电流为正值，可判断电流的实际方向为 b 指向 a，电压为负值，电压的实际方向为 b 指向 a。

由于电流、电压为非关联参考方向，$P = -UI = -(-6) \times 2 = 12(\text{W})$，由于 $P > 0$，该元件吸收功率。

【例 1.2】　如图 1.6 所示电路中，五个元件分别代表电源或负载，电流与电压的参考方向如图所示，已知 $U_1 = 10\,\text{V}$，$U_2 = -3\,\text{V}$，$U_3 = -7\,\text{V}$，$U_4 = -2\,\text{V}$，

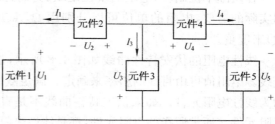

图 1.6　例 1.2 的电路

$U_5 = -9\,\text{V}$，$I_1 = -3\,\text{A}$，$I_3 = 2\,\text{A}$，$I_4 = 1\,\text{A}$，(1) 计算各元件的功率，判别哪些元件是电源？哪些元件是负载？(2) 该电路的功率是否平衡？

解：(1) 元件 1 电压与电流的参考方向关联，有：
$$P_1 = U_1 I_1 = 10 \times (-3) = -30(\text{W})　　\text{发出功率，是电源；}$$

元件 2 电压与电流的参考方向关联，有：
$$P_2 = U_2 I_1 = -3 \times (-3) = 9(\text{W})　　\text{吸收功率，是负载；}$$

元件 3 电压与电流的参考方向非关联，有：
$$P_3 = -U_3 I_3 = -(-7) \times 2 = 14(\text{W})　　\text{吸收功率，是负载；}$$

元件 4 电压与电流的参考方向关联，有：
$$P_4 = U_4 I_4 = (-2) \times 1 = -2(\text{W})　　\text{发出功率，是电源；}$$

元件 5 电压与电流的参考方向非关联，有：
$$P_5 = -U_5 I_4 = -(-9) \times 1 = 9(\text{W})　　\text{吸收功率，是负载。}$$

(2)　　　　　　$P_1 + P_2 + P_3 + P_4 + P_5 = 0$　　该电路功率平衡。

1.3　欧姆定律

线性电阻元件电压和电流取关联参考方向，在任何时刻流过电阻的电流与电阻两端的

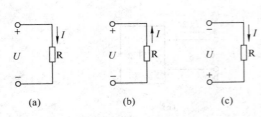

图 1.7　欧姆定律

电压成正比,这就是欧姆定律。对图 1.7a 的电路,欧姆定律可用下式表示:

$$U = RI \qquad (1.4)$$

当线性电阻元件在电压和电流取非关联参考方向如图 1.7b 和 1.7c 时,则得:

$$U = -RI \qquad (1.5)$$

值得注意的是:欧姆定律有两种正负号,式(1.4)与式(1.5)中的正负号是由电压和电流的参考方向得出的,而电压和电流本身还有正值与负值之分。

在国际单位制中,电阻的单位是欧姆,简称欧,用 Ω 表示。根据实际的需要,电阻的单位可以分别用 Ω,kΩ(千欧)和 MΩ(兆欧)来度量。

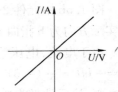

图 1.8　线性电阻元件的伏安特性曲线

线性电阻的伏安特性曲线如图 1.8 所示,是一条通过原点的直线。电阻值可由直线的斜率来确定。满足欧姆定律的电阻元件均为线性电阻元件。如果伏安特性曲线不是直线,则称为非线性电阻元件。通常所指的电阻元件,都是线性电阻元件。

电阻元件也可以用另一个参数——电导 G 来表征,电阻的倒数称为电导,即:

$$G = \frac{1}{R} \qquad (1.6)$$

电导的单位是 S(西),1 S = 1/Ω。

在电压和电流取关联参考方向时,由功率的定义,电阻元件消耗的功率为:

$$P = UI = RI^2 = GU^2 \qquad (1.7)$$

电流通过电阻时要产生热效应,即消耗一定的电能,并转换成热能。而热能向周围空间散去,不可能再直接转换为电能回到电源。可见,电阻中的能量转换过程是不可逆的。

图 1.9　开路和短路的伏安特性曲线

(a) 开路的伏安特性;(b) 短路的伏安特性

线性电阻有两种值得注意的特殊情况——开路和短路。当一个线性电阻的端电压无论何值,流过它的电流恒等于零,就把它称为"开路"。开路的伏安特性曲线与电压轴重合,如图 1.9a 所示,相当于 $R = \infty$ 或 $G = 0$。当流过一个线性电阻的电流无论何值,它的端电压恒等于零,就把它称为"短路"。短路的伏安特性曲线与电流轴重合,如图 1.9b 所示,相当于 $R = 0$ 或 $G = \infty$。

作为理想化电路元件的线性电阻,其工作电压、电流和功率没有任何限制。而实际的电阻器在一定电压、电流和功率范围内才能正常工作。电子设备中常用的碳膜电阻器、金属膜电阻器在生产制造时,除标明标称电阻值外,还要规定额定功率值。额定值是制造厂为了使产品能在给定的工作条件下正常运行而规定的正常允许值。在一般情况下，电阻器的实际工作电压、电流和功率均不应超过其额定值。

根据电阻 R 和额定功率 P_N，可用以下公式计算电阻器的额定电压 U_N 和额定电流 I_N：

$$U_N = \sqrt{RP_N} \tag{1.8}$$

$$I_N = \sqrt{\frac{P_N}{R}} \tag{1.9}$$

1.4　理想电压源和理想电流源

在电路中，电源的作用是将其他形式的能量（热能、光能、化学能等）转换成电能。电源的种类很多，有干电池、蓄电池、发电机等。理想电压源和理想电流源是从实际电源抽象得到的理想电路模型，即只表示了实际电压源提供电压和实际电流源提供电流的特性而忽略其内阻作用。

1.4.1　理想电压源

实验室中常见的各种直流和交流稳压电源，当其电流在相当大的范围内变化时，仍然能保持输出电压的稳定，由此得出一种理想的元件——理想电压源。理想电压源的端电压为：

$$u(t) = u_s(t)$$

式中 $u_s(t)$ 为给定的时间函数，元件两端的电压与通过元件的电流无关。当 $u_s(t)$ 为恒定值时，$U = U_s$，元件两端的电压始终等于恒定值，符号如图 1.10 所示。

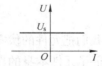

图 1.10　理想电压源　　　　**图 1.11　理想电压源的伏安特性**

理想电压源的伏安特性曲线如图 1.11 所示，它是一条与电流轴平行的直线，表示理想电压源的电流不由自身确定，而由与它连接的外电路确定，其值可大可小，可正可负。如果外电路开路，则电流为零。当电流的实际方向从理想电压源的正极流出时，理想电压源发出能量，处在电源的状态；当电流的实际方向从正极流入时，理想电压源吸收能量，处在负载的状态。

1.4.2　理想电流源

理想电流源是从实际电源抽象出来的另一种电路元件，它能向外电路提供较为稳定的电流。理想电流源的输出的电流为：

$$i(t) = i_s(t)$$

式中 $i_s(t)$ 为给定的时间函数,元件上流过的电流与电源两端的电压无关。当 $i_s(t)$ 为恒定值时,$I = I_s$,元件上的电流始终等于恒定值,符号如图 1.12 所示。

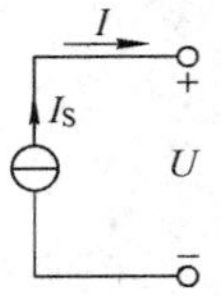

图 1.12　理想电流源

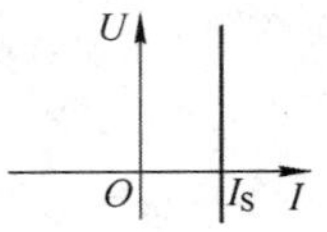

图 1.13　理想电流源的伏安特性

理想电流源的伏安特性曲线如图 1.13 所示,它是一条与电压轴平行的直线,表示理想电流源的端电压不由自身确定,而由与它连接的外电路确定。

和理想电压源一样,电流源有时对电路提供功率,有时也从电路吸收功率。可根据其电压电流的参考方向及电压电流乘积的正负来判定电流源是产生功率还是吸收功率。

【例 1.3】　如图 1.14 所示电路中,求 1.14a 图中理想电压源上的电流和 1.14b 图中理想电流源两端的电压,已知 $U_s = 9\,\text{V}$,$I_s = 2\,\text{A}$,$R = 3\,\Omega$。

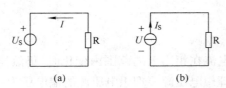

(a)　　　　　　(b)

图 1.14　例 1.3 的电路

解:根据欧姆定律,可得图 1.14a 中电流为:

$$I = -\frac{U_s}{R} = -\frac{9}{3} = -3(\text{A})$$

图 1.14b 中电压为:

$$U = I_s R = 2 \times 3 = 6(\text{V})$$

1.5　基尔霍夫定律

在电路理论中,我们把元件的伏安关系式称为元件的约束方程,这是元件电压、电流所必须遵守的规律,它表征了元件本身的性质。当各元件连接成一个电路以后,电路中的电压、电流除了必须满足元件本身的约束方程以外,还必须同时满足电路结构加给各元件的电压和电流的约束关系,这种来自结构的约束体现为基尔霍夫的两个定律,即基尔霍夫电流定律和基尔霍夫电压定律。

电路中每一条分支称为支路,一条支路中流过的是同一电流。电路中 3 条或 3 条以上支路的连接点称为结点。电路中由支路组成的任一闭合的路径称为回路,内部不含支路的回路称网孔。

图 1.15 所示电路中共有 6 条支路、4 个结点、7 个回路、3 个网孔。

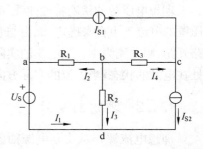

图 1.15　支路、结点、回路示意图

1.5.1 基尔霍夫电流定律(KCL)

基尔霍夫电流定律是反映电路中任一个结点上各支路电流之间的关系。由于电流的连续性,在电路中任何点(包括结点在内)的截面上均不能堆积电荷。因此,在任何时刻,流向任意结点的电流之和应该等于由该结点流出的电流之和。

如图 1.15 所示电路中,对于结点 c,有:

$$I_4 + I_{s1} = I_{s2} \tag{1.10}$$

或将式(1.10)改写成

$$I_4 + I_{s1} - I_{s2} = 0$$

即
$$\sum I = 0 \tag{1.11}$$

式(1.11)就是 KCL 的表达式,内容为对于电路中的任一结点,在任何时刻,该结点的支路电流的代数和恒等于零。如果规定流入结点的电流为正,则流出结点的电流为负。列写 KCL 电流方程式时要注意,必须先标出汇集到结点上的各支路电流的参考方向,只有在参考方向选定之后,才能确立各支路电流在 KCL 方程式中的正、负号。

KCL 通常用于结点,但是对于包围几个结点的闭合面也是适用的。

如图 1.16 所示的闭合面又称为广义结点,它有 a、b、c 三个结点。应用 KCL 可列出

结点 a:$I_1 - I_4 - I_6 = 0$

结点 b:$I_2 + I_4 - I_5 = 0$

结点 c:$I_3 + I_5 + I_6 = 0$

以上三式相加得:$I_1 + I_2 + I_3 = 0$

说明广义结点也满足 KCL。

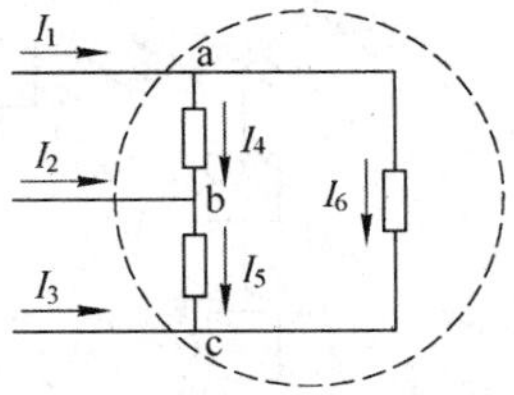

KCL 给出了电路中任一结点处各支路电流的约束关系。如果某一结点的各支路电流中有一个是未知的,便可以根据 KCL 来求解出这个未知电流。

图 1.16 基尔霍夫电流定律的推广应用

【例 1.4】 图 1.17 所示电路中,已知 $I_1 = -3\,\text{A}$,$I_4 = -5\,\text{A}$,$I_6 = -8\,\text{A}$,求 I_2,I_3,I_5。

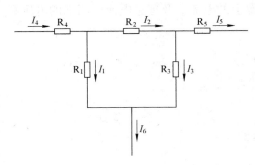

图 1.17 例 1.4 的电路

解:根据 KCL,有:

$$I_4 - I_1 - I_2 = 0$$
$$I_2 = I_4 - I_1 = -5 - (-3) = -2(\text{A})$$

同理:

$$I_1 + I_3 - I_6 = 0$$
$$I_3 = -I_1 + I_6 = -(-3) + (-8) = -5(\text{A})$$
$$I_2 - I_3 - I_5 = 0$$
$$I_5 = I_2 - I_3 = -2 - (-5) = 3(\text{A})$$

由本例可见,式中有两种正负号,电流前的正负号是由 KCL 根据电流的参考方向确定

的,括号内数字前的则是表示电流本身数值的正负。

1.5.2 基尔霍夫电压定律(KVL)

基尔霍夫电压定律是反映电路中任一回路中各部分电压之间的关系。具体内容为:在任一时刻,沿电路中的任一回路的绕行方向(顺时针或逆时针),回路中所有支路电压的代数和恒等于零。即:

$$\sum U = 0 \tag{1.12}$$

在式(1.12)中,元件上电压参考方向与回路绕行方向一致时取正号,相反时取负号。

设图1.18回路的绕行方向为顺时针方向,则 KVL 方程为:

$$U_3 + U_5 - U_4 - U_2 - U_1 = 0$$

KVL 通常用于闭合回路,但也可推广应用到任一不闭合的电路上。如图1.18电路中,ad 之间并无支路存在,但仍可把 abda 看成一个回路(它们是假想的回路)。由 KVL 分别得:

$$U_3 + U_5 - U_{ad} = 0$$
$$U_{ad} = U_3 + U_5$$

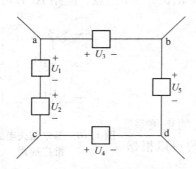

图 1.18　基尔霍夫电压定律示例

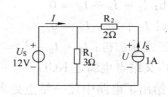

图 1.19　例 1.5 的电路

【例1.5】　图1.19所示电路中,求理想电压源上的电流 I 及理想电流源两端的电压 U。

解:由 KCL 可得:

$$I + I_s = \frac{U_s}{R_1}$$

将已知数据代入得:

$$I + 1 = \frac{12}{3}$$

$$I = 4 - 1 = 3(\text{A})$$

由 KVL 可得:

$$U-U_s-R_2I_s=0$$
$$U=U_s+R_2I_s=12+2\times1=14(\mathrm{V})$$

【例1.6】　图1.20所示电路中,已知$U_s=8\mathrm{~V}$,$I_{s1}=10\mathrm{~A}$,$I_{s2}=3\mathrm{~A}$,$R_1=2\mathrm{~\Omega}$, $R_2=1\mathrm{~\Omega}$,求电流源I_{s1}和I_{s2}的功率。

解:在结点a应用KCL,可得:

$$I=I_{s1}-I_{s2}=10-3=7(\mathrm{A})$$

应用KVL,可得电流源I_{s2}两端的电压:

$$U_2=R_1I+U_s=2\times7+8=22(\mathrm{V})$$

电流源I_{s2}的功率:

$$P_{I_{s2}}=U_2I_{s2}=22\times3=66(\mathrm{W})$$

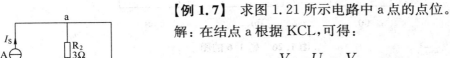

图1.20　例1.6的电路

电流源I_{s2}吸收功率66 W。

电流源I_{s1}两端的电压:

$$U_1=U_2+R_2I_{s1}=22+1\times10=32(\mathrm{V})$$

电流源I_{s1}的功率:

$$P_{I_{s1}}=-U_1I_{s1}=-32\times10=-320(\mathrm{W})$$

电流源I_{s1}发出功率320 W。

【例1.7】　求图1.21所示电路中a点的点位。

解:在结点a根据KCL,可得:

$$\frac{V_a-U_s}{R_2}+\frac{V_a}{R_3}=I_s$$

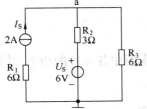

图1.21　例1.7的电路

即:

$$\frac{V_a-6}{3}+\frac{V_a}{6}=2$$
$$V_a=8\mathrm{~V}$$

习　　题

1.1　如图1.22所示,若已知元件发出功率为30 W,电压$U=6\mathrm{~V}$,求电流I。

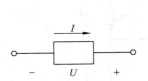

图1.22　题1.1的图

(a)

(b)

(c)

图1.23　题1.2的图

1.2 在图 1.23 所示各装置中,已知电压 $U = 5\,\text{V}$,电流 $I = -2\,\text{A}$,试确定哪个装置是电源,哪个装置是负载?

1.3 图 1.24 所示电路中,四个元件代表电源或负载。已知 $U_1 = 12\,\text{V}$,$U_2 = 4\,\text{V}$,$U_3 = -8\,\text{V}$,$I_1 = -2\,\text{A}$,$I_3 = 1\,\text{A}$,$I_4 = 3\,\text{A}$。(1)计算各元件的功率,判别哪些元件是电源?哪些元件是负载?(2)该电路的功率是否平衡?

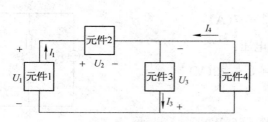

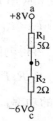

图 1.24 题 1.3 的图   图 1.25 题 1.4 的图

1.4 试求图 1.25 所示电路中 b 点的电位。

1.5 标有 $100\,\Omega$、$0.25\,\text{W}$ 的碳膜电阻,使用时电流和电压的限值是多少?

1.6 求图 1.26 中各理想电压源和理想电流源的功率,指出它们是吸收还是产生功率。

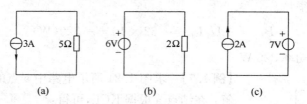

(a)   (b)   (c)

图 1.26 题 1.6 的图

1.7 图 1.27 电路中,已知 $U_s = 10\,\text{V}$,$I_s = 2\,\text{A}$,$R = 2\,\Omega$,求图中各元件的功率,并指出是吸收还是发出功率。

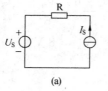

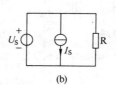

(a)   (b)

图 1.27 题 1.7 的图

1.8 电路如图 1.28 所示,求电流 I 和电压 U。

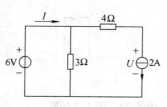

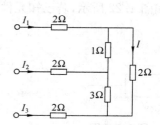

图 1.28 题 1.8 的图   图 1.29 题 1.9 的图

1.9　图 1.29 电路为某复杂电路的一部分,已知 $I_1 = 3$ A, $I_2 = -1$ A,求图中电流 I。

1.10　试求图 1.30 所示电路中的 R_1、R_2 和 R_3。

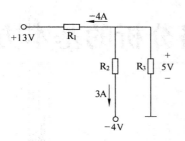

图 1.30　题 1.10 的图

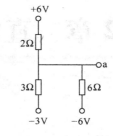

图 1.31　题 1.11 的图

1.11　用基尔霍夫定律求图 1.31 电路中的 a 点的电位。

1.12　求图 1.32 所示电路中电阻 R_1 吸收的功率。

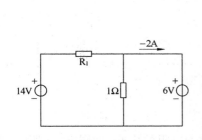

图 1.32　题 1.12 的图

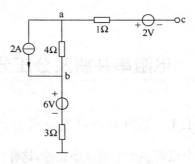

图 1.33　题 1.13 的图

1.13　图 1.33 所示电路中,c 端开路,求 a、b、c 各点的点位。

1.14　在图 1.34 所示电路中,求电路中 a 点的电位。

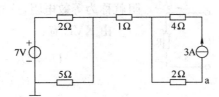

图 1.34　题 1.14 的图

第 2 章　直流电路分析的基本方法

2.1　电阻串并联及分压分流公式

2.1.1　电阻的串联及分压公式

两个或者多个电阻顺序相连,这样的连接方法称为电阻的串联,如图 2.1a 所示,电阻串联的基本特点是流过这些电阻的是同一电流。几个电阻串联,可以用一个电阻替代,如图 2.1b所示。替代后的电阻在电路中的效果若和原来相同,即对外电路而言有相同的伏安关系,这个电阻就称为等效电阻,这样的替代就称为等效变换。

由 KVL 有:

$$U = U_1 + U_2 + \cdots + U_n$$
$$= R_1 I + R_2 I + \cdots + R_n I$$
$$= (R_1 + R_2 + \cdots + R_n)I = RI$$

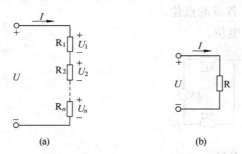

图 2.1　电阻的串联及其等效电阻
(a) 电阻的串联;(b) 等效电路

其中
$$R = \sum_{k=1}^{n} R_k \tag{2.1}$$

式(2.1)表明 n 个电阻串联可以等效为一个电阻 R,此电阻 R 等于串联电路中各电阻之和。第 k 个电阻上的电压为:

$$U_k = R_k I = R_k \cdot \frac{U}{\sum\limits_{k=1}^{n} R_k} \tag{2.2}$$

由式(2.2)可见,串联的每个电阻两端的电压与电阻值成正比。式(2.2)称为分压公式。若

只有 R_1、R_2 串联，则分压公式为：

$$U_1 = \frac{R_1}{R_1 + R_2} U \qquad (2.3)$$

$$U_2 = \frac{R_2}{R_1 + R_2} U \qquad (2.4)$$

2.1.2　电阻的并联及分流公式

两个或多个电阻接在两个公共结点之间，形成电阻的并联，如图 2.2a 所示。并联时，加在各个电阻上的是同一电压。几个电阻并联，也可以用一个等效电阻代替，如图 2.2b 所示。

应用 KCL 有：

$$
\begin{aligned}
I &= I_1 + I_2 + \cdots + I_n \\
&= \frac{U}{R_1} + \frac{U}{R_2} + \cdots + \frac{U}{R_n} \\
&= \left(\frac{1}{R_1} + \frac{1}{R_2} + \cdots + \frac{1}{R_n} \right) U \\
&= (G_1 + G_2 + \cdots + G_n) U = GU
\end{aligned}
$$

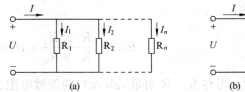

图 2.2　电阻的并联及其等效电阻
(a) 电阻的并联；(b) 等效电路

其中

$$G = \sum_{k=1}^{n} G_k \qquad (2.5)$$

式 (2.5) 表明 n 个电阻并联可以等效为一个电阻 R，其电导值等于并联电路中各电导之和。第 k 个电阻上的电流为：

$$I_k = G_k U = G_k \cdot \frac{I}{\sum\limits_{k=1}^{n} G_k} \qquad (2.6)$$

由式 (2.6) 可见，并联电阻中的电流与其各自的电导值成正比。式 (2.6) 称为分流公式。若只有 R_1、R_2 并联，则分流公式为：

$$I_1 = \frac{G_1}{G_1 + G_2} I = \frac{R_2}{R_1 + R_2} I \qquad (2.7)$$

$$I_2 = \frac{G_2}{G_1 + G_2} I = \frac{R_1}{R_1 + R_2} I \qquad (2.8)$$

实际电路中往往既有电阻的串联，又有电阻的并联，这种连接方式称为混联。要分析和计算混联电路，应当从电路的结构出发，依次运用电阻串并联的关系，逐步把电路化简为一个等效电阻。

【**例 2.1**】　求图 2.3a 所示电路中 ab 端口的等效电阻，已知 $R_1 = R_2 = R_5 = 4\,\Omega$，$R_3 =$

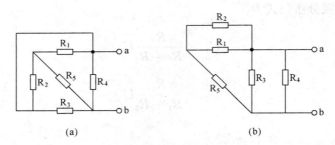

图 2.3　例 2.1 的图

$3\ \Omega$，$R_4 = 6\ \Omega$。

解：把导线缩成点，可将图 2.3a 电路改画为图 2.3b，R_1、R_2 并联后再与 R_5 串联，等效电阻为：

$$R_{125} = \frac{R_1 \times R_2}{R_1 + R_2} + R_5 = \frac{4 \times 4}{4 + 4} + 4 = 6(\Omega)$$

R_{125} 再与 R_3、R_4 并联，ab 端口的等效电阻为：

$$R_{ab} = \frac{1}{\dfrac{1}{R_{125}} + \dfrac{1}{R_3} + \dfrac{1}{R_4}} = \frac{1}{\dfrac{1}{6} + \dfrac{1}{3} + \dfrac{1}{6}} = 1.5(\Omega)$$

【例 2.2】　求图 2.4 所示电路中的电压 U_{ab}，已知 $R_1 = R_2 = 2\ \Omega$，$R_3 = 1\ \Omega$，$R_4 = 3\ \Omega$，$R_5 = 4\ \Omega$，$I_s = 6\ A$。

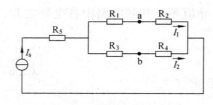

图 2.4　例 2.2 的图

解：用分流公式可分别求出流过 R_2、R_4 上的电流，

$$I_1 = \frac{R_3 + R_4}{R_1 + R_2 + R_2 + R_4} I_s = \frac{4}{8} \times 6 = 3(A)$$

$$I_2 = \frac{R_1 + R_2}{R_1 + R_2 + R_2 + R_4} I_s = \frac{4}{8} \times 6 = 3(A)$$

由 KVL 可得：

$$U_{ab} = R_2 I_1 - R_4 I_2 = 2 \times 3 - 3 \times 3 = -3(V)$$

2.2　电阻三角形连接星形连接及其等效变换

电阻的连接方式，除了串联和并联，还有星形连接和三角形连接。将三个电阻的一端连在一起，另一端分别与外电路相连就构成星形连接，又称 Y 形连接。将三个电阻的首尾相接，三个相接点分别与外电路相连，就构成三角形连接，又称 △ 形连接。如图 2.5 所示 R_1、R_2、R_3 或 R_3、R_4、R_5 构成 △ 形连接，R_1、R_3、R_4 或 R_2、R_3、R_5 构成 Y 型连接。

电阻的 Y 形网络和 △ 形网络都是通过 3 个端钮与外部电路相连接（图中没有画出电路

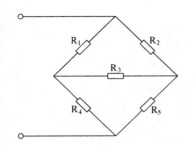

图2.5 电阻的丫形连接和△形连接

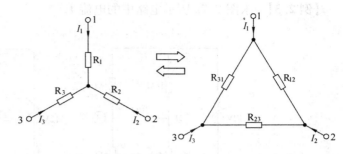

图2.6 丫形连接和△形连接的等效变换

的其他部分),如果在它们的对应端钮之间具有相同的电压 U_{12}、U_{23} 和 U_{31},而流入对应端钮的电流也分别相等时(如图2.6所示),我们就说这两种方式的电阻连接相互之间可以等效变换。

满足上述等效变换的条件,即可推导出两种电阻连接中各电阻参数之间的关系,当一个丫形电阻网络变换为△形电阻网络时:

$$\left.\begin{aligned}
R_{12} &= \frac{R_1 R_2 + R_2 R_3 + R_3 R_1}{R_3} \\
R_{23} &= \frac{R_1 R_2 + R_2 R_3 + R_3 R_1}{R_1} \\
R_{31} &= \frac{R_1 R_2 + R_2 R_3 + R_3 R_1}{R_2}
\end{aligned}\right\} \tag{2.9}$$

当一个△形电阻网络变换为丫形电阻网络时:

$$\left.\begin{aligned}
R_1 &= \frac{R_{12} R_{31}}{R_{12} + R_{23} + R_{31}} \\
R_2 &= \frac{R_{23} R_{12}}{R_{12} + R_{23} + R_{31}} \\
R_3 &= \frac{R_{31} R_{23}}{R_{12} + R_{23} + R_{31}}
\end{aligned}\right\} \tag{2.10}$$

为了便于记忆,以上公式可归纳为:

$$丫形电阻 = \frac{△形夹边电阻之乘积}{△形三边电阻之和}$$

$$△形电阻 = \frac{丫形电阻两两乘积之和}{丫形不相邻电阻}$$

若丫形电阻中三个电阻值相等,则等效△形电阻中三个电阻也相等,即:

$$R_丫 = \frac{1}{3} R_△ \quad 或 \quad R_△ = 3R_丫 \tag{2.11}$$

【**例 2.3**】 求图 2.7a 所示电路中的电流 I。

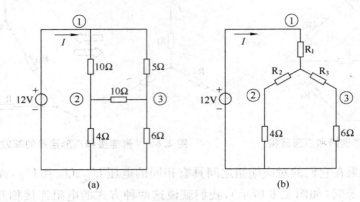

图 2.7 例 2.3 的图

解：将 10 Ω、5 Ω 和 10 Ω 三个电阻构成的三角形连接等效变换成星形连接，如图 2.7b 所示，电阻值可由式（2.10）所得：

$$R_1 = \frac{10 \times 5}{10 + 10 + 5} = 2(\Omega)$$

$$R_2 = \frac{10 \times 10}{10 + 10 + 5} = 4(\Omega)$$

$$R_3 = \frac{10 \times 5}{10 + 10 + 5} = 2(\Omega)$$

可求得：

$$I = \frac{12}{R_1 + \dfrac{(R_2 + 4)(R_3 + 6)}{R_2 + 4 + R_3 + 6}} = 2(\text{A})$$

2.3 实际电压源、电流源的等效变换

2.3.1 实际电压源

第一章已经介绍了理想电压源和理想电流源，而实际的电源总是存在内阻的，当负载改变时，负载两端的电压及流过负载的电流都会发生改变。实际电压源的电路模型用理想电压源和电阻的串联组合表示，如图 2.8 所示，这个电阻称为电压源的内阻。

由 KVL 得到实际电压源中电压与电流的关系为：

$$U = U_s - IR_0 \tag{2.12}$$

其伏安特性曲线如图 2.9 所示。

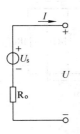

图 2.8 实际电压源的电路模型

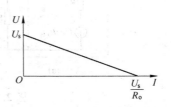

图 2.9 实际电压源的伏安特性

2.3.2 实际电流源

考虑实际电流源有损耗,其电路模型用理想电流源和电阻的并联组合表示,如图 2.10 所示,这个电阻称为电流源的内阻。

由基尔霍夫电流定律得到实际电流源中的电压与电流的关系为:

$$I = I_s - \frac{U}{R_0} \tag{2.13}$$

其伏安特性曲线如图 2.11 所示。

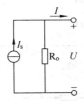

图 2.10 实际电流源的电路模型

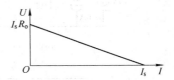

图 2.11 实际电流源的伏安特性

2.3.3 电压源与电流源的等效变换

一个实际的电源既可以表示为一个电压源,也可以表示为一个电流源。如果对外电路而言两种电源作用的效果完全相同,即两电路端口处的电压、电流相等,则称这两种电源对外电路而言是等效的,那么这两种电源之间可以进行等效变换。

由实际电压源与实际电流源的伏安特性可以得出它们之间的等效变换的条件是:

$$U_s = I_s R_0 \tag{2.14}$$

或

$$I_s = \frac{U_s}{R_0} \tag{2.15}$$

由式(2.14)和(2.15)可见,实际电压源等效变换为实际电流源时,电源内阻不变,电流源的 I_s 等于电压源的 U_s 与内阻之比。电流源电流流出的一端应与电压源的正极对应,如图 2.12 所示。

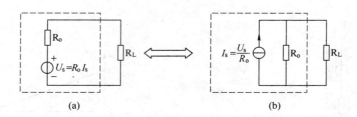

图 2.12　两种电源的等效变换

(a) 电压源模型；(b) 电流源模型

在进行电源的等效变换时,应注意:

(1) 等效变换只对外部电路而言是等效的,至于电源内部电路并不等效。

(2) 理想电压源和理想电流源之间不能进行等效变换。

(3) 与理想电压源并联的元件对外电路不起作用,在分析外电路时可以将其开路;与理想电流源串联的元件对外电路也不起作用,在分析外电路时可以将其短路。

【例 2.4】　电路如图 2.13a 所示,用电源等效变换法求电流 I。

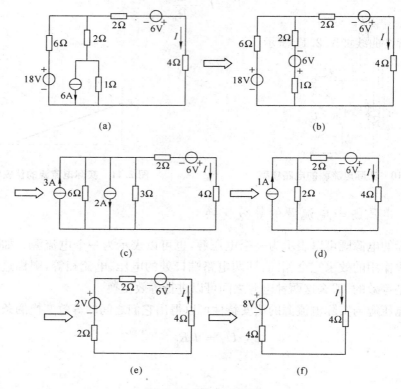

图 2.13　例 2.4 的图

解:先将电流源变换为电压源,如图 2.13b 所示,然后将电压源支路等效变换为电流源支路,如图 2.13c 所示,再将图 2.13c 中的电阻并联,理想电流源合并,如图 2.13d 所示,将电流源等效变换为电压源,如图 2.13e 所示,将理想电压源合并,电阻串联,如图 2.13f 所示,得电流为:

$$I = \frac{8}{4+4} = 1(\mathrm{A})$$

【例 2.5】 用电源等效变换法求图 2.14a 中的电流源两端的电压 U。

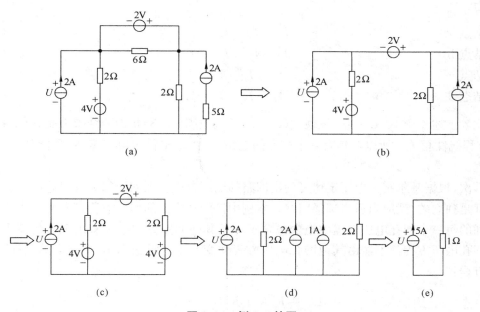

图 2.14 例 2.5 的图

解：先将与 2 A 理想电流源串联的电阻 5 Ω 短路，与 2 V 理想电压源并联的电阻 6 Ω 开路，如图 2.14b 所示，然后将电流源支路等效变换为电压源支路，如图 2.14c 所示，再将图 2.14c中的两串联的理想电压源合并，将电压源支路等效变换为电流源支路，如图 2.14d 所示，将并联的理想电流源及电阻合并，得图 2.14e 中的电压为：

$$U = 5 \times 1 = 5(\mathrm{V})$$

2.4 支路电流法

支路电流法是以支路电流为未知量，根据基尔霍夫电流定律和电压定律，分别对结点和回路列出所需的方程式，然后联立求解出各未知电流。在计算复杂电路的各种方法中，支路电流法是最基本的。

一个具有 b 条支路、n 个结点的电路，根据基尔霍夫电流定律可列出 $(n-1)$ 个独立的结点电流方程式，根据基尔霍夫电压定律可列出 $b-(n-1)$ 个独立的回路电压方程式。

以图 2.15 电路为例，介绍支路电流法。

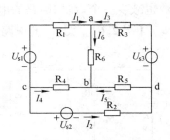

图 2.15 支路电流法电路图

首先，在电路图中标定各支路电流的参考方向。在本电路中，支路数 $b=6$，结点数 $n=4$，求解未知量为 6 条支路电流，共需要列出 6 个独立方程求解。

按图中选定的参考方向，根据基尔霍夫电流定律可列出 4 个结点电流方程式，结点电流方程为：

结点 a $\qquad\qquad\qquad\qquad\qquad I_1 + I_3 - I_6 = 0 \qquad\qquad\qquad\qquad\qquad\qquad$ (2.16)

结点 b $\qquad\qquad\qquad\qquad\qquad I_4 + I_5 + I_6 = 0 \qquad\qquad\qquad\qquad\qquad\qquad$ (2.17)

结点 c $\qquad\qquad\qquad\qquad -I_1 - I_2 - I_4 = 0 \qquad\qquad\qquad\qquad\qquad\qquad$ (2.18)

结点 d $\qquad\qquad\qquad\qquad -I_2 + I_5 + I_3 = 0 \qquad\qquad\qquad\qquad\qquad\qquad$ (2.19)

比较上述 4 个 KCL 方程，发现式(2.16)、(2.17)和(2.18)相加的结果就是式(2.19)，这 4 个方程线性相关。所以对具有 4 个结点的电路，应用基尔霍夫电流定律，只能列出 3 个独立方程。

其次，根据基尔霍夫电压定律可列出回路的电压方程。在列回路方程时，要使所列出的方程都是独立的，就应当适当选择回路。本例中按网孔列出的回路方程都是独立方程，因为在所列的每一个网孔电压方程中至少包含了一条其他回路方程中没有出现过的新支路，每一个网孔电压方程都不能由其他网孔电压方程演变而来。对图 2.15 电路中的网孔可列出网孔方程：

$$\begin{cases} -U_{s1} + R_1 I_1 + R_6 I_6 - R_4 I_4 = 0 \\ -R_6 I_6 - R_3 I_3 + U_{s3} + R_5 I_5 = 0 \\ R_4 I_4 - R_5 I_5 - R_2 I_2 - U_{s2} = 0 \end{cases} \qquad (2.20)$$

将式(2.16)、(2.17)、(2.18)及(2.20)表示的 6 个方程联立的方程组求解，可得到各支路电流。

综上所述，用支路电流法进行电路分析的步骤如下：

(1) 标定各支路电流的参考方向，判定电路的支路数 b 和结点数 n。

(2) 用基尔霍夫电流定律列出 $n-1$ 个独立结点的电流方程。

(3) 用基尔霍夫电压定律列出 $b-(n-1)$ 个独立回路的电压方程。

(4) 代入已知数据求解方程组，求出各支路电流。

但当电路中含有一个理想电流源的支路时，可以减少一个未知电流，所需的独立方程个数也减少一个，在列回路的电压方程时应尽量避开含有理想电流源的回路。

【例 2.6】 图 2.16 电路中，已知：$U_{s1} = 12\,\text{V}$，$U_{s2} = 4\,\text{V}$，$I_s = 1\,\text{A}$，$R_1 = 10\,\Omega$，$R_2 = 6\,\Omega$，$R_3 = 3\,\Omega$，$R_4 = 2\,\Omega$。用支路电流法求各未知支路电流。

解：由于电路中有一理想电流源支路，所以在解题的时候只需要求解其余 3 条未知支路的电流即可。

用基尔霍夫定律列出 1 个结点电流方程和 2 个网孔电压方程：

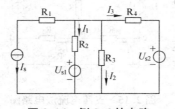

图 2.16   例 2.6 的电路

$$\begin{cases} I_1 + I_2 + I_3 + I_s = 0 \\ -U_{s1} - R_2 I_1 + R_3 I_2 = 0 \\ -R_3 I_2 + R_4 I_3 + U_{s2} = 0 \end{cases}$$

将已知数据代入,得:

$$\begin{cases} I_1 + I_2 + I_3 + 1 = 0 \\ -12 - 6I_1 + 3I_2 = 0 \\ -3I_2 + 2I_3 + 4 = 0 \end{cases}$$

解之,得:

$$I_1 = -1.5 \, \text{A}$$
$$I_2 = 1 \, \text{A}$$
$$I_3 = -0.5 \, \text{A}$$

2.5　结点电压法

对于结点较少而支路较多的电路,用支路电流法方程过多,不易求解。在这种情况下,如果选取结点电压作为未知变量,可使方程个数减少。

在电路中任意选择某一结点为参考结点,其他结点与此参考结点之间的电压称为结点电压。结点电压的极性是以参考结点为负,其他独立结点为正。

结点电压法是以结点电压为待求量,对独立结点用 KCL 列出用结点电压表示的有关支路电流方程。由于任一支路都连接在两结点上,全部支路电压都可以用结点电压表示,所以结点电压法中不必再列 KVL 方程。

结点电压法特别适宜结点数少而支路数目较多的电路分析。图 2.17 所示的电路有 3 个结点。设③为参考结点,通常用接地符号 ⊥ 表示,结点①、②对结点③的电压就是它们的结点电压 U_{n1} 和 U_{n2},方向分别为结点①、②指向结点③。

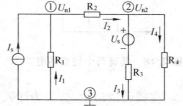

图 2.17　结点电压法电路图

对结点①、②,应用基尔霍夫电流定律,有:

$$\left. \begin{aligned} I_1 + I_s - I_2 = 0 \\ I_2 - I_3 - I_4 = 0 \end{aligned} \right\} \tag{2.21}$$

根据各支路的电压电流关系及支路电压与结点电压的关系,式(2.21)成为:

$$\left. \begin{aligned} -\frac{U_{n1}}{R_1} + I_s - \frac{U_{n1} - U_{n2}}{R_2} = 0 \\ \frac{U_{n1} - U_{n2}}{R_2} - \frac{U_{n2} - U_s}{R_3} - \frac{U_{n2}}{R_4} = 0 \end{aligned} \right\} \tag{2.22}$$

经整理,就可得到以结点电压为未知变量的方程:

$$\left.\begin{array}{l}\left(\dfrac{1}{R_1}+\dfrac{1}{R_2}\right)U_{n1}-\dfrac{1}{R_2}U_{n2}=I_s\\[3mm]-\dfrac{1}{R_2}U_{n1}+\left(\dfrac{1}{R_2}+\dfrac{1}{R_3}+\dfrac{1}{R_4}\right)U_{n2}=-\dfrac{U_s}{R_3}\end{array}\right\}\tag{2.23}$$

或

$$\left.\begin{array}{l}(G_1+G_2)U_{n1}-G_2U_{n2}=I_s\\[3mm]-G_2U_{n1}+(G_2+G_3+G_4)U_{n2}=-\dfrac{U_s}{R_3}\end{array}\right\}\tag{2.24}$$

列结点电压方程时,可以用观察法根据 KCL 直接写出式(2.23),不必按照前述步骤进行。为归纳出更一般的结点电压方程,可令 $G_{11}=G_1+G_2$, $G_{22}=G_2+G_3+G_4$,分别为结点①、②的自电导,自导总是正的,它等于连接于结点各支路电导之和;令 $G_{12}=G_{21}=-G_2$,分别为结点①、②间的互导。互导总是负的,它们等于连接于两结点间支路电导的负值。方程右方写为 I_{s11}、I_{s22},分别表示结点①、②的注入电流。注入电流等于流入结点的电流源的代数和,流入结点者前面取"+"号,流出结点者前面取"—"号。注入电流还应包括电压源和电阻串联组合经等效变换的理想电流源的值。式(2.24)可以写为:

$$\left.\begin{array}{l}G_{11}U_{n1}+G_{12}U_{n2}=I_{s11}\\[2mm]G_{21}U_{n1}+G_{22}U_{n2}=I_{s22}\end{array}\right\}\tag{2.25}$$

图 2.18 所示的电路只有两个结点 a 和 b。设 b 为参考结点,a 和 b 间的电压就是结点电压 U,参考方向为由 a 指向 b。由于只有一个结点电压,因此只有自导,没有互导。

可得结点电压:

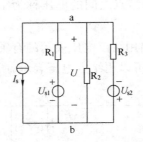

图 2.18　具有两个结点的电路

$$U=\frac{\dfrac{U_{s1}}{R_1}-\dfrac{U_{s2}}{R_3}-I_s}{\dfrac{1}{R_1}+\dfrac{1}{R_2}+\dfrac{1}{R_3}}=\frac{\sum\dfrac{U_s}{R}+\sum I_s}{\sum\dfrac{1}{R}}\tag{2.26}$$

在式(2.26)中,分子为注入电流,分母为自导。可见注入电流中当理想电压源和结点电压的参考方向相同时取正号,相反时取负号;理想电流源的方向流入结点时取正号,流出结点时取负号。分子各项的正负与各支路电流的参考方向无关。

【例 2.7】　图 2.19 所示电路中,已知:$U_s=12\text{ V}$, $I_{s1}=2\text{ A}$, $I_{s2}=1\text{ A}$, $R_1=3\ \Omega$, $R_2=4\ \Omega$, $R_3=1\ \Omega$, $R_4=5\ \Omega$。用结点电压法求电压 U_{ab} 和电流 I_1, I_2。

解:先求结点电压 U_{ab}。因为 U_s 与 U_{ab} 的方向一致,取正号;I_{s1} 流出结点,取负号;I_{s2} 流入结点,取正号。R_2 是与理想电流源串联的电阻,在表达式中不出现。得结点电压 U_{ab} 为:

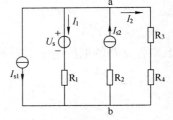

图 2.19　例 2.7 的电路

$$U_{ab} = \frac{\dfrac{U_s}{R_1} - I_{s1} + I_{s2}}{\dfrac{1}{R_1} + \dfrac{1}{R_3 + R_4}} = \frac{\dfrac{12}{3} - 2 + 1}{\dfrac{1}{3} + \dfrac{1}{1 + 5}} = 6(\text{V})$$

各未知支路电流为：

$$I_1 = \frac{U_{ab} - U_s}{R_1} = \frac{6 - 12}{3} = -2(\text{A})$$

$$I_2 = \frac{U_{ab}}{R_3 + R_4} = \frac{6}{1 + 5} = 1(\text{A})$$

【**例 2.8**】　求图 2.20 所示电路中的 a 点电位 V_a。

解：图 2.20 的电路只有两个结点：a 和参考点，V_a 即为结点电压。

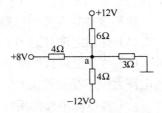

$$V_a = \frac{\dfrac{12}{6} - \dfrac{12}{4} + \dfrac{8}{4}}{\dfrac{1}{4} + \dfrac{1}{6} + \dfrac{1}{4} + \dfrac{1}{3}} \text{V} = 1 \text{ V}$$

图 2.20　例 2.8 的电路

2.6　叠加定理

　　叠加定理是体现线性电路特性的重要定理。所谓线性电路是指由电源和线性无源元件（电阻、电感、电容）组成的电路。

　　叠加定理指出：在线性电路中，当有两个或两个以上电源共同作用时，任一支路所产生的响应（电流或电压）等于电路中各个电源单独作用下对此支路产生的响应（电流或电压）的代数和。当某一电源单独作用时，其他电源置零，即理想电压源用短路代替，理想电流源用开路代替。

　　电路的叠加定理可以用图 2.21 的电路来说明。

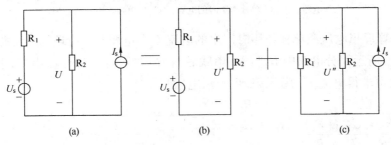

图 2.21　叠加定理

（a）电路；（b）U_s 单独作用时的电路；（c）I_s 单独作用时的电路

在图 2.26a 中,由结点电压法,有:

$$U = \frac{\dfrac{U_s}{R_1} + I_s}{\dfrac{1}{R_1} + \dfrac{1}{R_2}} = \frac{U_s R_2}{R_1 + R_2} + \frac{I_s R_1 R_2}{R_1 + R_2} = U' + U'' \tag{2.27}$$

式中
$$U' = \frac{U_s R_2}{R_1 + R_2} \qquad U'' = \frac{I_s R_1 R_2}{R_1 + R_2} \tag{2.28}$$

由式(2.27)可以看出,电流 I 可以分为 U' 和 U'' 两部分。其中为 U' 理想电压源 U_s 单独作用的电压响应,U'' 为理想电流源 I_s 单独作用的电压响应,与之相应的电路如图 2.26b 和 2.26c 所示。图 2.26a 可看成是图 2.26b 和 2.26c 的叠加。

使用叠加定理分析电路时,应注意以下几点:

(1)叠加定理只适用于线性电路,对于非线性电路不适用。

(2)叠加定理仅适用于计算线性电路中的电流或电压,而不能用来计算功率,因为功率与电源之间不是线性关系。

(3)各电源单独作用时,其余电源均置为零,即理想电压源用短路代替,理想电流源用开路代替。

(4)响应分量叠加是代数量叠加,当分量与总量的参考方向一致时,取"+"号;与参考方向相反时,取"—"号。

【例 2.9】 用叠加定理求图 2.22a 所示电路中的电流 I 并求电流源的功率。已知 $U_s = 9\ \text{V}$,$I_s = 10\ \text{A}$,$R_1 = 6\ \Omega$,$R_2 = 2\ \Omega$,$R_3 = 3\ \Omega$,$R_4 = 4\ \Omega$。

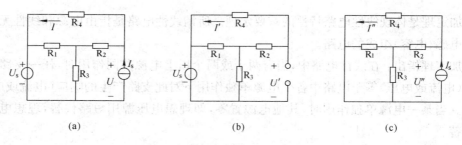

图 2.22 例 2.9 的电路

(a)电路;(b) U_s 单独作用时的电路;(c) I_s 单独作用时的电路

解:先计算理想电压源单独作用时产生的电流 I' 和电压 U',将理想电流源 I_s 以开路代替,如图 2.22b 所示。分电路中 R_2 与 R_4 串联后与 R_1 并联,再与 R_3 相串联,求出总电流后利用分流公式可求得电流 I',用 KVL 可求出电压 U'。

$$I' = -\frac{U_s}{R_3 + \dfrac{R_1 \times (R_2 + R_4)}{R_1 + R_2 + R_4}} \times \frac{R_1}{R_1 + R_2 + R_4} = -\frac{9}{3 + \dfrac{6 \times (2+4)}{6+2+4}} \times \frac{6}{6+2+4} = -0.75(\text{A})$$

$$U' = U_s + R_4 I' = 9 + 4 \times (-0.75) = 6(\text{V})$$

再计算理想电流源单独作用时产生的电流 I'' 和电压 U''，将理想电压源用导线代替，如图 2.22c 所示。分电路中 R_1 与 R_3 并联后与 R_2 串联，再与 R_4 相并联。

$$I'' = \cfrac{R_2 + \cfrac{R_1 \times R_3}{R_1 + R_3}}{R_4 + R_2 + \cfrac{R_1 \times R_3}{R_1 + R_3}} \times I_s = \cfrac{2 + \cfrac{6 \times 3}{6 + 3}}{4 + 2 + \cfrac{6 \times 3}{6 + 3}} \times 10 = 5(\mathrm{A})$$

$$U'' = R_4 I'' = 4 \times 5 = 20(\mathrm{V})$$

根据叠加定理得：

$$I = I' + I'' = -0.75 + 5 = 4.25(\mathrm{A})$$

$$U = U' + U'' = 6 + 20 = 26(\mathrm{V})$$

电流源的功率：

$$P = -UI_s = -26 \times 10 = -260(\mathrm{W})$$

为提供功率。

【例 2.10】 图 2.23a 所示电路中，已知 $U_s = 10\,\mathrm{V}$，$I_s = 6\,\mathrm{A}$，$R_1 = 5\,\Omega$，$R_2 = 3\,\Omega$，当理想电压源 U_s 单独作用时，电阻 R 上的电流 $I = 1\,\mathrm{A}$，求当理想电压源 U_s 和理想电流源 I_s 共同作用时，电阻 R 上的电流 I。

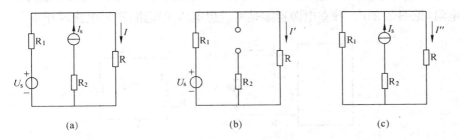

图 2.23　例 2.10 的电路

(a) 电路；(b) U_s 单独作用时的电路；(c) I_s 单独作用时的电路

解：根据已知条件，理想电压源单独作用时产生的电流 $I' = 1\,\mathrm{A}$，将理想电流源 I_s 以开路代替，如图 2.23b 所示。

$$I' = \frac{U_s}{R_1 + R} = \frac{10}{5 + R} = 1$$

解得：

$$R = 5(\Omega)$$

再计算理想电流源 I_s 单独作用时的电流 I''，将理想电压源 U_s 以导线代替，如图 2.23c 所示。

$$I'' = \frac{R_1}{R_1 + R} \times I_s = \frac{5}{5 + 5} \times 6 = 3(\mathrm{A})$$

当理想电压源 U_s 和理想电流源 I_s 共同作用时,电阻 R 上的电流:

$$I = I' + I'' = 1 + 3 = 4(\text{A})$$

2.7 戴维宁定理和诺顿定理

二端网络是指具有两个端子的电路,如果线性二端网络内部含有电源就称为线性有源二端网络。

在分析结构较为复杂的电路时,往往只需要求解其中一条支路的电流和电压,如果我们能把电路中这条待求支路以外的其余部分,用一个简单的二端网络来等效代替,使这个二端网络与待求支路构成一个简单电路,这样再来求解待求支路的电流和电压就变得很容易了。戴维宁定理和诺顿定理为上述问题提供了一个有效的实现方法。

2.7.1 戴维宁定理

戴维宁定理指出:对于线性有源二端网络,均可等效为一个理想电压源与电阻串联的电路,如图 2.24a 中,N_s 为线性有源二端网络,R 为待求解支路,可以用图 2.24b 所表示的电压源支路替代 N_s。理想电压源 U_{oc} 数值等于有源二端网络的端口开路电压,如图 2.24c 所示;串联电阻 R_{eq} 等于有源二端网络内部所有独立电源置零时(称为无源二端网络 N_0)端口的等效电阻,见图 2.24d。独立电源置零是将理想电压源短路,理想电流源开路。

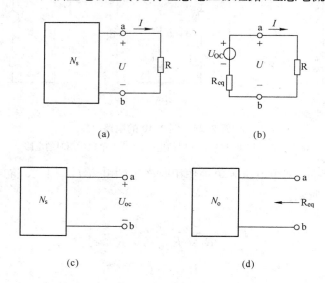

图 2.24 戴维宁定理

(a) 原电路;(b) 利用戴维宁定理化简的电路;(c) 理想电压源的求解电路;(d) R_{eq} 的求解电路

【例 2.11】 求图 2.25a、b 所示电路中 ab 端口的戴维宁等效电路。已知 $U_s = 6\,\text{V}$,$I_s = 5\,\text{A}$,$R_1 = 6\,\Omega$,$R_2 = 8\,\Omega$,$R_3 = 4\,\Omega$,$R_4 = 2\,\Omega$。

解：(a) 根据戴维宁定理，求出 ab 端口的开路电压 U_{OC} 为：

$$U_{OC} = -U_s + R_1 \times I_s = -6 + 6 \times 5 = 24(\text{V})$$

将理想电压源短路，将理想电流源开路，可求得等效电阻 R_{eq} 为：

$$R_{eq} = R_1 = 6\ \Omega$$

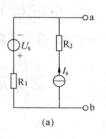 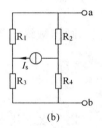

图 2.25　例 2.11 的电路

(b) ab 端口的开路电压：

$$U_{OC} = I_s \times \left(\frac{R_3 + R_4}{R_1 + R_2 + R_3 + R_4} \times R_2 - \frac{R_1 + R_2}{R_1 + R_2 + R_3 + R_4} \times R_4 \right)$$

$$= 5 \times \left(\frac{4+2}{8+6+4+2} \times 8 - \frac{8+6}{8+6+4+2} \times 2 \right) = 5(\text{V})$$

除源后端口的等效电阻 R_{eq} 为：

$$R_{eq} = \frac{(R_1 + R_3)(R_2 + R_4)}{R_1 + R_3 + R_2 + R_4} = \frac{(6+4)(8+2)}{6+4+8+2} = 5(\Omega)$$

戴维宁定理是把一个复杂的有源二端网络转化为一个简单的电压源支路，这在分析电路时十分有用。尤其是只需要计算电路中一条支路的电流或某元件两端的电压时，应用这个定理更加方便。应用戴维宁定理解题的步骤：

(1) 断开待求支路，求线性有源二端网络的开路电压。

(2) 将线性有源二端网络除源（将理想电压源短路，将理想电流源开路），求无源二端网络的等效电阻。

(3) 将电压源与电阻的串联组合与待求支路相连，求出待求量。

【例 2.12】　图 2.26a 所示电路中，已知 $I_{s1} = 4\ \text{A}$，$I_{s2} = 3\ \text{A}$，$R_1 = R_2 = 3\ \Omega$，$R_3 = R_4 = 2\ \Omega$。用戴维宁定理电流 I。

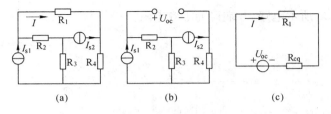

图 2.26　例 2.12 的电路

(a) 电路；(b) 求开路电压电路；(c) 等效电路

解：断开待求支路，得图 2.26b 所示电路，求得开路电压 U_{OC} 为：

$$U_{OC} = R_2 I_{s1} + R_3(-I_{s2} + I_{s1}) - R_4 I_{s2} = 3 \times 4 + 2 \times (-3 + 4) - 2 \times 3 = 8(\text{V})$$

将图 2.26b 中的理想电流源开路，得除源后的无源二端网络等效电阻 R_{eq} 为：

$$R_0 = R_2 + R_3 + R_4 = 3 + 2 + 2 = 7(\Omega)$$

画出戴维宁等效电路并接上待求支路,如图 2.31c 所示,可求得电压:

$$I = \frac{U_{oc}}{R_{eq} + R_1} = \frac{8}{3 + 7} = 0.8(A)$$

2.7.2　诺顿定理

诺顿定理指出:对于线性有源二端网络,均可等效为一个理想电流源与电阻并联的电路,如图 2.27a 中,N_s 为线性有源二端网络,R 为待求解支路,可以用图 2.27b 所表示的电流源支路替代 N_s。理想电流源 I_{sc} 数值等于有源二端网络的端口短路电流,如图 2.27c 所示;并联电阻 R_{eq} 等于有源二端网络内部所有独立电源置零时网络两端之间的等效电阻,见图 2.27d。

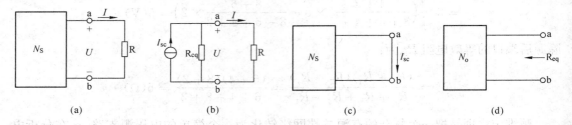

图 2.27　诺顿定理
(a) 原电路;(b) 利用诺顿定理化简的电路;
(c) 理想电流源的求解电路;(d) R_{eq} 的求解电路

诺顿等效电路和戴维宁等效电路这两种电路共有 U_{oc}、R_{eq}、I_{sc} 三个参数。其关系为 $U_{oc} = R_{eq} I_{sc}$,故由其中任意两个就可求得另一量。

习　题

2.1　求图 2.28 所示电路 ab 端口的等效电阻。

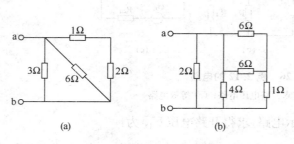

图 2.28　习题 2.1 的图　　　　　　　　　**图 2.29　习题 2.2 的图**

2.2　求图 2.29 所示电路中的电压 U 和电流 I。

2.3　利用 Y-△ 变换,求图 2.30 所示电路中的电压 U。

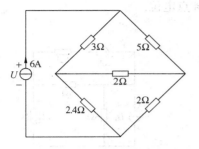

图 2.30　习题 2.3 的图

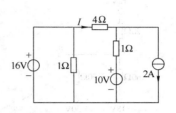

图 2.31　习题 2.4 的图

2.4　利用电源等效变换,求图 2.31 所示电路中支路电流 I。

2.5　利用电源等效变换,求图 2.32 所示电路 ab 端口的最简电压源电路。

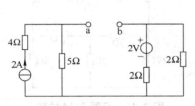

图 2.32　习题 2.5 的图

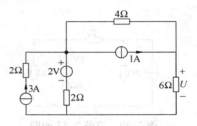

图 2.33　习题 2.6 的图

2.6　用电源等效变换法求图 2.33 所示电路中的电压 U。

2.7　用电源等效变换法求图 2.34 中电阻 R 的值。

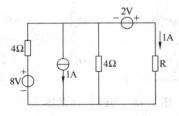

图 2.34　习题 2.7 的图

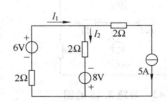

图 2.35　习题 2.8 的图

2.8　用支路电流法求图 2.35 中的各支路电流,并求 6 V 电压源的功率。

2.9　图 2.36 所示电路中,列出用支路电流法求各未知电流所需的方程。

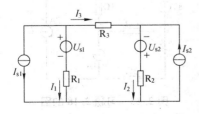

图 2.36　习题 2.9 的图

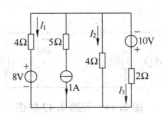

图 2.37　习题 2.10 的图

2.10　用结点电压法求图 2.37 所示电路中各支路电流。

2.11　用结点电压法求图 2.38 所示电路中 a 点电位。

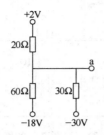

图 2.38　习题 2.11 的图

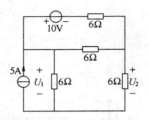

图 2.39　习题 2.12 的图

2.12　用结点电压法求图 2.39 所示电路中电压 U_1、U_2。

2.13　用叠加定理求图 2.40 电路中的电压 U。

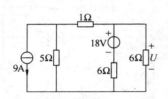

图 2.40　习题 2.13 的图

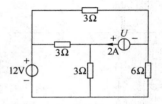

图 2.41　习题 2.14 的图

2.14　用叠加定理求图 2.41 电路中的电压 U 并求电流源的功率。

2.15　在图 2.42 所示电路中,已知 $I = -2$ A,用叠加定理求理想电流源 I_s 的值。

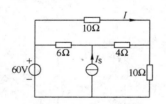

图 2.42　习题 2.15 的图

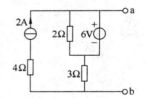

图 2.43　习题 2.16 的图

2.16　求图 2.43 所示各电路在 ab 端口的戴维宁等效电路。

2.17　用戴维宁定理求图 2.44 所示电路中的电流 I。

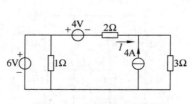

图 2.44　习题 2.17 的图

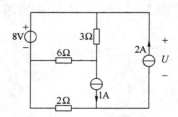

图 2.45　习题 2.18 的图

2.18　用戴维宁定理求图 2.45 所示电路中电压 U。

2. 19　在图 2.46 所示电路中各电源参数均未知,当 $R_L = 3\,\Omega$,电压 $U = 6\,V$,若当 $R_L = 7\,\Omega$ 时,求电压 U 为多少?

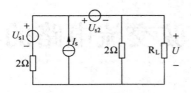

图 2.46　习题 2.19 的图

第3章 正弦交流电路的相量分析法

现代工农业生产和日常生活中,广泛地使用着交流电。主要原因是与直流电相比,交流电在产生、输送和使用等方面具有明显的优点和重大的经济意义。例如在远距离输电时,采用较高的电压可以减少线路上的损耗,便于远距离输电。对于用户来说,采用较低的电压既安全又可降低电器设备的绝缘要求,这种电压的升高和降低,在交流供电系统中可以很方便而又经济地由变压器来实现。交流电机比相同功率的直流电机构造简单,造价低,运行可靠。在一些必须用直流电的场合,如工业上的电解和电镀等,可利用整流设备,将交流电转化为直流电。

交流电可以包括各种各样的波形,如正弦波、方波、锯齿波等。我们主要讨论正弦交流电。其原因在于,正弦交流电在工业中得到广泛的应用,它不但在生产、输送和应用上比起直流电来有不少优点,而且正弦交流电变化平滑且不易产生高次谐波,这有利于保护电器设备的绝缘性能和减少电器设备运行中的能量损耗。另外各种非正弦周期交流电都可由不同频率的正弦交流电叠加而成(用傅里叶级数分析法),因此,可用正弦交流电的分析方法来分析非正弦周期交流电。此外,正弦函数具有特定的运算特性,例如两个同频率的正弦量相加减,以及对正弦函数求导或积分后得到的结果仍是同频率的正弦量,所以对正弦交流电路的研究具有重要的理论和实际意义。

3.1 正弦交流电压电流的相量

在正弦交流电路分析中,仍然要依据基尔霍夫定律和元件的伏安关系进行电路分析,涉及到响应与激励的关系及功率计算。而对交流电路进行分析,如果直接采用正弦量的瞬时值进行运算,那么求解会相当繁琐。为解决这一问题,引入正弦量的相量表示方法,将直流电路的分析方法,引入正弦交流电路,使正弦交流电路的分析计算得以简化。为介绍正弦交流电压和电流的相量,首先介绍正弦量。

3.1.1　正弦交流电的基本概念

正弦交流电是指随时间按正弦规律变化的电压和电流,都称为正弦量。正弦量可用正弦函数表示,也可以用余弦函数表示,本书中采用正弦函数表示正弦量。正弦量的表示方法有三种:瞬时值表示,波形表示及相量表示。正弦电压和电流的大小和方向是随时间变化的,其在任意时刻的值称为瞬时值。例如在图 3.1 所示的参考方向下,正弦电流和电压的瞬时值可表示为:

$$i = I_{m}\sin(\omega t + \varphi_i) \tag{3.1}$$

$$u = U_{m}\sin(\omega t + \varphi_u) \tag{3.2}$$

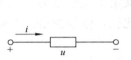

图 3.1　正弦稳态电路的参考方向 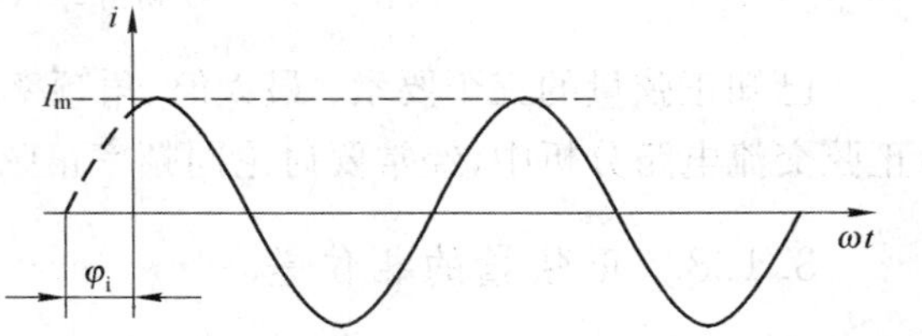　　　　　　　　**图 3.2　正弦量的波形图**

根据正弦量的瞬时值,绘出正弦量随时间变化的波形图,得到正弦量的波形图。正弦电流的波形如图 3.2 所示。

正弦量的相量表示在后续章节中介绍。在正弦量的瞬时值表示和波形图表示中,可以看出由三个要素唯一决定着一个正弦量。

3.1.2　正弦量的三要素

1. 最大值 U_{m}(或 I_{m})

U_{m} 或 I_{m} 是正弦电压或电流的最大值。它是正弦量在整个变化过程中所能达到的最大值,反映了正弦量变化的幅度。

2. 角频率和频率

式(3.1)和式(3.2)中的角频率 ω 是正弦量在每秒内变化的角度。单位是弧度/秒(rad/s)。在正弦量变化的一个周期里,角度变化 2π,所以有角频率 ω 和周期 T 及频率 f 的关系

$$\omega = \frac{2\pi}{T} \tag{3.3}$$

$$\omega = 2\pi f \tag{3.4}$$

其中频率 f 的单位是赫兹(Hz),周期 T 的单位是秒(s)。例如我国工业用电和居民用电的频率 $f = 50$ Hz,周期 $T = 0.02$ s,角频率 $\omega = 314$ rad/s。

3. 相位和初相

式(3.1)中的 $(\omega t + \varphi_i)$ 反映正弦量随时间变化的角度,称为相位角,简称相位。单位为弧度

（rad）或度。φ_i 是正弦电流在 $t=0$ 时的相位，称为正弦量的初相。初相的单位为弧度或度，在 $(-\pi, \pi)$ 主值范围内取值。初相的大小与计时起点有关，如果正弦量的零值发生在计时起点之前，如图 3.3a 所示，则 $\varphi_i > 0$；零值出现在计时起点之后，如图 3.3b 所示，则 $\varphi_i < 0$。

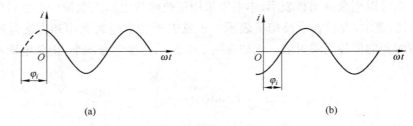

图 3.3　正弦量的初相

（a）初相 $\varphi_i > 0$；（b）初相 $\varphi_i < 0$

已知正弦量的三个要素：最大值、角频率和初相，就唯一确定了正弦量的变化规律。在正弦交流电路分析中，经常要讨论同频率正弦量的相位差，以比较正弦量的相位关系。

3.1.3　正弦量的相位差

对式（3.1）和式（3.2），它们相位的差值称相位差，可以用 φ 表示，则

$$\varphi = (\omega t + \varphi_u) - (\omega t + \varphi_i) = \varphi_u - \varphi_i \qquad (3.5)$$

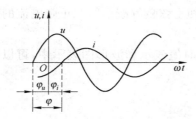

图 3.4　同频率正弦量的相位差

可见，对两个同频率的正弦量来讲，相位差在任何瞬间都是一个常数，等于它们的初相之差，而与时间无关。通常用相位差来反映同频率的正弦量在时间上的"超前"和"滞后"的关系。如对上述两个正弦量，若 $\varphi > 0$，表明电压超前电流，超前的角度为 φ，若 $\varphi < 0$，则电压落后电流，落后的角度为 $|\varphi|$，如图 3.4 所示。

【例 3.1】　计算如下两个正弦量的相位差。

（1）$u_1(t) = 20\sqrt{2}\sin(314t + 35°)\text{V}$

　　　$i_1(t) = 2\sqrt{2}\sin(314t - 15°)\text{V}$

解：$\varphi_{i1} = 35°$，$\varphi_{i2} = -15°$

所以，相位差 $\varphi = \varphi_{i1} - \varphi_{i2} = 35° - (-15°) = 50°$

由计算结果可以得出：u_1 超前 i_1 50°

（2）$i_1(t) = 5\cos(314t - 30°)\text{A}$

　　　$i_2(t) = 4\sin(314t + 15°)\text{A}$

解：两正弦量函数不同，应先化成相同函数，即同为正弦函数或同为余弦函数，现将 $i_1(t)$ 化成正弦函

$$i_1(t) = 5\cos(314t - 30°) = 5\sin(314t - 30° + 90°)$$
$$= 5\sin(314t + 60°)(\text{A})$$

则 $\varphi_{i1} = 60°$，$\varphi_{i2} = 15°$

相位差 $\varphi = \varphi_{i1} - \varphi_{i2} = 60° - 15° = 45°$

由计算结果说明 i_1 超前 i_2 $45°$

（3）$i(t) = 10\sin 314t\,\mathrm{A}$

$\qquad u(t) = 100\sin(628t + 60°)\,\mathrm{V}$

解：由于该两个正弦量频率不同，相位差随时间的变化而变化，比较相位差没有实际意义，所以一般不比较不同频率正弦量的相位差。

由上述计算可以得出如下结论：

两个正弦量进行相位比较时应满足频率相同、函数相同的条件、且相位差的取值应在主值范围。

3.1.4　正弦量的有效值

由于正弦量的瞬时值是随时间变化的，不便用它来表示正弦量的大小，工程上常用有效值来衡量它们的大小。正弦量的有效值是根据电流的热效应原理确定的。以正弦电流 $i(t)$ 为例，它通过电阻 R，如果在一个周期 T 产生的热量与一个直流电流 I 通过相同电阻，在一个周期产生的热量相同，则定义该直流电流 I 为正弦电流 $i(t)$ 的有效值，据此定义有：

$$\int_0^T i^2(t)R\mathrm{d}t = I^2RT \tag{3.6}$$

$$I = \sqrt{\frac{1}{T}\int_0^T i^2(t)\mathrm{d}t} \tag{3.7}$$

如果正弦电流的瞬时值表达式为：

$$i = I_{\mathrm{m}}\sin(\omega t + \varphi_i)$$

则其有效值为：

$$I = \sqrt{\frac{1}{T}\int_0^T i^2(t)\mathrm{d}t} = \sqrt{\frac{1}{T}\int_0^T \left[I_{\mathrm{m}}\sin(\omega t + \varphi_i)\right]^2\mathrm{d}t} = \frac{I_{\mathrm{m}}}{\sqrt{2}} \tag{3.8}$$

同理，正弦电压 $u = U_{\mathrm{m}}\sin(\omega t + \varphi_u)$ 的有效值为：

$$U = \frac{U_{\mathrm{m}}}{\sqrt{2}} = 0.707U_{\mathrm{m}} \tag{3.9}$$

工程上所说的交流电的电压或电流的值一般是指有效值，如电工设备铭牌额定值、电网的电压等级等。但绝缘水平、耐压值指的是最大值。因此，在考虑电器设备的耐压水平时应按最大值考虑。在电工测量中，交流测量仪表指示的电压、电流读数一般为有效值。

通过上述的内容可以看出，有关正弦量的值有瞬时值、最大值、有效值，因此，在正弦交流电路分析中，要注意区分电压、电流的瞬时值、最大值、有效值及其表示符号，不可混淆，见表 3.1。

表 3.1 瞬时值、最大值、有效值的表示方式

	电 压	电 流
瞬时值	u	i
最大值	U_m	I_m
有效值	U	I

正弦量的三要素表示了正弦量的瞬时值随时间变化的关系,但直接用瞬时值进行正弦量的运算十分不便。为了解决这个问题,在电路分析中,采用正弦量的相量表示。相量法的基础是复数,所以首先对复数的概念及运算进行复习。

3.1.5 复数

1. 复数的表示形式

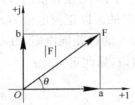

图 3.5 复数的复平面表示

(1) 代数形式。

$$F = a + jb$$

其中 F 表示复数,a 表示复数的实部,b 表示复数的虚部。复数 F 可以用复平面上的有向线段表示,如图 3.5 所示,线段的长度 |F| 称为复数的模,线段与实轴正方向的夹角 θ 为复数的辐角。

由此可以得出复数的其他表示形式。

(2) 指数形式。

$$F = |F| e^{j\theta}$$

(3) 三角函数形式。

$$F = |F| (\cos\theta + j\sin\theta)$$

(4) 极坐标形式。

$$F = |F| \angle\theta$$

利用复平面,这四种表示形式之间可以相互转换。转换关系为:

$$\begin{cases} |F| = \sqrt{a^2 + b^2} \\ \theta = \arctan\dfrac{b}{a} \end{cases}$$

利用复数的四种表示形式,可以进行复数运算。

2. 复数运算

(1) 加减运算。复数进行加减运算时,采用代数形式。设有两个复数分别为:

$$F_1 = a_1 + jb_1$$

$$F_2 = a_2 + jb_2$$

则
$$F_1 \pm F_2 = (a_1 + jb_1) \pm (a_2 + jb_2) = (a_1 \pm a_2) + j(b_1 \pm b_2)$$

两个复数相加减时,实部和虚部分别相加减。复数的加减运算,可以在复平面内根据平行四边形或多边形合成作图求得,如图 3.6 所示。

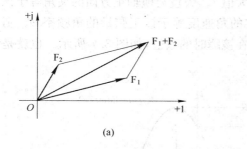
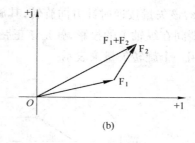

(a)　　　　　　　　　　　　　　　　(b)

图 3.6　复数加法的作图法

(a) 复数加法的平行四边形法;(b) 复数加法的多边形法

(2) 复数乘除。复数进行乘除运算时,采用极坐标或指数形式。设有两个复数分别为:

$$F_1 = |F_1| \angle \theta_1 = |F_1| e^{j\theta_1}$$

$$F_2 = |F_2| \angle \theta_2 = |F_2| e^{j\theta_2}$$

则 $F_1 \times F_2 = (|F_1| \angle \theta_1) \times (|F_2| \angle \theta_2) = |F_1| \times |F_2| \angle (\theta_1 + \theta_2) = |F_1| \times |F_2| e^{j(\theta_1 + \theta_2)}$

$$\frac{F_1}{F_2} = \frac{|F_1| \angle \theta_1}{|F_2| \angle \theta_2} = \frac{|F_1|}{|F_2|} \angle (\theta_1 - \theta_2) = \frac{|F_1|}{|F_2|} e^{j(\theta_1 - \theta_2)}$$

由上述分析可得,两个复数相乘除时,模相乘除,辐角相加减。

【例 3.2】　计算 $100 \angle 30° - \dfrac{(8+j6)(12-j9)}{10+j10}$

解:$100 \angle 30° - \dfrac{(8+j6)(12-j9)}{10+j10}$

$= 86.6 + j50 - \dfrac{(10 \angle 36.9°)(15 \angle -36.9°)}{10\sqrt{2} \angle 45°}$

$= 86.6 + j50 - 7.5 + j7.5$

$= 79.1 + j57.5 = 97.79 \angle 36°$

3.1.6　正弦交流电压电流的相量表示

在正弦稳态电路分析中,不可避免地要进行正弦交流电压和电流的加减运算,即正弦量的加减运算,如对电路中的某结点,根据基尔霍夫电流定律列 KCL 方程,计算电流 i。

$$i = i_1 + i_2$$

$$i_1 = \sqrt{2} I_1 \sin(\omega t + \varphi_1)$$

$$i_2 = \sqrt{2} I_2 \sin(\omega t + \varphi_2)$$

若直接采用正弦量的瞬时值进行运算,将会很复杂。因此采用正弦量的相量形式解决这一问题,把繁琐的三角函数运算转化为代数运算。正弦量的相量表述如下:

设一个正弦电流 $i = I_m \sin(\omega t + \varphi)$,它可以由一个旋转矢量表示:过直角坐标的原点作一个矢量,矢量的长度等于该正弦电流的最大值 I_m,矢量与横轴正方向的夹角等于该正弦量的初相 φ,该矢量按逆时针方向旋转,其旋转的角速度等于该正弦量的角频率 ω。则旋转矢量任一瞬间在纵轴上的投影,就是该正弦量在该瞬时的数值,如图 3.7 所示。也就是说正弦量可以用一个旋转矢量来表示。

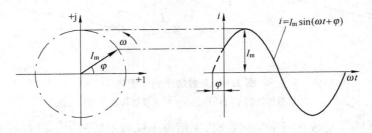

图 3.7　正弦量与旋转矢量的关系

由于在实际电路分析中各电量的频率是由正弦电源的频率决定,而电源的频率通常是已知的,因此在电路分析中只需要讨论最大值(或有效值)和初相两个要素就够了。

把正弦量用复数表示,称为正弦量的相量。如正弦量 $i = I_m \sin(\omega t + \varphi_i)$,它的相量为:

$$\dot{I}_m = I_m \angle \varphi \tag{3.10}$$

式(3.10)中 $\dot{I}_m$ 称为正弦量最大值的相量。打"·"是为了与一般复数相区别,表示有对应的正弦量。同样可以表示正弦量有效值的相量:

$$\dot{I} = I \angle \varphi \tag{3.11}$$

在实际分析中,可以直接由正弦量写出与之对应的相量;当给出电路的频率时,也可以由相量写出与之对应的正弦量。必须注意,正弦量和相量之间只是一一对应关系,而不是相等。

【例 3.3】　已知 $i = 5\sin(314t + 45°)$A; $u = 141.4\sin(314t - 36.9°)$V,写出与其对应的相量。

解:$\dot{I}_m = 5 \angle 45°$A

$\quad\dot{U}_m = 141.4 \angle -36.9°$V

也可以写成有效值的相量:

$$\dot{I} = 3.536 \angle 45°\text{A}$$

$$\dot{U} = 100 \angle -36.9°\text{V}$$

【例 3.4】　已知 $\dot{U} = 380 \angle -75°$V,$f = 50$ Hz,写出电压的瞬时值表达式。

解:$\omega = 2\pi f = 314$ rad/s

$\quad u = 380\sqrt{2}\sin(314t - 75°)$V

借助于正弦量的相量表示,将正弦量瞬时值的运算转换成了复数的代数运算,解决了正弦量瞬时值的计算问题。

3.2　电路基本定律的相量形式

3.2.1　基尔霍夫定律的相量形式

同频率的正弦量相加减可以用与之对应的相量形式来进行计算。因此,在正弦交流电路中,根据基尔霍夫定律列出的 KCL 和 KVL 可用相应的相量形式表示:

$$\sum i(t) = 0 \Rightarrow \sum \dot{I} = 0 \tag{3.12}$$

或

$$\sum \dot{I}_\mathrm{m} = 0 \tag{3.13}$$

$$\sum u(t) = 0 \Rightarrow \sum \dot{U} = 0 \tag{3.14}$$

或

$$\sum \dot{U}_\mathrm{m} = 0 \tag{3.15}$$

上述表明：通过任一结点的所有正弦电流用相量表示时仍满足 KCL,而任一回路所有支路的正弦电压用相量表示时仍满足 KVL。

3.2.2　R、L、C 元件伏安关系的相量形式

1. 电阻元件伏安关系的相量形式

电阻元件模型如图 3.8 所示。

根据欧姆定理有：

$$u(t) = Ri(t) \tag{3.16}$$

在正弦电流激励下,设：

$$i(t) = \sqrt{2}I\sin(\omega t + \varphi_i)$$

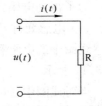

图 3.8　电阻元件的时域模型图

则

$$u(t) = Ri(t) = \sqrt{2}RI\sin(\omega t + \varphi_i) = \sqrt{2}U\sin(\omega t + \varphi_u)$$

由正弦量的相量表示,分别得出电流 $i(t)$ 和电压 $u(t)$ 有效值的相量形式：

$$\dot{I} = I\angle\varphi_i$$

$$\dot{U} = U\angle\varphi_u = RI\angle\varphi_i$$

由上述两式可以得出电阻元件伏安关系的相量形式：

$$\dot{U} = R\dot{I} \tag{3.17}$$

式(3.17)的关系也可以用最大值的相量表示，即：

$$\dot{U}_m = R\dot{I}_m \tag{3.18}$$

由此可以得出电阻元件的相量模型图如图 3.9 所示。

式(3.17)和式(3.18)反映了电阻元件在正弦激励作用下，电压和电流关系两方面的含义：数值之间的关系。

$$U = RI$$

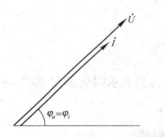

图 3.9　电阻元件的相量模型图

或

$$U_m = RI_m$$

和初相之间的关系。

$$\varphi_u = \varphi_i$$

可见在正弦电流激励下，电阻元件的电压和电流是同相位的，其相量图如图 3.10 所示。

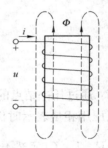

图 3.10　电阻元件伏安关系的相量图　　　　图 3.11　电感线圈示意图

2. 电感元件伏安关系的相量形式

为了得到电感元件伏安关系的相量形式，首先介绍电感元件和电感元件的伏安关系。

(1) 电感元件及其伏安关系。电感元件是实际电感线圈的理想化模型，即忽略了实际电感线圈中的电阻和匝间电容等。将金属导线绕在一铁心上即可构成一实际电感线圈，如图 3.11 所示。

当对线圈中通以电流 i 时，在线圈中产生磁通 ϕ，如果线圈有 N 匝，则有磁链 ψ，磁通和磁链的单位均为韦伯(Wb)。

在线性电感元件中，当磁通与产生它的电流参考方向符合右手螺旋关系时，磁链与产生它的电流成正比，即：

$$\psi = N\phi = Li \tag{3.19}$$

$$L = \frac{\psi}{i} \tag{3.20}$$

式(3.20)中，L 称为电感线圈的自感系数，简称自感，在国际单位中自感的单位为 H(亨利),常用的单位有 mH(毫亨)和 μH(微亨)。

当通过线圈中的电流变化时,则磁通和磁链都将变化,根据电磁感应定律与楞次定律,则在线圈两端感应出感应电压。在电流与磁链参考方向符合右手螺旋关系、电流与电压成关联参考方向的条件下,有如下关系:

$$u = \frac{\mathrm{d}\psi}{\mathrm{d}t} = L\frac{\mathrm{d}i}{\mathrm{d}t} \qquad (3.21)$$

式(3.21)即为电感元件伏安关系的瞬时值表示形式,电感元件的时域模型如图 3.12 所示。

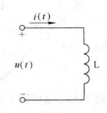

由式(3.21)可知,在任何时刻,电感两端的电压大小与该时刻电流的变化率成正比,而与此时刻电流值的大小无关。由于电感元件的电压取决于电流的变化率,只有在电流变化的条件下才有电感电压,因此电感元件称为动态元件。若电流变化率为零,即为直流时,电感两端的电压为零,由此可得,电感元件接在直流电路中相当于短路。

图 3.12 电感元件的时域模型图

(2) 电感元件伏安关系的相量形式。设通过电感元件的正弦交流电流为:

$$i(t) = \sqrt{2}I\sin(\omega t + \varphi_i)$$

根据式(3.21),则电感两端的电压为:

$$u(t) = L\frac{\mathrm{d}i}{\mathrm{d}t}$$
$$= \sqrt{2}\omega LI\cos(\omega t + \varphi_i)$$
$$= \sqrt{2}\omega LI\sin\left(\omega t + \varphi_i + \frac{\pi}{2}\right)$$

由电感中的电流和电压的瞬时值,可以写出与之相对应的有效值的相量形式:

$$\dot{I} = I\angle\varphi_i$$

$$\dot{U} = \omega LI\angle\left(\varphi_i + \frac{\pi}{2}\right)$$
$$= U\angle\varphi_u$$

由此得出电感元件伏安关系的相量形式,即:

$$\dot{U} = \mathrm{j}\omega L\dot{I} \qquad (3.22)$$

式(3.22)的关系也可以用最大值相量表示,即:

$$\dot{U}_{\mathrm{m}} = \mathrm{j}\omega L\dot{I}_{\mathrm{m}} \qquad (3.23)$$

图 3.13 电感元件的相量模型图

由此画出电感元件的相量模型图如图 3.13 所示。

式(3.22)、(3.23)体现了电感元件电流和电压之间关系的两方面的含义：数值之间的关系：

$$U = \omega L I$$

或

$$U_m = \omega L I_m$$

初相之间的关系：

$$\varphi_u = \varphi_i + \frac{\pi}{2}$$

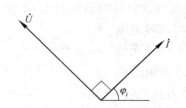

图 3.14　电感元件伏安关系的相量图

电感元件两端的电压超前电感中的电流90°，电感元件电压和电流关系的相量图如图 3.14 所示。

（3）感抗。在电感伏安关系的表示式 $\dot{U} = \mathrm{j}\omega L \dot{I}$ 中，定义：

$$X_L = \omega L \qquad (3.24)$$

为电感的感抗，单位为 Ω。由式（3.24）可知，感抗与频率有关，频率越低，感抗越小，对电流的阻力越小；当 $\omega = 0$，即为直流时，$X_L = 0$，表示对电流的阻力为零，电感此时为短路。

【例 3.5】　图 3.15 所示电路，$R = 8\,\Omega$，$L = 0.019\,1\,\mathrm{H}$，$u = 50\sqrt{2}\sin(314t + 45°)\mathrm{V}$，求 i，i_1，i_2。

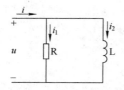

图 3.15　例 3.5 的电路

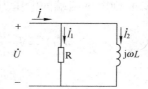

图 3.16　例 3.5 的相量模型图

解：对正弦稳态电路进行分析，要依据其相量模型图，相量模型图就是将元件用相量模型表示，电压、电流用相量形式表示。则例 3.5 电路图的相量模型图如图 3.16 所示。

感抗：

$$X_L = \omega L = 6\,\Omega$$

由已知正弦量写出相量：

$$\dot{U} = 50 \angle 45°\mathrm{V}$$

根据 KCL 的相量形式得：

$$\dot{I} = \dot{I}_1 + \dot{I}_2$$

根据元件伏安关系的相量形式：

$$\dot{I}_1 = \frac{\dot{U}}{R} = \frac{50 \angle 45°}{8} = 6.25 \angle 45°(\mathrm{A})$$

$$\dot{I}_2 = \frac{\dot{U}}{\mathrm{j}\omega L} = \frac{50 \angle 45°}{\mathrm{j}6} = \frac{25}{3} \angle -45°(\mathrm{A})$$

所以，

$$\dot{I} = \dot{I}_1 + \dot{I}_2 = 6.25\angle 45° + \frac{25}{3}\angle -45°$$

$$= 10.3 - j1.47$$

$$= 10.4\angle -8.12°(\text{A})$$

根据相量和正弦量的对应关系得出：

$$i_1 = 6.25\sqrt{2}\sin(314t + 45°)\text{A}$$

$$i_2 = \frac{25}{3}\sqrt{2}\sin(314t - 45°)\text{A}$$

$$i = 10.4\sqrt{2}\sin(314t - 8.1°)\text{A}$$

【例 3.6】　图 3.17 所示电阻和电感串联的电路。$U = 15\text{ V}$，$U_L = 9\text{ V}$，求 U_R。

解法 1：由 KVL 的相量形式得：

$$\dot{U} = \dot{U}_L + \dot{U}_R$$

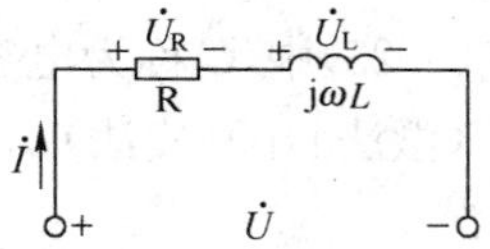

由元件伏安关系的相量形式：

$$\dot{U}_R = R\dot{I}$$

$$\dot{U}_L = j\omega L\dot{I}$$

图 3.17　例 3.6 的电路

根据已知各电压的有效值：

$$U = 15\text{ V}$$

$$U_L = \omega L I = 9\text{ V}$$

$$U_R = RI$$

$$\dot{U} = R\dot{I} + j\omega L\dot{I}$$

根据复数运算模的关系：

$$U = \sqrt{(RI)^2 + (\omega L I)^2} = \sqrt{U_R^2 + U_L^2}$$

所以

$$U_R = \sqrt{U^2 - U_L^2} = \sqrt{15^2 - 9^2} = 12(\text{V})$$

解法 2：根据相量图求解。因为 R，L 串联，所以取电流为参考相量。所谓参考相量，即该相量的初相设为零，选参考相量是画相量图的基础。一般串联电路选电流，并联电路选电压做参考相量。该电路的相量图如 3.18 所示。

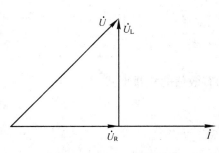

图 3.18　例 3.6 的相量图

由相量图可知：

$$U_R = \sqrt{U^2 - U_L^2} = \sqrt{15^2 - 9^2} = 12(\text{V})$$

3. 电容元件伏安关系的相量形式

（1）电容元件及伏安关系。电容器是由两块金属板中间充以绝缘介质构成。当两金属板接上电源后，便分别聚集起等量的异性电荷，在绝缘介质中建立起电场，存储电场能量。

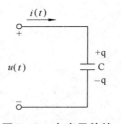

图 3.19 电容元件的
电路模型图

当电源去掉后，金属板上聚集的电荷仍存在，电场仍存在，所以电容器是一种存储电场能量的器件。

电容元件是实际电容器的理想化模型，它的电路模型如图3.19所示。

当电容元件两端加电压 $u(t)$ 时，在极板上存储的电荷 q 与 $u(t)$ 的关系如下：

$$C = \frac{q}{u(t)} \tag{3.25D}$$

式（3.25）中，C 称为电容元件的电容量，简称为电容。国际单位制为 F（法拉），常用的单位有 μF（微法），pF（皮法）。在电压与电流取关联参考方向时，根据电流的定义和式（3.25）有：

$$i = C\frac{\mathrm{d}u}{\mathrm{d}t} \tag{3.26}$$

式（3.26）表明，在任何时刻，通过电容元件的电流大小取决于该时刻电容两端电压的变化率。而与此时刻电压值的大小无关。由于电容元件的电流取决于电压的变化率，只有在电压变化的条件下才产生电容电流，因此电容称为动态元件。若电压变化率为零，即为直流时，电容中的电流为零，由此可得，电容元件接在直流电路中相当于开路。

（2）电容元件伏安关系的相量形式。设加在电容元件两端的正弦交流电压为：

$$u(t) = \sqrt{2}U\sin(\omega t + \varphi_u)$$

根据式 3.26，则电容中的电流为：

$$i(t) = C\frac{\mathrm{d}u}{\mathrm{d}t}$$
$$= \sqrt{2}\omega CU\cos(\omega t + \varphi_u)$$
$$= \sqrt{2}\omega CU\sin\left(\omega t + \varphi_u + \frac{\pi}{2}\right)$$

由电容的电压和电流的瞬时值，可以写出与之相对应的有效值的相量形式：

$$\dot{U} = U\angle\varphi_u$$
$$\dot{I} = I\angle\varphi_i$$
$$= \omega CU\angle\left(\varphi_u + \frac{\pi}{2}\right)$$

由此得出电容元件伏安关系的相量形式,即:

$$\dot{U} = \frac{1}{\mathrm{j}\omega C}\dot{I} \qquad (3.27)$$

式(3.27)的关系也可以用最大值相量表示,即:

$$\dot{U}_\mathrm{m} = \frac{1}{\mathrm{j}\omega C}\dot{I}_\mathrm{m} \qquad (3.28)$$

由此画出电容元件的相量模型图如图 3.20 所示。

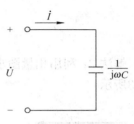

式(3.27)、(3.28)体现了电容元件电流和电压之间关系两方面的含义:数值之间的关系:

$$U = \frac{1}{\omega C}I$$

或

$$U_\mathrm{m} = \frac{1}{\omega C}I_\mathrm{m}$$

图 3.20　电容元件的相量模型图

和初相的关系:

$$\varphi_i = \varphi_u + \frac{\pi}{2}$$

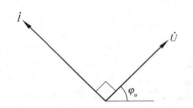

电容元件两端的电压落后电流 90°,电容元件电压和电流关系的相量图如图 3.21 所示。

(3) 容抗。在电容元件伏安关系的表示式 $\dot{U} = \frac{1}{\mathrm{j}\omega C}\dot{I}$ 中,定义:

图 3.21　电容元件伏安关系的相量图

$$X_\mathrm{C} = \frac{1}{\omega C} \qquad (3.29)$$

为电容的容抗,单位为 Ω。由(3.29)式可知,容抗与频率有关,频率越低,容抗越大,对电流的阻力越大,当 $\omega = 0$,即为直流时,$X_\mathrm{C} \to \infty$,表示对电流的阻力为无穷大,电容此时为开路。

【例 3.7】　正弦交流电路如图 3.22 所示,$\dot{U} = 100\angle 0°\mathrm{V}$,$R = 6\,\Omega$,$\frac{1}{\omega C} = 8\,\Omega$,求 $\dot{I}$,$\dot{U}_\mathrm{R}$,$\dot{U}_\mathrm{C}$。

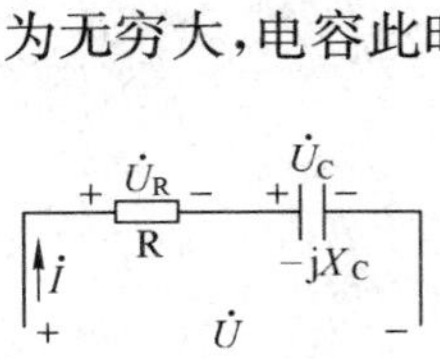

图 3.22　例 3.7 的电路

解法 1:利用电路定律的相量形式列方程进行分析。

根据 KVL 的相量形式:

$$\dot{U} = \dot{U}_\mathrm{R} + \dot{U}_\mathrm{C}$$

和元件伏安关系的相量形式:

$$\dot{U}_\mathrm{R} = \dot{I}R$$

$$\dot{U}_{\mathrm{C}} = -\mathrm{j}X_{\mathrm{C}}\dot{I}$$

由上述关系得：

$$\dot{U} = \dot{I}(R - \mathrm{j}X_{\mathrm{C}})$$

所以

$$\dot{I} = \frac{1}{6-\mathrm{j}8}\dot{U} = 10\angle 53.1°(\mathrm{A})$$

$$\dot{U}_{\mathrm{R}} = R\dot{I} = 60\angle 53.1°\mathrm{V}$$

$$\dot{U}_{\mathrm{C}} = -\mathrm{j}X_{\mathrm{C}}\dot{I} = 80\angle -36.9°\mathrm{V}$$

解法 2：利用相量图求解。并联电路以电压作为参考相量，画出例 3.7 的相量图如图 3.23 所示。

由题意得：

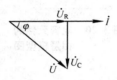

图 3.23　例 3.7 的相量图

$$U_{\mathrm{R}} = IR$$

$$U_{\mathrm{C}} = X_{\mathrm{C}}I$$

所以

$$\frac{U_{\mathrm{R}}}{U_{\mathrm{C}}} = \frac{6}{8}$$

由图 3.23 可知，

$$U = \sqrt{U_{\mathrm{R}}^2 + U_{\mathrm{C}}^2} = \frac{5}{4}U_{\mathrm{C}}$$

$$\mathrm{tg}\,\varphi = \frac{U_{\mathrm{C}}}{U_{\mathrm{R}}} = \frac{4}{3}$$

$$\varphi = 53.1°$$

所以

$$\dot{U}_{\mathrm{R}} = 60\angle 53.1°\mathrm{V}$$

$$\dot{U}_{\mathrm{C}} = 80\angle -36.9°\mathrm{V}$$

3.3　RLC 串并联交流电路的分析

3.3.1　RLC 串联的交流电路

1. RLC 串联电路的电压、电流关系

RLC 串联电路的时域模型及相量模型如图 3.24 所示。

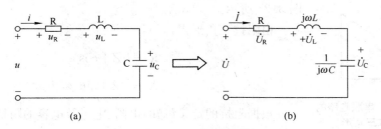

图 3.24 RLC 串联的电路

(a) 时域模型图；(b) 相量模型图

由 KVL 定律得：

$$u = u_R + u_C + u_L$$

其相量形式为：

$$\dot{U} = \dot{U}_R + \dot{U}_C + \dot{U}_L$$

将式(3.17)、(3.22)、(3.27)代入，得：

$$\dot{U} = \dot{U}_R + \dot{U}_L + \dot{U}_C = R\dot{I} + j\omega L\dot{I} + \frac{1}{j\omega C}\dot{I} = \left(R + j\omega L - j\frac{1}{\omega C}\right)\dot{I}$$

$$= (R + jX_L - jX_C)\dot{I} = (R + jX)\dot{I}$$

2. RLC 串联电路的等效阻抗

令 $Z = R + jX$ 为复阻抗，简称阻抗。

定义 $Y = \dfrac{1}{Z}$ 为电路的导纳。

则 RLC 串联电路的伏安关系可以写成如下表示式：

$$\dot{U} = Z\dot{I} \tag{3.30}$$

式(3.30)称为欧姆定律的相量形式。

则 RLC 串联电路的等效阻抗 Z 为：

$$Z = \frac{\dot{U}}{\dot{I}} = \frac{U\angle\varphi_u}{I\angle\varphi_i} = \frac{U}{I}\angle\varphi_u - \varphi_i = |Z|\angle\varphi_Z = R + jX \tag{3.31}$$

式中，R 为阻抗 Z 的电阻分量，X 为阻抗的电抗分量。|Z| 为阻抗的模，φ_Z 为阻抗角。根据复数实部、虚部和模的关系有：

$$|Z| = \sqrt{R^2 + X^2} \tag{3.32}$$

$$\varphi_Z = \arctan\frac{X}{R} = \varphi_u - \varphi_i \tag{3.33}$$

阻抗的模|Z|、电阻分量 R 和电抗分量 X 可以构成一个三角形，称阻抗三角形，如

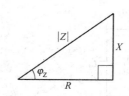

图 3.25 RLC 串联电路的 阻抗三角形

图 3.25 所示。

由阻抗三角形得：

$$R = |Z| \cos \varphi_Z$$

$$X = |Z| \sin \varphi_Z$$

根据阻抗的定义可知，电阻、电感及电容的阻抗分别为：

$$Z_R = \frac{\dot{U}}{\dot{I}} = R \quad Z_L = \frac{\dot{U}}{\dot{I}} = j\omega L \quad Z_C = \frac{\dot{U}}{\dot{I}} = \frac{1}{j\omega C} = -j\frac{1}{\omega C}$$

由 RLC 电路的阻抗可以判断电路的性质：

$X_L > X_C$ 时，电抗分量 $X > 0$，此时，$\varphi_Z > 0$，电压 u 超前电流 i；电路呈感性。

$X_L < X_C$ 时，电抗分量 $X < 0$，此时，$\varphi_Z < 0$，电压 u 落后电流 i；电路呈容性。

$X_L = X_C$ 时，电抗分量 $X = 0$，此时，$\varphi_Z = 0$，电压 u 与电流 i 同相；电路呈纯阻性。

RLC 串联电路的电压、电流相量图如图 3.26 所示。

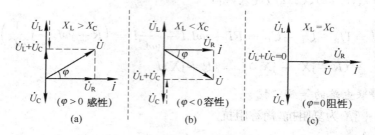

图 3.26 RLC 串联电路的相量图

(a) $X_L > X_C$ 的相量图；(b) $X_L < X_C$ 的相量图；(c) $X_L = X_C$ 的相量图

根据上述分析可知，对于 RLC 串联电路有：

$$U_R = RI$$

$$U_X = |X_L - X_C| I = |X| I$$

$$U = |Z| I$$

所以电压 U_R、U_X、U 关系构成一个三角形，该三角形与阻抗三角形相似，称电压三角形，如图 3.27 所示。

【例 3.8】 图 3.28 所示电路，已知 $u = 100\sqrt{2}\sin(314t + 30°)$V，$R = 30\,\Omega$，$L = 127.4\,\text{mH}$，$C = 159.25\,\mu\text{F}$。求(1) 感抗 X_L，容抗 X_C 及电路的阻抗 Z；(2) 电路中的电流 i，电感上的电压 u_L 和电容上的电压 u_C。

解：其相量模型图如图 3.29 所示。

(1) $X_L = \omega L = 314 \times 127.4 \times 10^{-3}\,\Omega \approx 40\,\Omega$

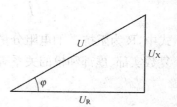

图 3.27 RLC 串联电路的 电压三角形

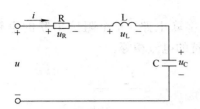

图 3.28 例 3.8 的电路

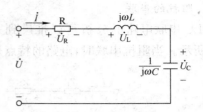

图 3.29 例 3.8 的相量模型图

$$X_C = \frac{1}{\omega C} = \frac{1}{314 \times 159.25 \times 10^{-6}}\Omega \approx 20\ \Omega$$

$$Z = R + j(X_L - X_C) = (30 + j20)\Omega = 36.06\angle 33.7°\Omega$$

(2) $\dot{I} = \dfrac{\dot{U}}{Z} = \dfrac{100\angle 30°}{36.06\angle 33.7°}A = 2.77\angle -3.7°A$

$\dot{U}_L = jX_L\dot{I} = j40 \times 2.77\angle -3.7°V = 111\angle 86.3°V$

$\dot{U}_C = -jX_C\dot{I} = -j20 \times 2.77\angle -3.7°V = 55.5\angle -93.7°V$

所以：$i = 2.77\sqrt{2}\sin(314t - 3.7°)A$

$u_L = 111\sqrt{2}\sin(314t + 86.3°)V$

$u_C = 55.5\sqrt{2}\sin(314t - 93.7°)V$

【例 3.9】 图 3.30 所示电路 $U_2 = 10\ V$，$U = U_1 = 15\ V$，$X_C = 2\ \Omega$，求：(1) X_L 和 R，(2) 电流的有效值 I。

解：根据电容元件的伏安关系：

$$I = \frac{U_2}{X_C} = 5(A)$$

又：

$$\dot{U}_1 = (R + jX_L)\dot{I}$$

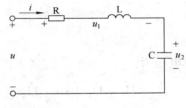

图 3.30 例 3.9 的电路

所以：

$$15^2 = (R^2 + X_L^2) \times 25 \text{，得：}$$

$$9 = R^2 + X_L^2$$

$$\dot{U} = (R + jX_L - jX_C)\dot{I}$$

$$15^2 = [R^2 + (X_L - 2)^2] \times 25$$

即：

$$9 = R^2 + X_L^2 - 4X_L + 4$$

解得：

$$X_L = 1\ \Omega，R = 2\sqrt{2}\Omega$$

3.、阻抗的串联

RLC 串联电路的分析可以推广到一般阻抗的串联电路。n 个阻抗串联的电路如图 3.31a 所示。当阻抗串联时,电路的特点是流过各阻抗的电流相等。

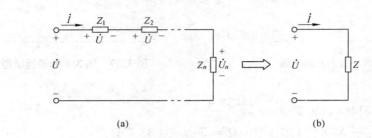

图 3.31　阻抗串联的电路

（a）n 个阻抗串联的电路图；（b）阻抗等效的电路图

（1）等效阻抗。已知阻抗 Z_1、Z_2、$\cdots$、Z_n 串联,每个阻抗上的电压相量分别为 $\dot{U}_1$、$\dot{U}_2$、$\cdots$、$\dot{U}_n$。根据 KVL 的相量形式,总电压 $\dot{U}$ 为:

$$\dot{U} = \dot{U}_1 + \dot{U}_2 + \cdots + \dot{U}_n$$

根据欧姆定律的相量形式:

$$\dot{U}_1 = Z_1 \dot{I}$$

$$\dot{U}_2 = Z_2 \dot{I}$$

$$\vdots$$

$$\dot{U}_n = Z_n \dot{I}$$

总电压为:

$$\dot{U} = \dot{U}_1 + \dot{U}_2 + \cdots + \dot{U}_n = Z_1 \dot{I} + Z_2 \dot{I} + \cdots + Z_n \dot{I} = (Z_1 + Z_2 + \cdots + Z_n)\dot{I} = Z\dot{I}$$

式中 Z 为串联电路的等效阻抗,如图 3.31b 所示,有:

$$Z = \frac{\dot{U}}{\dot{I}} = Z_1 + Z_2 + \cdots + Z_n = \sum_{k=1}^{n} Z_k \tag{3.34}$$

阻抗串联时,等效阻抗等于每个串联阻抗之和。

（2）分压公式。对阻抗串联的正弦交流电路,分压公式就是表示任一个阻抗上的电压相量和总电压相量之间的关系。在图 3.31a 电路中,求某一电阻 Z_i 上的电压 $\dot{U}_i$ 与总电压 $\dot{U}$ 的关系:

$$\dot{U}_i = Z_i \dot{I} = \frac{Z_i}{Z} \dot{U} \tag{3.35}$$

当两个阻抗串联时,分压公式为:

$$\dot{U}_1 = \frac{Z_1}{Z_1 + Z_2}\dot{U} \qquad \dot{U}_2 = \frac{Z_2}{Z_1 + Z_2}\dot{U}$$

3.3.2　RLC 并联的交流电路

1. RLC 并联电路的伏安关系

RLC 并联电路的时域模型及相量模型如图 3.32 所示。

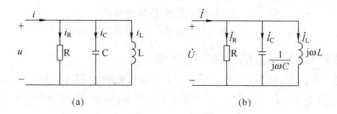

图 3.32　RLC 并联的电路

(a) 时域模型图；(b) 相量模型图

由 KCL 定律得：

$$i = i_R + i_C + i_L$$

其相量形式为：

$$\dot{I} = \dot{I}_R + \dot{I}_C + \dot{I}_L$$

将式(3.17)、(3.22)、(3.27)代入，得：

$$\dot{I} = \dot{I}_R + \dot{I}_L + \dot{I}_C = \frac{1}{R}\dot{U} + \frac{1}{j\omega L}\dot{U} + \frac{1}{\dfrac{1}{j\omega C}}\dot{U} = \left(\frac{1}{R} + \frac{1}{j\omega L} + j\omega C\right)\dot{U}$$

$$= \left(\frac{1}{R} + \frac{1}{jX_L} - \frac{1}{jX_C}\right)\dot{U}$$

2. RLC 并联电路的等效阻抗

根据 RLC 并联电路的伏安关系，电路的导纳 Y 为：

$$Y = \frac{\dot{I}}{\dot{U}} = \frac{1}{R} + \frac{1}{jX} - \frac{1}{jX_C}$$

等效阻抗为：

$$Z = \frac{1}{Y} = \frac{1}{\dfrac{1}{R} + \dfrac{1}{jX} - \dfrac{1}{jX_C}}$$

3. 阻抗的并联

RLC 并联电路的分析可以用于一般阻抗的并联电路。阻抗并联电路如图 3.33 所示。

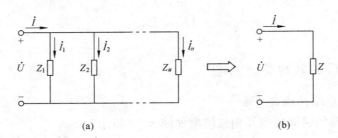

图 3.33 阻抗并联的电路

(a) n 个阻抗并联的电路；(b) 等效阻抗的电路

当阻抗并联时，电路特点是各阻抗两端的电压相等。

(1) 等效阻抗。n 个阻抗并联的电路如图 3.33 所示。已知阻抗 Z_1、Z_2、$\cdots$、Z_n，每个阻抗上的电流相量分别为 $\dot{I}_1$、$\dot{I}_2$、$\cdots$、$\dot{I}_n$。根据 KCL 的相量形式，总电流 $\dot{I}$ 为：

$$\dot{I} = \dot{I}_1 + \dot{I}_2 + \cdots + \dot{I}_n$$

根据欧姆定律的相量形式为：

$$\dot{I}_1 = \frac{\dot{U}}{Z_1}$$

$$\dot{I}_2 = \frac{\dot{U}}{Z_2}$$

$$\vdots$$

$$\dot{I}_n = \frac{\dot{U}}{Z_n}$$

总电流为：

$$\dot{I} = \dot{I}_1 + \dot{I}_2 + \cdots + \dot{I}_n = \frac{\dot{U}}{Z_1} + \frac{\dot{U}}{Z_2} + \cdots + \frac{\dot{U}}{Z_n} = \left(\frac{1}{Z_1} + \frac{1}{Z_2} + \cdots + \frac{1}{Z_n}\right)\dot{U} = \frac{\dot{U}}{Z}$$

式中 Z 为串联电路的等效阻抗，如图 3.33b 所示，有：

$$\frac{1}{Z} = \frac{\dot{I}}{\dot{U}} = \frac{1}{Z_1} + \frac{1}{Z_2} + \cdots + \frac{1}{Z_n} \tag{3.36}$$

阻抗并联时，等效阻抗的倒数等于每个并联阻抗的倒数之和。

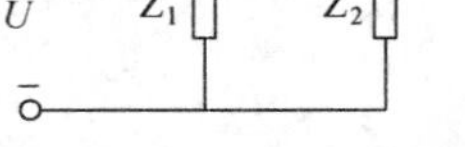

当两个阻抗并联时，如图 3.34 所示，等效阻抗为：

$$\frac{1}{Z} = \frac{\dot{I}}{\dot{U}} = \frac{1}{Z_1} + \frac{1}{Z_2} = \frac{Z_1 + Z_2}{Z_1 Z_2}$$

图 3.34 两个阻抗并联的电路 即：

$$Z = \frac{Z_1 Z_2}{Z_1 + Z_2}$$

（2）分流公式。阻抗并联的正弦交流电路，分流公式就是表示任一个阻抗上的电流相量和总电流相量之间的关系。以两个阻抗并联为例，如图 3.34 电路所示，求 Z_1，Z_2 上的电流 $\dot{I}_1$、$\dot{I}_2$ 与总电流 $\dot{I}$ 的关系：

$$\dot{I}_1 = \frac{\dot{U}}{Z_1} = \frac{Z}{Z_1}\dot{I} = \frac{Z_2}{Z_1 + Z_2}\dot{I} \qquad (3.37)$$

$$\dot{I}_2 = \frac{\dot{U}}{Z_2} = \frac{Z}{Z_2}\dot{I} = \frac{Z_1}{Z_1 + Z_2}\dot{I} \qquad (3.38)$$

【例 3.10】　图 3.35 所示正弦交流电路，求（1）电路等效阻抗。（2）电压表的读数。（3）电路的性质。

解：（1）电路等效阻抗为：

$$Z = \frac{(5 + j5)(-j5)}{5 + j5 - j5} = 5\sqrt{2}\angle -45°(\Omega)$$

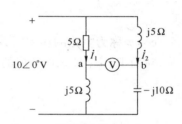

图 3.35　例 3.10 的电路

（2）$\dot{I}_1 = \dfrac{10\angle 0°}{5 + j5} = \sqrt{2}\angle -45°(A)$

$\dot{I}_2 = \dfrac{10\angle 0°}{-j5} = 2\angle 90°(A)$

根据 KVL 相量形式，则 a、b 两点间的电压 $\dot{U}_{ab}$ 为：

$$\dot{U}_{ab} = j5\dot{I}_1 - (-j10)\dot{I}_2$$
$$= j5 \times \sqrt{2}\angle -45° + j10 \times 2\angle 90°$$
$$= -15 + j5 = 15.8\angle 161.6°(V)$$

所以电压表的读数为 15.8。

（3）电路呈容性。

3.4　正弦交流电路的功率和功率因数

1. 瞬时功率

设通过正弦交流电路的电流、电压分别为：

$$i = \sqrt{2}I\sin \omega t$$

$$u = \sqrt{2}U\sin(\omega t + \varphi)$$

则电路的瞬时功率为：

$$p(t) = ui = \sqrt{2}U\sin(\omega t + \varphi)\sqrt{2}I\sin\omega t$$
$$= UI[\cos\varphi - \cos(2\omega t + \varphi)] \tag{3.39}$$

在式(3.39)中,正弦电路的瞬时功率 $p(t)$ 随着时间 t 的变化而变化,而且有正、有负和零,说明该电路既能吸收功率,又能释放功率,因此仅用瞬时功率不能说明电路元件消耗能量的问题,为此引入平均功率的概念。

2. 平均功率

平均功率也称有功功率,是瞬时功率在一个周期内的平均值,用 P 表示,即:

$$P = \frac{1}{T}\int_0^T p(t)\mathrm{d}t = \frac{1}{T}\int_0^T [UI\cos\varphi - UI\cos(2\omega t + \varphi)]\mathrm{d}t = UI\cos\varphi \tag{3.40}$$

在式(3.40)中,U 为电压的有效值,I 为电流的有效值,φ 为电压与电流的相位差,也等于电路的阻抗角,即:

$$\varphi = \varphi_u - \varphi_i = \varphi_Z$$

$\cos\varphi$ 称为电路的功率因数,φ 又称功率因数角。

对由 R、L、C 元件组成的电路,电阻元件的有功功率为:

$$P_R = UI\cos\varphi = U_R I_R = I^2 R = \frac{U_R^2}{R}$$

电感元件的有功功率为:

$$P_L = UI\cos\varphi = 0$$

电容元件的有功功率为:

$$P_C = UI\cos\varphi = 0$$

所以电路的有功功率为每个电阻消耗的有功功率之和

$$P = \sum P_R$$

所以,电路的平均功率是消耗在电阻上的功率。对电容和电感元件而言,电压与电流的相位相差90°,功率因数为零,所以电感和电容的有功功率为零,它们不消耗有功功率。虽然电感和电容不消耗有功功率,但要和电源之间进行能量交换,为此引入无功功率来衡量电感元件和电容元件与电源之间能量交换的规模。

3. 无功功率

无功功率用 Q 表示,其定义如下:

$$Q = UI\sin\varphi \tag{3.41}$$

无功功率的单位为乏(Var)。

对由 R、L、C 组成的正弦交流电路的,电阻元件的无功功率为:

$$Q_R = UI\sin\varphi = 0$$

电感元件的无功功率为：

$$Q_L = U_L I_L \sin\varphi = U_L I_L \sin 90° = U_L I_L = \omega L I_L^2 = \frac{U_L^2}{\omega L}$$

电容元件的无功功率为：

$$Q_C = U_C I_C \sin\varphi = U_C I_C \sin(-90°) = -U_C I_C = -\frac{1}{\omega C}I_C^2 = -\omega C U_C^2$$

正弦交流电路的无功功率可以表示为：

$$Q = \sum Q_L + \sum Q_C (Q_C < 0)$$

对电阻而言，由于电压和电流同相位，所以其功率因数角 $\varphi=0$，根据式（3.40）的计算，电阻的无功功率为零。因此电阻元件不与电源进行能量交换，而只是吸收能量，是一个耗能元件。

4. 视在功率

视在功率的定义为：

$$S = UI \tag{3.42}$$

单位为伏安（V·A），用以表示电器设备的容量。

对正弦交流电路，其视在功率为：

$$S = UI = I^2 \mid Z \mid$$

根据平均功率、无功功率及视在功率的定义为：

$$P = UI\cos\varphi$$

$$Q = UI\sin\varphi$$

$$S = UI$$

可知三个功率构成一个功率三角形，如图 3.36 所示。

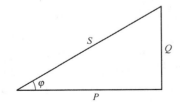

图 3.36　正弦交流电路的功率三角形

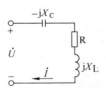

图 3.37　例 3.11 的电路

【例 3.11】　图 3.37 所示正弦交流电路中，已知 $i = 5\sqrt{2}\sin(314t + 45°)$ A，$R = 10\ \Omega$，$H = 0.063\,7$ H，$C = 636.94$ pF。求（1）u，（2）电路的有功功率和无功功率。

解：$X_L = 314 \times 0.0637 = 20\ \Omega$

$$X_C = \frac{1}{314 \times 636.94 \times 10^{-6}} = 5\ \Omega$$

电路的等效阻抗为：

$$Z = R + jX_L - jX_C = (10 + j15)\Omega$$

由于：

$$\dot{U} = \dot{I}Z$$

$$\dot{I} = 5\angle 45°$$

所以：

$$\dot{U} = \dot{I}Z = 5\angle 45° \times (10 + j15)$$
$$= 90.14\angle 101.3°(V)$$

则：

$$u = 90.14\sqrt{2}\sin(314t + 101.3°)V$$

电路的有功功率和无功功率分别为：

$$P = UI\cos\varphi = 90.14 \times 5 \times \cos(101.3° - 45°) = 250.1(W)$$

$$Q = UI\sin\varphi = 90.14 \times 5 \times \sin(101.3° - 45°) = 375(Var)$$

【例3.12】 图3.38所示正弦交流电路中，$R = 10\ \Omega$，有功功率 $P = 160\ W$，$U_1 = 50\ V$，$U_2 = 10\ V$，求：(1) 等效阻抗 Z_{eq}，(2) U。

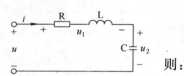

图 3.38 例 3.12 的电路

解：根据电路的有功功率计算：

$$P = I^2 R$$

则：

$$I = \sqrt{\frac{P}{R}} = 4(A)$$

所以有：

$$X_C = \frac{U_2}{I} = 2.5(\Omega)$$

又：

$$\dot{U}_1 = \dot{I}(R + jX_L)$$

$$50 = 4\sqrt{R^2 + X_L^2}$$

则：

$$X_{L} = 7.5 \, \Omega$$

等效阻抗为：

$$Z_{eq} = 10 + j7.5 - j2.5 = (10 + j5) = 5\sqrt{5}\angle 26.6°(\Omega)$$

则电压有效值为：

$$U = I \times Z_{eq} = 20\sqrt{5}(\mathrm{V})$$

【例 3.13】　图 3.39 所示正弦交流电路，$R = X_{C} = X_{L} = 5 \, \Omega$，$U = 10\sqrt{2}\mathrm{V}$，求(1) 电路的等效阻抗。(2) 电流 I。(3) 电路的有功功率 P 及无功功率 Q。

解：(1) 电路是由 R 和 C 并联再与 L 串联的混联结构，等效阻抗为：

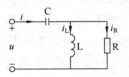

$$Z = -jX_{C} + \frac{jX_{L} \times R}{R + jX_{L}} = -j5 + \frac{j25}{5 + j5}\Omega$$

$$= \frac{5\sqrt{2}\angle -45°}{2}(\Omega)$$

图 3.39　例 3.13 的电路

(2) 电路中的电流 $\dot{I}$ 为：

$$\dot{I} = \frac{\dot{U}}{Z} = \frac{10\sqrt{2}\angle 0°}{5\sqrt{2}\angle -45°} \times 2 = 4\angle 45°(\mathrm{A})$$

所以电流的有效值 I 为：

$$I = 4(\mathrm{A})$$

(3) 计算电路的有功功率和无功功率可以分别采用以下两种方法。

方法 1：

$$P = UI\cos\varphi = 10\sqrt{2} \times 4\cos(-45°) = 40(\mathrm{W})$$

$$Q = UI\sin\varphi = 10\sqrt{2} \times 4\sin(-45°) = -40(\mathrm{Var})$$

方法 2：

由分流公式计算电感和电阻支路的电流 $\dot{I}_{L}$、$\dot{I}_{R}$。

$$\dot{I}_{L} = \frac{5}{5 + j5}\dot{I} = 2\sqrt{2}\angle 0°(\mathrm{A})$$

$$\dot{I}_{R} = \frac{j5}{5 + j5}\dot{I} = 2\sqrt{2}\angle 90°(\mathrm{A})$$

则：

$$P = RI_R^2 = 5 \times (2\sqrt{2})^2 = 40(\text{W})$$

$$Q = Q_L + Q_C = X_L I_L^2 - X_C I^2 = 5 \times (2\sqrt{2})^2 - 5 \times 4^2 = -40(\text{Var})$$

线路功率因数提高的问题在实际电路中有着重要的意义。实际用电设备的功率因数都在 0 和 1 之间,例如白炽灯的功率因数近似为 1,日光灯在 0.5 左右,异步电动机在满载时功率因数为 0.9 左右,而空载时降为 0.2 左右,由于电力系统中接有大量的感性负载,线路的功率因数一般不高,为此需提高线路的功率因数。

(1) 提高功率因数的意义。

① 使供电设备得到充分利用。一般交流供电设备都是根据设备的额定电压和额定电流进行设计、制造和使用的,供电设备提供给负载的有功功率为 $P = U_N I_N \cos\varphi$,当 U_N 和 I_N 为定值时,若 $\cos\varphi$ 低,则负载吸收的功率低,电源供给的有功功率也低,这样电源的供电能力没有得到充分发挥。例如额定容量为 $S_N = 100\ \text{kV}\cdot\text{A}$ 的变压器,若负载的功率因数 $\cos\varphi = 0.9$,变压器在额定负载情况下,可以输出的有功功率为 90 kW,若负载的功率因数为 $\cos\varphi = 0.5$,则变压器在额定负载情况下,可以输出的有功功率仅为 50 kW,这时的变压器没有得到充分利用。因此提高线路的功率因数可以提高供电设备的利用率。

② 降低线路损耗。输电线的损耗即线损为 $P_1 = I^2 R_1$,线路电流为 $I = \dfrac{P}{U\cos\varphi}$,当电源电压和输出功率一定时,功率因数高,可以使线路电流减少,从而降低线路的损耗,提高传输效率。

这里所讲的提高功率因数,是指提高电源或电网的功率因数,而不是指提高某个感性负载的功率因数,也称是提高线路的功率因数。

(2) 提高功率因数的方法。提高线路功率因数的方法,除了提高用电设备本身的功率因数,如正确选用异步电动机的容量,减少轻载和空载外,工程上主要采用在感性负载两端并联电容的方法来提高功率因数,并联电容的选取可按如下方法确定。

① 根据有功功率和无功功率守恒确定并联电容的大小。并联电容前,线路的功率因数、有功功率和无功功率分别为:

$$\cos\varphi_1 \text{、} P_1 \text{、} Q_1 = P_1 \tan\varphi_1$$

并联电容后,线路的功率因数、有功功率和无功功率分别为:

$$\cos\varphi_2 \text{、} P_2 \text{、} Q_2 = P_2 \tan\varphi_2$$

根据电路的有功功率守恒和电容的有功功率为零,得:

$$P_2 = P_1$$

根据无功功率守恒:

$$Q_2 = Q_1 + Q_C$$

即:

$$-Q_C = Q_1 - Q_2 = P_1 \tan\varphi_1 - P_1 \tan\varphi_2$$

而电容的无功功率为：

$$Q_C = -\omega C U^2$$

则：

$$\omega C U^2 = P_1 \tan \varphi_1 - P_1 \tan \varphi_2$$

可知，需要并联的电容值为：

$$C = \frac{P_1(\tan \varphi_1 - \tan \varphi_2)}{\omega U^2} = \frac{Q_1 - Q_2}{\omega U^2} \tag{3.43}$$

式(3.38)中 P_1 为感性负载所吸收的有功功率，U 是负载两端的电压，φ_1 和 φ_2 及 Q_1 和 Q_2 分别是并联电容前后的功率因数角及无功功率。

　　② 根据相量图分析计算并联电容的取值。并联电容值的取值，也可以由图 3.40 的相量图分析计算：

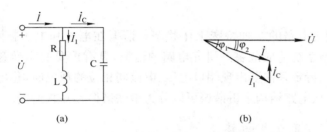

图 3.40　感性负载并联电容提高功率因数的示意图

（a）感性负载并联电容的电路图；（b）感性负载并联电容的相量图

由图 3.40b 可以得出：

$$I_C = I_1 \sin \varphi_1 - I \sin \varphi_2$$

由电容的伏安关系为：

$$I_C = \omega C U$$

根据有功功率的计算：

$$P_1 = U I_1 \cos \varphi_1 = U I \cos \varphi_2$$

所以：

$$\omega C U = \frac{P_1}{U \cos \varphi_1} \sin \varphi_1 - \frac{P_1}{U \cos \varphi_2} \sin \varphi_2$$

$$C = \frac{P_1(\tan \varphi_1 - \tan \varphi_2)}{\omega U^2} = \frac{Q_1 - Q_2}{\omega U^2}$$

【例 3.14】　将一功率 40 W，功率因数为 0.5 日光接于电压为 220 V，频率为 50 Hz 的正弦交流电源上。若将电路的功率因数提高到 0.90，应并联多大的电容。

　　解：并联电容前，电路的功率因数 $\cos \varphi_1 = 0.5$

电路的无功功率为：

$$Q_1 = P\tan\varphi_1 = 69.3(\text{Var})$$

并联电容后电路的无功功率为：

$$Q_2 = P\tan\varphi_2 = 19.37(\text{Var})$$

由式(3.43)得：

$$C = \frac{P(\tan\varphi_1 - \tan\varphi_2)}{\omega U^2} = \frac{Q_1 - Q_2}{\omega U^2} = \frac{69.3 - 19.37}{314 \times 220^2}\text{F} = 3.3\ \mu\text{F}$$

3.5　电路的谐振

谐振是正弦交流电路的一种特殊工作状态。谐振在电工和电子技术中得到广泛的应用,但也可能给电路系统造成危害。研究电路的谐振,具有重要的实际意义。由 R、L、C 组成的交流电路中,在特定条件下出现端口电压、电流同相位的现象时,称电路发生了谐振,此时电路呈电阻性。从电路结构来讲谐振可以分为串联谐振和并联谐振。

3.5.1　RLC 串联谐振电路

1. 谐振的条件

图 3.41 所示的 RLC 串联电路,电路的等效阻抗为：

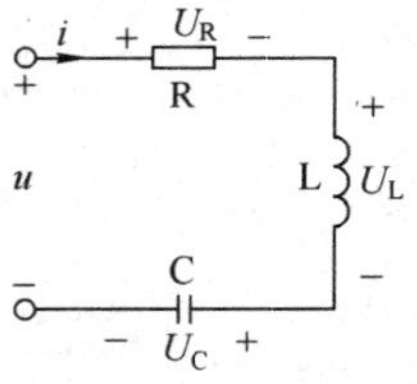

图 3.41　RLC 的串联谐振电路

$$Z = R + \text{j}\left(\omega L - \frac{1}{\omega C}\right)$$

由上式可知,当电源的频率 ω 变化时,电路的阻抗会随着频率的变化而变化,当 $\omega L = \frac{1}{\omega C}$ 时,阻抗 $Z = R$,电路的电压 u 和电流 i 同相,这时电路发生了谐振。RLC 串联电路谐振的条件是 $X_\text{L} = X_\text{C}$,即：

$$\omega L = \frac{1}{\omega C}$$

或

$$\omega = \omega_0 = \frac{1}{\sqrt{LC}},\ f_0 = \frac{1}{2\pi\sqrt{LC}} \tag{3.44}$$

式中 f_0 称为 RLC 串联电路的谐振频率,它由电路元件 L 和 C 确定,我们又称为电路的固有频率。

2. RLC 串联谐振的特征

（1）阻抗模 $|Z(\omega_0)|$。RLC 串联电路阻抗的模：

$$|Z| = \sqrt{R^2 + (X_L - X_C)^2}$$

当电路发生谐振时，$|Z(\omega_0)| = \sqrt{R^2 + (X_L - X_C)^2} = R$
此时阻抗的模最小，其值为 R。

（2）电流。RLC 串联电路谐振时的电流：

$$\dot{I}(\omega_0) = \frac{\dot{U}}{R + j(X_L - X_C)} = \frac{\dot{U}}{R}$$

其有效值为：

$$I(\omega_0) = \frac{U}{R}$$

谐振时电路中的电流最大，且与电压 U 同相。

（3）电压。谐振时 RLC 三个元件上的电压分别为：

$$\dot{U}_R = R\dot{I}(\omega_0) = \dot{U}$$

$$\dot{U}_L = j\omega_0 L\dot{I}(\omega_0) = j\frac{\omega_0 L}{R}\dot{U}$$

$$\dot{U}_C = \frac{1}{j\omega_0 C}\dot{I}(\omega_0) = -j\frac{1}{\omega_0 CR}\dot{U}$$

电感和电容两端电压的有效值为：

$$U_L = \frac{\omega_0 L}{R}U$$

$$U_C = \frac{1}{\omega_0 CR}U$$

RLC 串联电路发生谐振时，U_L 或 U_C 与电源电压 U 的比值，称为串联谐振电路的品质因数，简称 Q 值，即：

$$Q = \frac{\omega_0 L}{R} = \frac{1}{\omega_0 CR} \tag{3.45}$$

它是衡量谐振电路特性的一个重要物理量，谐振时电感和电容两端的电压可以表示为：

$$\dot{U}_L = jQU$$

$$\dot{U}_C = -jQU$$

即谐振时，电感和电容两端的电压是电源电压的 Q 倍。当 $\omega_0 L = \frac{1}{\omega_0 C} > R$ 时，U_L 和 U_C 都高

于电源电压 U。在电力系统中,由于电源电压比较高,如果电路工作在谐振的状态下,在电感和电容两端将出现过高的电压,引起电气设备的损坏。所以在电力系统中必须选择合适的元件参数 L 和 C,避免发生谐振现象。而在无线电技术方面,正是利用串联谐振的这一特点,将微弱的电压信号输入到串联谐振电路后,在电感或电容两端可以得到一个较大的输出电压。

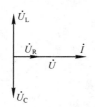

图 3.42　RLC 串联谐振的相量图

RLC 串联谐振时的电压电流相量如图 3.42 所示。

由图 3.42 可知:

① 总电压 $\dot{U}$ 与电流 $\dot{I}$ 同相。电源总电压全部加在电阻 R 上。

② 电感、电容上的电压大小相等,相位相反,即:

$$\dot{U}_L + \dot{U}_C = 0$$

3.5.2　RLC 并联谐振电路

将电感线圈与一个电容并联,当总电流 $\dot{I}$ 和总电压 $\dot{U}$ 同相时,称电路发生了并联谐振。RLC 并联谐振电路如图 3.43 所示。

1. 谐振频率

由图 3.43 可知:

$$\dot{I}_C = j\omega C \dot{U}$$

$$\dot{I}_L = \frac{\dot{U}}{R + j\omega L}$$

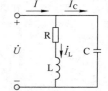

图 3.43　RLC 的并联谐振电路

所以:

$$\dot{I} = \dot{I}_C + \dot{I}_L = j\omega C \dot{U}_C + \frac{\dot{U}}{R + j\omega L} = \left(j\omega C + \frac{1}{R + j\omega L} \right) \dot{U}$$

$$= \left[j\omega C + \frac{R - j\omega L}{R^2 + (\omega L)^2} \right] \dot{U}$$

$$= \left\{ \frac{R}{R^2 + (\omega L)^2} + j\left[\omega C - \frac{\omega L}{R^2 + (\omega L)^2} \right] \right\} \dot{U}$$

则 RLC 并联电路的等效阻抗为:

$$Z = \frac{1}{\dfrac{R}{R^2 + (\omega L)^2} + j\left[\omega C - \dfrac{\omega L}{R^2 + (\omega L)^2} \right]} \tag{3.46}$$

由谐振条件,当 $\dot{I}$ 与 $\dot{U}$ 同相时电路发生谐振,即:

$$\omega C = \frac{\omega L}{R^2 + (\omega L)^2}$$

电路的谐振频率为：

$$\omega_0 = \sqrt{\frac{1}{LC} - \frac{R^2}{L^2}}$$

当 $\omega L \gg R$ 时谐振频率：

$$\omega_0 \approx \frac{1}{\sqrt{LC}}, \quad f_0 = \frac{1}{2\pi\sqrt{LC}}$$

2. RLC 并联电路谐振的特征

（1）电流与电压同相位，电路呈电阻性。

（2）阻抗最大，电流有效值最小。

由式（3.46）可知，谐振时电路阻抗的模为：

$$|Z(\omega_0)| = \frac{1}{\dfrac{R}{R^2 + (\omega_0 L)^2}} = \frac{R^2 + (\omega_0 L)^2}{R}$$

其值最大。当 $\omega L \gg R$ 时，$|Z(\omega_0)| \approx \dfrac{(\omega_0 L)^2}{R} = \dfrac{L}{RC}$。此时，电流 $I(\omega_0)$ 达到最小值，即

$$I(\omega_0) = \frac{U}{|Z(\omega_0)|} = \frac{RC}{L}U。$$

（3）谐振时各支路电流。由图 3.43 得电感支路和电容支路的电流分别为：

$$\dot{I}_{\mathrm{L}} = \frac{\dot{U}}{R + j\omega L}$$

$$\dot{I}_{\mathrm{C}} = j\omega C \dot{U}$$

当在 $\omega L \gg R$ 的条件下，RLC 并联电路发生谐振时：

$$\dot{I}_{\mathrm{L}} \approx \frac{\dot{U}}{j\omega_0 L}$$

$$\dot{I}_{\mathrm{C}} = j\omega_0 C \dot{U}$$

RLC 并联电路发生谐振时，电感支路电流 I_{L} 或电容支路 I_{C} 与总电流 I 的比值，称为并联谐振电路的品质因数。

$$Q = \frac{I_{\mathrm{L}}(\omega_0)}{I(\omega_0)} = \frac{\dfrac{U}{\omega_0 L}}{\dfrac{RC}{L}U} = \frac{1}{\omega_0 RC} = \frac{\omega_0 L}{R}$$

即谐振时，电感支路电流 I_{L} 或电容支路 I_{C} 是总电流 I 的 Q 倍。

【**例 3.15**】　某收音机的选频电路由电阻、电感和电容串联构成，其中，电阻 $R = 20\ \Omega$，电感为 $0.375\ \mathrm{mH}$，当电容调到 $240\ \mathrm{pF}$ 时，与某频率的信号发生谐振。求：

（1）谐振频率。（2）该电路的品质因数 Q。（3）若输入信号为 $5\,\mu\mathrm{V}$，求谐振时电路中的电流和电感两端的电压。（4）若某信号频率为 $100\,\mathrm{kHz}$，输入信号仍为 $5\,\mu\mathrm{V}$，求电感两端的电压。

解：（1）谐振频率：

$$\omega_0 = \frac{1}{\sqrt{LC}} = \sqrt{\frac{1}{0.375 \times 10^{-3} \times 240 \times 10^{-12}}}\,\mathrm{rad/s} = \frac{1}{3} \times 10^7\,\mathrm{rad/s}$$

$$f = \frac{\omega_0}{2\pi} = 531\,\mathrm{kHz}$$

（2）电路的品质因数为：

$$Q = \frac{\omega_0 L}{R} = \frac{\frac{1}{3} \times 10^7 \times 0.375 \times 10^{-3}}{20} = 62.5$$

（3）当输入信号为 $U_i = 5\,\mu\mathrm{V}$ 时，

$$I = \frac{U_i}{R} = \frac{5}{20}\,\mu\mathrm{A} = 0.25\,\mu\mathrm{A}$$

$$U_L = QU_i = 62.5 \times 5\,\mu\mathrm{V} = 312.5\,\mu\mathrm{V}$$

（4）当 $f = 100\,\mathrm{kHz}$ 时，

$$\omega L = 2\pi f L = 6.28 \times 10^5 \times 0.375 \times 10^{-3}\,\Omega = 235.5\,\Omega$$

$$\frac{1}{\omega C} = \frac{1}{2\pi f C} = \frac{1}{6.28 \times 10^5 \times 240 \times 10^{-12}}\,\Omega = 6\,635\,\Omega$$

电感上的电压为：

$$U_L = \frac{\omega L}{\sqrt{R^2 + \left(\omega L - \dfrac{1}{\omega C}\right)^2}}U_i = \frac{235.5}{\sqrt{400 + (235.5 - 6\,635)^2}} \times 5\,\mu\mathrm{V}$$

$$= \frac{235.5}{6\,399.5} \times 5\,\mu\mathrm{V} = 0.184\,\mu\mathrm{V}$$

由计算结果可知，对相同的输入信号，谐振时电感上的电压是 $f = 100\,\mathrm{kHz}$ 时的电感电压的 $\dfrac{312.5}{0.184} = 1\,698.4$ 倍。该选频电路选择了频率为 $f = 531\,\mathrm{Hz}$ 的信号，而抑制了其他频率的信号。

习　　题

3.1　电路如图 3.44 所示，$u = 100\sqrt{2}\sin(1\,000t + 30°)\mathrm{V}$，$R = 40\,\Omega$，$L = 30\,\mathrm{mH}$，求

(1) i。 (2) u_R, u_L。

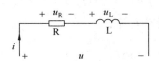

图 3.44　习题 3.1 的图

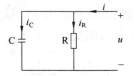

图 3.45　习题 3.2 的图

3.2 电路如图 3.45 所示，$U = 10$ V，$f = 50$ Hz，$R = 20$ Ω，$I = 1$ A。求(1) 电容 C 的值。 (2) I_R，I_C。

3.3 电路如图 3.46 所示，$R_2 = 10$ Ω，$R_1 = 5$ Ω，$U = 220$ V，$f = 50$ Hz，$L = 0.063\,7$ H。求(1) 电流有效值 I。 (2) 电压有效值 U_1。

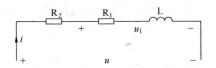

图 3.46　习题 3.3 的图

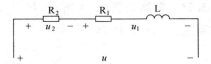

图 3.47　习题 3.4 的图

3.4 电路如图 3.47 所示，$R_2 = 10$ Ω，$U_2 = 20$ V，$U_1 = 40$ V，$U = 50$ V，$f = 50$ Hz，求 R_1，L。

3.5 电路如图 3.48 所示，$R_1 = 2$ Ω，$R_2 = 4$ Ω，$\dot{U} = 10\sqrt{2}\angle 0°$V，2 Ω 电阻消耗的功率为 4 W，求(1) 感抗 X_L。 (2) $\dot{I}$。 (3) 电路的有功功率和无功功率。

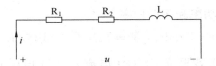

图 3.48　习题 3.5 的图

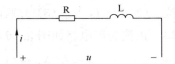

图 3.49　习题 3.6 的图

3.6 电路如图 3.49 所示，$f = 50$ Hz，$U = 50$ V，$I = 1$ A，电路消耗的有功功率为 40 W，求 R，L。

3.7 电路如图 3.50 所示，$\dot{I} = 10\angle 0°$A，$R_1 = 10$ Ω，$R_2 = 5$ Ω，$X_L = 10$ Ω，$X_C = 5$ Ω，求(1) 电路的等效阻抗。 (2) 电压 $\dot{U}$ 及 $\dot{U}_{ab}$。

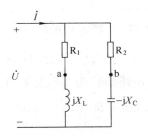

图 3.50　习题 3.7 的图

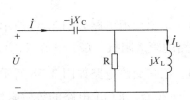

图 3.51　习题 3.8 的图

3.8 电路如图 3.51 所示，$U = 12$ V，$X_C = 4$ Ω，$X_L = R = 2$ Ω，求(1) 电路的等效阻

抗。(2) 电流 I 及 I_L。(3) 电路的有功功率和无功功率。

3.9 电路如图 3.52 所示，$\dot{U} = 60\angle30°\text{V}$，$R_1 = R_2 = 10\ \Omega$，$X_C = 10\ \Omega$，$X_L = 20\ \Omega$，求(1) 电路的等效阻抗。(2) $\dot{I}_1$。(3) 有功功率和无功功率。

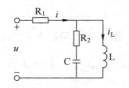

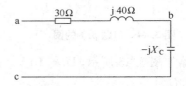

图 3.52　习题 3.9 的图　　　　　图 3.53　习题 3.10 的图

3.10 电路如图 3.53 所示，$U_{ab} = 50\ \text{V}$，$U_{ac} = 78\ \text{V}$，求 X_C。

3.11 电路如图 3.54 所示，$\dot{U} = 15\angle0°\text{V}$，$X_L = 5\ \Omega$，$X_C = R = 10\ \Omega$，求(1) 电路的等效阻抗。(2) $\dot{I}$ 和 $\dot{I}_R$。

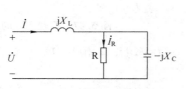

图 3.54　习题 3.11 的图　　　　　图 3.55　习题 3.12 的图

3.12 电路如图 3.55 所示，$I_1 = 2\ \text{A}$，$R = 6\ \Omega$，$X_C = 8\ \Omega$，$X_L = 2\ \Omega$，求(1) 电路的等效阻抗。(2) U，I，I_2。(3) 并联电路的有功功率和无功功率。

3.13 正弦交流电路如图 3.56 所示，已知 $\omega = 5\ \text{rad/s}$，$R = 5\ \Omega$，$L_1 = 1\ \text{H}$，$L_2 = 2\ \text{H}$，$C = 0.02\ \text{F}$，$i_L = \sqrt{2}\cos 5t\ \text{A}$，求(1) 该电路的等效阻抗 Z。(2) 电流 i。(3) 电压 u。

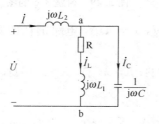

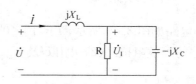

图 3.56　习题 3.13 的图　　　　　图 3.57　习题 3.14 的图

3.14 正弦交流电路如图 3.57 所示，$X_L = 4\ \Omega$，$X_C = 8\ \Omega$，$R = 4\ \Omega$，$\dot{U} = 12\angle0°\text{V}$，求(1) 电路的等效阻抗。(2) 电流 $\dot{I}$。(3) 电压 $\dot{U}_1$。(4) 电路的有功功率及无功功率。

3.15 正弦交流电路如图 3.58 所示，$\dot{U} = 100\angle0°\text{V}$，$U_1 = 50\ \text{V}$，$U_2 = 50\sqrt{2}\text{V}$，$R_1 = 10\ \Omega$，$R_2 = 20\ \Omega$，求(1) 电路的等效阻抗。(2) $\dot{U}_{ab}$。

3.16 正弦交流电路如图 3.59 所示，$I = 5\ \text{A}$，$I_C = 3\ \text{A}$，$R = 10\ \Omega$，求(1) U。(2) 电路的等效阻抗。

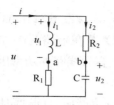

图 3.58　习题 3.15 的图

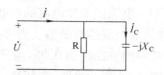

图 3.59　习题 3.16 的图

3.17　正弦交流电路如图 3.60 所示，$R_1 = 15\ \Omega$，$R = 10\ \Omega$，$L = 0.063\ 7\ \text{H}$，$C = 318.47\ \mu\text{F}$，电流 $i = 2\sqrt{2}\sin(314t)\text{A}$，求（1）电路的等效阻抗。（2）电压 $\dot{U}$。（3）电路的有功功率。

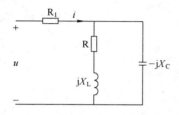

图 3.60　习题 3.17 的图

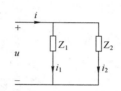

图 3.61　习题 3.18 的图

3.18　电路如图 3.61 所示，$Z_1 = (6 + \text{j}8)\Omega$，$I_1 = 2\ \text{A}$，阻抗 Z_2 的有功功率为 $P_2 = 64\ \text{W}$，功率因数为 $\cos\varphi_2 = 0.8$（感性），求（1）电路的等效阻抗。（2）电流有效值 I。（3）电压有效值 U。

3.19　正弦交流电路如图 3.62 所示，求（1）电路的等效阻抗。（2）$\dot{U}_{ab}$。（3）电路的有功功率及无功功率。

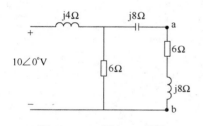

图 3.62　习题 3.19 的图

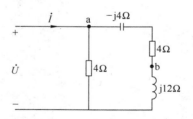

图 3.63　习题 3.20 的图

3.20　正弦交流电路如图 3.63 所示，$\dot{I} = 2\angle 45°\text{A}$，求 $\dot{U}$ 及 $\dot{U}_{ab}$。

3.21　正弦交流电路如图 3.64 所示，$R = X_C = 4\ \Omega$，$X_L = 12\ \Omega$，$\dot{U} = 10\angle 0°\text{V}$，求（1）$\dot{I}_1$ 及 $\dot{I}_2$。（2）求电路的有功功率和无功功率。

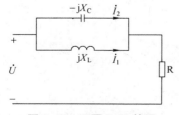

图 3.64　习题 3.21 的图

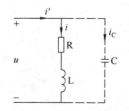

图 3.65　习题 3.22 的图

3.22　在图 3.65 所示 R、L 串联电路中,已知:$u = 220\sqrt{2}\sin 314t$ A,$R = 60\ \Omega$,$L = 0.255$ H。求:(1)电源提供的电流的有效值为多少。(2)若在电路两端并联 $C = 11.3\ \mu\text{F}$ 的电容,电源提供的电流的有效值又为多少。(3)并联电容后线路的功率因数。(4)若并联电容后线路的功率因数提高到 0.93,需并联多大的电容。

3.23　如图 3.66 所示电路,在频率 $f = 100$ Hz 时发生谐振,且谐振时电流有效值 $I = 0.2$ A,$X_\text{C} = 314\ \Omega$,电容上的电压为外加电压的 20 倍。

(1)求 R,L。

(2)若将频率 f 变为 50 Hz 而 R、L、C 及电源电压有效值 不变,求电流有效值及电路的等效阻抗,此时电路呈何性质?

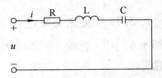

图 3.66　习题 3.23 的图

第4章　三相交流电路

三相电路是一种特殊形式的正弦交流电路,由于在发电、输电和用电等方面三相电路与单相电路相比有很多优点,因此从 19 世纪末三相电路出现以来,一直被世界各国的电力供电系统广泛采用。目前世界上的工业、农业和民用电力系统的电能几乎都是由三相电源提供的,日常生活中的单相交流电,也是取自三相交流电中的一相。三相电路由三相电源、三相负载和三相输电线路三部分组成。

4.1　三相电源

4.1.1　三相对称电源

在生产和科研中,三相交流电得到了广泛的应用,绝大多数用户采用对称的三相交流电源。所谓三相对称电源,就是由三个频率相同,幅值相同,相位相差 120°的三相电压源组成的电源系统。三相电源通常是由三相交流发电机产生的。三相发电机的三相定子绕组匝数相同,几何尺寸,形状等参数均相同,三个绕组彼此放置位置在空间互差120°,当转子以均匀角速度 ω 转动时,在三相定子绕组中产生感应电压,三个感应电压频率相同、幅值相同、初相依次相差120°,形成三相对称电源,如图 4.1 所示。

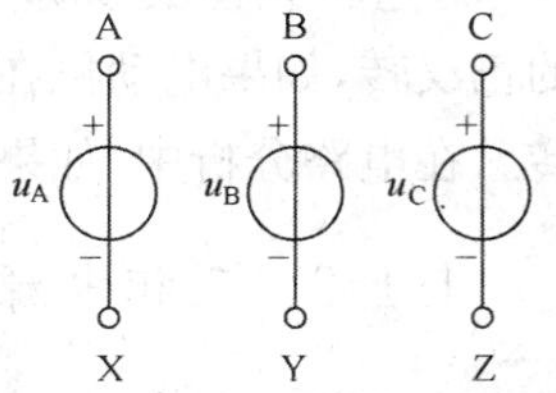

图 4.1　三相对称电源

其中,A、B、C 分别表示三相定子绕组的始端,X、Y、Z 表示三相定子绕组的末端。三相对称电源的瞬时值表达式为:

$$u_A = \sqrt{2}U\sin \omega t \tag{4.1}$$

$$u_B = \sqrt{2}U\sin(\omega t - 120°) \tag{4.2}$$

$$u_C = \sqrt{2}U\sin(\omega t - 240°)$$
$$= \sqrt{2}U\sin(\omega t + 120°) \tag{4.3}$$

其相量形式为：

$$\dot{U}_A = U\angle 0° \tag{4.4}$$

$$\dot{U}_B = U\angle -120° \tag{4.5}$$

$$\dot{U}_C = U\angle 120° \tag{4.6}$$

三相对称电源的波形图、相量图如图 4.2 所示。

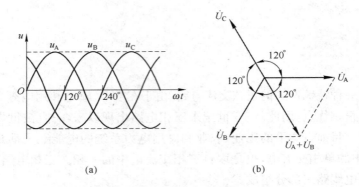

图 4.2　三相对称电源的波形图和相量图

(a) 波形图；(b) 相量图

由图 4.2 可以看出，三相对称电源的相量和为零，瞬时值的和也为零。即：

$$\dot{U}_A + \dot{U}_B + \dot{U}_C = 0 \tag{4.7}$$

$$u_A + u_B + u_C = 0 \tag{4.8}$$

三相交流电在相位上的依次顺序，称为相序。由图 4.2a 波形图可以看出，相序为 A→B→C，这种相位关系称为正相序。相序在实际三相电动机的使用中，可以控制三相电动机的正反转，如果电动机在三相电源为正相序时正转，那么当三相电源改变相序时电动机将反转。在电路分析中，如果不加说明，一般都认为电源为正相序，简称正序。

4.1.2　三相电源的连接

在三相电路中，三相电源的连接有星形（Y 形）连接、三角形（△形）连接两种方式。通常大型发电机采用星形连接，星形连接能降低定子绕组的绝缘要求，还可以防止因内部环流引起发电机定子绕组烧坏的事故。小型发电机也以星形连接的居多，由于在实际的电力系统中三相电源一般都采用星形连接，所以本书只介绍电源的星形连接方式。

所谓三相电源的星形连接是将三个电源的负极性端 X，Y，Z 接在一起，形成一个结点，称为三相电源的中性点，用结点 N 表示，由中性点引出的线称为中性线或零线。而将从三个电源的正极性端 A，B，C 向外引出的三条线，称为相线或端线，俗称火线。图 4.3

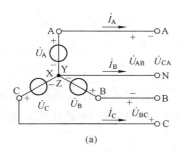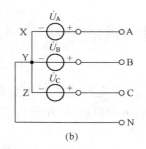

图 4.3 三相电源星形连接的两种画法

(a) 画法 1；(b) 画法 2

表示三相对称电源星形连接的两种不同画法。我们将这种供电系称为三相四线制供电系统。

三相对称电源作星形连接时，可以对电路提供两种不同参数的电压。相线与中性线之间的电压称为电源的相电压，电源的相电压实际就是每相电压源的电压，如图 4.3 中的 $\dot{U}_A(\dot{U}_{AN})$、$\dot{U}_B(\dot{U}_{BN})$ 和 $\dot{U}_C(\dot{U}_{CN})$。相线与相线之间的电压称为电源的线电压，如：$\dot{U}_{AB}$、$\dot{U}_{BC}$ 和 $\dot{U}_{CA}$。平常所说的 380 V 电压是指三相电源的线电压，而 220 V 电压是电源的相电压。

三相对称电源星形连接时，线电压与相电压的关系可以通过下面的推导求出。

在图 4.3 中列出 KVL 方程，得：

$$\dot{U}_{AB} = \dot{U}_A - \dot{U}_B = \dot{U}_A - \dot{U}_A \angle -120°$$

$$= \dot{U}_A(1 - \angle -120°) = \dot{U}_A \left[1 - \left(-\frac{1}{2} - j\frac{\sqrt{3}}{2} \right) \right]$$

$$= \dot{U}_A \left(\frac{3}{2} + j\frac{\sqrt{3}}{2} \right) = \sqrt{3}\dot{U}_A \angle 30° \tag{4.9}$$

同理可得，线电压 $\dot{U}_{BC}$、$\dot{U}_{CA}$ 与相电压 $\dot{U}_B$、$\dot{U}_C$ 之间的关系：

$$\dot{U}_{BC} = \dot{U}_B - \dot{U}_C = \sqrt{3}\dot{U}_B \angle 30° \tag{4.10}$$

$$\dot{U}_{CA} = \dot{U}_C - \dot{U}_A = \sqrt{3}\dot{U}_C \angle 30° \tag{4.11}$$

三相对称电源线电压和相电压的关系相量图如图 4.4 所示。

根据分析可以得出以下结论，当三相对称电源做星形连接时，有：

(1) 由于相电压对称，则线电压也对称。

(2) 线电压（U_l）大小等于相电压（U_p）的 $\sqrt{3}$ 倍，即，$U_l = \sqrt{3}U_p$。

(3) 线电压超前对应的相电压30°。

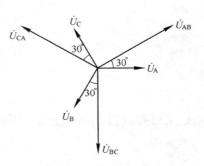

图 4.4 线电压与相电压的关系

4.2 三相电路的分析

三相电路中负载的连接方式根据负载额定电压的不同可以连接成星形和三角形两种。三相电路的分析仍采用相量法,在分析的过程中,关键是能确定负载的相电压,进而计算负载的相电流、线电流。

所谓负载的相电压即每个负载两端的电压。负载的相电流即流过每相负载的电流。负载的线电流即通过相线的电流。

4.2.1 三相负载星形连接

三相负载的星形连接电路如图 4.5 所示,三相负载的一端连接在一起,如图中的 N′为负载的中性点,负载中性点与电源中性点连接在一起,另一端分别与电源的相线连接。这种接线方式称为是三相四线制供电系统。

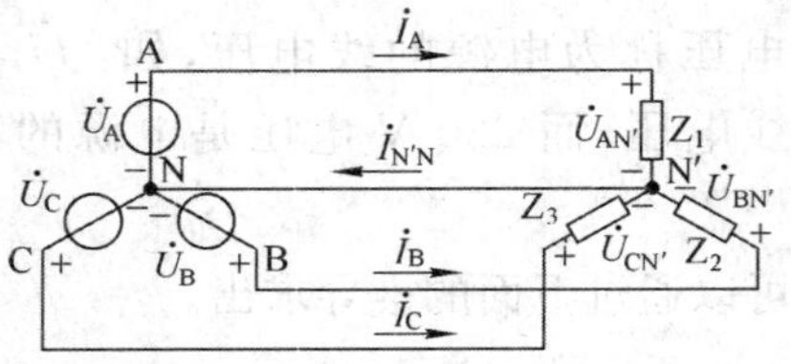

图 4.5 负载星形连接的三相四线制电路

设电源的相电压为:

$$\dot{U}_{A} = U\angle 0°$$

$$\dot{U}_{B} = U\angle -120°$$

$$\dot{U}_{C} = U\angle 120°$$

由于中性线的存在,在忽略线路阻抗的情况下,每个负载的相电压与电源的相电压相等,即:

$$\dot{U}_{AN'} = \dot{U}_{A}$$

$$\dot{U}_{BN'} = \dot{U}_{B}$$

$$\dot{U}_{CN'} = \dot{U}_{C}$$

通过负载的相电流为:

$$\dot{I}_{A} = \frac{\dot{U}_{AN'}}{Z_1}$$

$$\dot{I}_{B} = \frac{\dot{U}_{BN'}}{Z_2}$$

$$\dot{I}_{C} = \frac{\dot{U}_{CN'}}{Z_3}$$

由定义可得,负载星形连接时,线电流(I_L)等于负载的相电流(I_P),即:

$$I_L = I_P$$

应用基尔霍夫电流定律,可以得出中性线中的电流为:

$$\dot{I}_{\rm N'N} = \dot{I}_{\rm A} + \dot{I}_{\rm B} + \dot{I}_{\rm C}$$

当三相负载相同时,称为对称负载,即 $Z_1 = Z_2 = Z_2 = Z$。三相对称负载为 $|Z_1| = |Z_2| = |Z_2| = |Z|$,$\varphi_1 = \varphi_2 = \varphi_3 = \varphi$,各阻抗模相同,阻抗角相同,才可称为三相对称负载。根据三相电源的对称性,当对称负载星形连接时,负载的相电流大小相等,相位相差120°,即负载的相电流对称,因此在计算时,可以只计算一相负载的相电流,其他两相负载的相电流按对称关系直接写出,如只计算 A 相负载的相电流:

$$\dot{I}_{\rm A} = \frac{\dot{U}_{\rm AN'}}{Z}$$

根据对称关系,则:

$$\dot{I}_{\rm B} = \dot{I}_{\rm A}\angle -120°$$

$$\dot{I}_{\rm C} = \dot{I}_{\rm A}\angle 120°$$

此时中性线电流等于零,即:

$$\dot{I}_{\rm N'N} = \dot{I}_{\rm A} + \dot{I}_{\rm B} + \dot{I}_{\rm C} = 0$$

中性线电流既然等于零,就没有必要接中性线了,因此,构成三相三线制供电系统,具体电路如图 4.6 所示。工业生产中常用的三相交流电动机和三相电炉,由于是三相对称负载,都可用三相三线制供电系统。

在相电压为 220 V 的低压用户中,单相设备较多,低压线路中的三相负载往往不对称。当负载不对称时,由于中性线的作用,三相负载的相电压仍然对称,负载仍可以正常工作,但负载的相电流不再对称,中性线中有电流通过,则不能去掉中性线,否则会影响负载的正常工作,甚至损坏用电设备。下面通过例题说明这方面的问题。

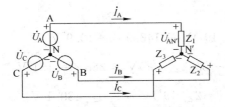

图 4.6　对称负载星形连接的三相三线制电路

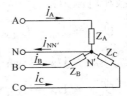

图 4.7　例 4.1 的电路

【例 4.1】　图 4.7 所示三相电路,已知三相电源线电压 380 V,三相负载不对称,其额定电压为 220 V,$Z_{\rm A} = Z_{\rm B} = 10\ \Omega$,$Z_{\rm C} = 10\angle 60°\Omega$。求(1)接中性线时负载的相电压、各线电流和中性线电流。(2)若中性线断开,求负载的相电压、线电流。

解:(1)对三相四线制电路,负载的相电压等于电源相电压,设电源相电压为:

$$\dot{U}_{\rm A} = 220\angle 0°{\rm V}$$

$$\dot{U}_{\rm B} = 220\angle -120°{\rm V}$$

$$\dot{U}_{\rm C} = 220\angle 120°{\rm V}$$

则负载的相电压为：

$$\dot{U}_{AN'} = \dot{U}_A = 220\angle 0°V$$

$$\dot{U}_{BN'} = \dot{U}_B = 220\angle -120°V$$

$$\dot{U}_{CN'} = \dot{U}_C = 220\angle 120°V$$

因为负载星形连接时，线电流等于相电流，则：

$$\dot{I}_A = \frac{\dot{U}_{AN'}}{Z_A} = \frac{220\angle 0°}{10}A = 22\ A$$

$$\dot{I}_B = \frac{\dot{U}_{BN'}}{Z_B} = \frac{220\angle -120°}{10}A = 22\angle -120°A$$

$$\dot{I}_C = \frac{\dot{U}_{CN'}}{Z_C} = \frac{220\angle 120°}{10\angle 60°}A = 22\angle 60°A$$

中性线的电流：

$$\dot{I}_{N'N} = \dot{I}_A + \dot{I}_B + \dot{I}_C = (22 + 22\angle -120° + 22\angle 60°)A = 22\angle 0°(A)$$

(2) 若中性线断开时，根据 N′N 之间的结点电压公式，则中性点间的电压为：

$$\dot{U}_{N'N} = \frac{\dfrac{\dot{U}_A}{Z_A} + \dfrac{\dot{U}_B}{Z_B} + \dfrac{\dot{U}_C}{Z_C}}{\dfrac{1}{Z_A} + \dfrac{1}{Z_B} + \dfrac{1}{Z_C}} = \frac{\dfrac{220\angle 0°}{10} + \dfrac{220\angle -120°}{10} + \dfrac{220\angle 120°}{10\angle 60°}}{\dfrac{1}{10} + \dfrac{1}{10} + \dfrac{1}{10\angle 60°}}V$$

$$= 83.2\angle 19°V$$

负载相电压为：

$$\dot{U}_{AN'} = \dot{U}_A - \dot{U}_{N'N} = (220 - 83.2\angle 19°)V = 143.9\angle -10.9°V$$

$$\dot{U}_{BN'} = \dot{U}_B - \dot{U}_{N'N} = (220\angle -120° - 83.2\angle 19°)V = 288\angle -131°V$$

$$\dot{U}_{CN'} = \dot{U}_C - \dot{U}_{N'N} = (220\angle 120° - 83.2\angle 19°)V = 250\angle 139.1°V$$

$$\dot{I}_A = \frac{\dot{U}_{AN'}}{Z_A} = \frac{143.9\angle -10.9°}{10}A = 14.39\angle -10.9°A$$

$$\dot{I}_B = \frac{\dot{U}_{BN'}}{Z_B} = \frac{288\angle -131°}{10}A = 28.8\angle -131°A$$

$$\dot{I}_C = \frac{\dot{U}_{CN'}}{Z_C} = \frac{250\angle 139.1°}{10\angle 60°}A = 25\angle 79.1°A$$

由上述分析可以看出，当三相电源对称，而负载不对称时，如果接中性线，则可以保证负载的相电压对称。如果不接中性线，则负载的中性点 N′ 与电源中性点 N 之间存在电压

$\dot{U}_{\text{N'N}}$,它将造成负载的相电压不对称,会出现负载中的相电压过高或过低现象,使负载不能正常工作,极易造成电器烧毁的事故。所以供电系统规定,在三相四线制供电系统中,中性线上不允许接熔断器和开关。

【例 4.2】 图 4.8 所示对称三相四线制电路,已知负载阻抗 $Z = (240 + \text{j}320)\Omega$,若电源线电压 $\dot{U}_{\text{AC}} = 380\angle 45°\text{V}$,求各线电流和中线电流。

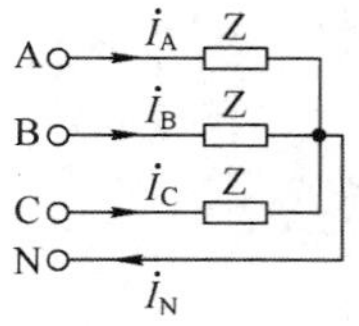

解:因为:$\dot{U}_{\text{AC}} = 380\angle 45°\text{V}$

所以:$\dot{U}_{\text{CA}} = -380\angle 45° = 380\angle -135°(\text{V})$

$\dot{U}_{\text{CN}} = 220\angle -165°\text{V}$

则:$\dot{U}_{\text{AN}} = 220\angle 75°\text{V}$

图 4.8 例 4.2 的电路

线电流:$\dot{I}_{\text{A}} = \dfrac{\dot{U}_{\text{AN}}}{Z} = \dfrac{220\angle 75°}{240 + \text{j}320} = 0.55\angle 21.9°(\text{A})$

$\dot{I}_{\text{B}} = \dot{I}_{\text{A}}\angle -120° = 0.55\angle -98.1°(\text{A})$

$\dot{I}_{\text{C}} = \dot{I}_{\text{A}}\angle 120° = 0.55\angle 141.9°(\text{A})$

中线电流:

$$\dot{I}_{\text{N}} = 0$$

【例 4.3】 图 4.9 所示三相电路,$Z_1 = Z_2 = Z_3 = (80 + \text{j}60)\Omega$,电源线电压为 380 V,求(1) 各线电流的有效值。(2)若 B 相负载短接求各线电流的有效值。

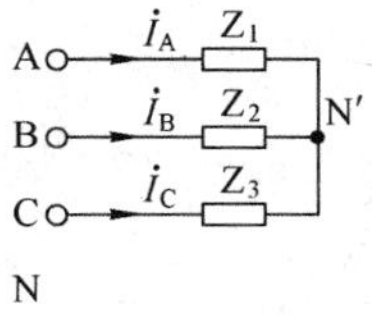

图 4.9 例 4.3 的电路

解:图示电路为对称电路,所以负载的相电压等于电源相电压。设:

$$\dot{U}_{\text{AN'}} = \dot{U}_{\text{A}} = 220\angle 0°\text{V}$$

则 A 线的线电流=相电流为:

$$\dot{I}_{\text{A}} = \frac{\dot{U}_{\text{A}}}{Z_1} = \frac{220\angle 0°}{80 + \text{j}60} = 2.2\angle -36.9°(\text{A})$$

根据对称关系,B、C 相负载的线电流:

$$\dot{I}_{\text{B}} = \frac{\dot{U}_{\text{BN'}}}{Z_2} = \frac{220\angle -120°}{80 + \text{j}60} = 2.2\angle -156.9°(\text{A})$$

$$\dot{I}_{\text{C}} = \frac{\dot{U}_{\text{CN'}}}{Z} = \frac{220\angle 120°}{80 + \text{j}60} = 2.2\angle 83.1°$$

则各线电流的有效值为:

$$I_{\text{A}} = I_{\text{B}} = I_{\text{C}} = 2.2\text{ A}。$$

若 B 相负载短接,即 B 相负载的阻抗为零,电路为不对称电路,此时负载的相电压不再等于电源的相电压,需计算两个中点之间的电压:

$$\dot{U}_{\text{N'N}} = \dot{U}_{\text{B}} = 220\angle -120°\text{V}$$

A 相和 C 负载的相电压分别为:

$$\dot{U}_{AN'} = \dot{U}_A - \dot{U}_{N'N} = \dot{U}_A - \dot{U}_B = 380\angle 30°(V)$$

$$\dot{U}_{CN'} = \dot{U}_C - \dot{U}_{N'N} = \dot{U}_C - \dot{U}_B = 380\angle 90°(V)$$

则 A 相和 C 相负载的线电流为：

$$\dot{I}_A = \frac{\dot{U}_{AN'}}{Z_1} = 3.8\angle -6.9°(A)$$

$$\dot{I}_C = \frac{\dot{U}_{CN'}}{Z_3} = 3.8\angle 53.1°(A)$$

$$\dot{I}_B = -(\dot{I}_A + \dot{I}_C) = -6.6\angle -23.1°(A)$$

所以：
$$I_A = I_C = 3.8\ A,\ I_B = 6.6\ A$$

4.2.2　负载三角形连接

当三相负载的额定电压等于三相电源的线电压时，三相负载采用三角形连接，如图 4.10 所示。当负载做三角形连接时，每个负载两端的电压即负载的相电压等于对应的线电压，因为线电压是对称的，所以三角形连接的负载的相电压始终是对称的。若电源的线电压为 U_1，则三个负载，Z_1，Z_2，Z_3 的相电压分别为：

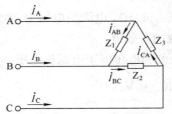

图 4.10　负载做三角形连接的电路

$$\dot{U}_{AB} = \sqrt{3}\dot{U}_A\angle 30° = U_1\angle 30°$$

$$\dot{U}_{BC} = \sqrt{3}\dot{U}_B\angle 30° = U_1\angle -90°$$

$$\dot{U}_{CA} = \sqrt{3}\dot{U}_C\angle 30° = U_1\angle 150°$$

通过每相负载的相电流，分别为：

$$\dot{I}_{AB} = \frac{\dot{U}_{AB}}{Z_1} \tag{4.12}$$

$$\dot{I}_{BC} = \frac{\dot{U}_{BC}}{Z_2} \tag{4.13}$$

$$\dot{I}_{CA} = \frac{\dot{U}_{CA}}{Z_3} \tag{4.14}$$

根据基尔霍夫电流定律（KCL）的相量形式，可得线电流为：

$$\dot{I}_A = \dot{I}_{AB} - \dot{I}_{CA} \tag{4.15}$$

$$\dot{I}_B = \dot{I}_{BC} - \dot{I}_{AB} \tag{4.16}$$

$$\dot{I}_C = \dot{I}_{CA} - \dot{I}_{BC} \tag{4.17}$$

对三角形连接的负载，相电流与线电流是不相等的。

当三个负载阻抗对称时,由式(4.12)～式(4.14)得出三角形连接负载的相电流对称,其相量关系如图 4.11 所示,由图可以得出线电流和相电流的关系:

$$\dot{I}_A = \sqrt{3}\,\dot{I}_{AB}\angle -30° \tag{4.18}$$

$$\dot{I}_B = \sqrt{3}\,\dot{I}_{BC}\angle -30° \tag{4.19}$$

$$\dot{I}_C = \sqrt{3}\,\dot{I}_{CA}\angle -30° \tag{4.20}$$

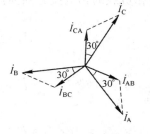

图 4.11 三角形负载线电流和相电流的关系

当对称负载三角形连接时,有如下结论:

(1) 负载的相电压等于电源的线电压。

(2) 因为负载的相电流(I_p)对称,所以线电流(I_l)也对称,线电流是相电流的 $\sqrt{3}$ 倍,即:

$$I_l = \sqrt{3}I_p$$

(3) 线电流滞后相应相电流30°。

在负载对称的情况下,负载的相电压,线电压,相电流及线电流都是对称的,计算式可以只计算一相,其余两相按对称关系直接求出。

【例 4.4】 图 4.12 所示对称三相电路中,已知 $\dot{U}_{BA} = 380\angle 30°\text{V}$,负载复阻抗 $Z = (24 + j24\sqrt{3})\Omega$。求图中电流 $\dot{I}_{AB}$,$\dot{I}_A$。

解:因三相负载为三角形连接并构成对称电路,所以可以根据线电流和相电流的关系计算。

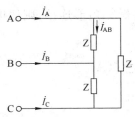

图 4.12 例 4.4 的电路

因为:$\dot{U}_{BA} = 380\angle 30°$

所以:$\dot{U}_{AB} = 380\angle -150°\text{V}$

则:

$$\dot{I}_{AB} = \frac{\dot{U}_{AB}}{Z} = \frac{380\angle -150°}{24 + j24\sqrt{3}} = \frac{380\angle -150°}{48\angle 60°} = 7.92\angle 150°(\text{A})$$

$$\dot{I}_A = \sqrt{3}\,\dot{I}_{AB}\angle -30° = 13.72\angle 120°(\text{A})$$

可以根据对称关系写出 B 相、C 相的相电流和线电流。

$$\dot{I}_B = 13.72\angle 0°\text{A}$$

$$\dot{I}_C = 13.72\angle -120°\text{A}$$

【例 4.5】 图 4.13 所示电路,非对称三相负载,$Z_1 = 100\angle -60°\Omega$,$Z_2 = Z_3 = 100\angle 30°\Omega$,接成三角形,由线电压为 380 V 的对称三相电源供电。求负载的线电流 $\dot{I}_A$,$\dot{I}_B$,$\dot{I}_C$。

解:设 $\dot{U}_{AB} = 380\angle 0°\text{V}$

$$\dot{U}_{BC} = 380\angle -120°\text{V}$$

$$\dot{U}_{CA} = 380\angle 120°\text{V}$$

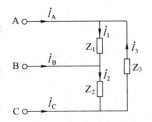

图 4.13 例 4.5 的电路

各相负载的相电流分别为：

$$\dot{I}_1 = \frac{\dot{U}_{AB}}{Z_1} = \frac{380\angle 0°}{100\angle -60°} = 3.8\angle 60°(A)$$

$$\dot{I}_2 = \frac{\dot{U}_{BC}}{Z_2} = \frac{380\angle -120°}{100\angle 30°} = 3.8\angle -150°(A)$$

$$\dot{I}_3 = \frac{\dot{U}_{CA}}{Z_3} = \frac{380\angle 120°}{100\angle 30°} = 3.8\angle 90°(A)$$

负载的线电流分别为：

$$\dot{I}_A = \dot{I}_1 - \dot{I}_3 = 3.8\angle 60° - 3.8\angle 90° = 3.8(0.5 - j0.134) = 1.97\angle -15°(A)$$

$$\dot{I}_B = \dot{I}_2 - \dot{I}_1 = 3.8\angle -150° - 3.8\angle 60° = 3.8(-1.366 - j1.366) = 7.34\angle -135°(A)$$

$$\dot{I}_C = \dot{I}_3 - \dot{I}_2 = 3.8\angle 90° - 3.8\angle -150° = 6.58\angle 60°(A)$$

【例 4.6】　图 4.14 所示电路是三相对称负载，电源线电压为 380 V，$Z = 220\ \Omega$，(1) 求各线电流有效值。(2) 若电路在 X 点断开，求各线电流的有效值。

解：设 $\dot{U}_{AB} = 380\angle 30°V$，则

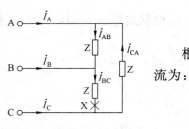

$$\dot{I}_{AB} = \frac{\dot{U}_{AB}}{Z} = \sqrt{3}\angle 30°(A)$$

根据图示电路由于三相负载对称，并做三角形连接，则线电流为：

$$\dot{I}_A = \sqrt{3}\ \dot{I}_{AB}\angle -30° = 3\angle 0°(A)$$

图 4.14　例 4.6 的电路

$$\dot{I}_B = 3\angle -120°(A)$$

$$\dot{I}_C = 3\angle 120°(A)$$

当电路在 X 点发生断路时，AB 相负载、CA 相负载的相电压仍然保持不变，所以相电流也不变；BC 相负载的相电压等于零，有：

$$I_{AB} = I_{CA} = \sqrt{3}A,\ I_{BC} = 0$$

X 点发生断路时，列出各结点 KCL 方程，得：

$$\dot{I}_C = \dot{I}_{CA} = \frac{380\angle 150°}{220} = \sqrt{3}\angle 150°(A)$$

$$\dot{I}_B = -\dot{I}_{AB} = -\frac{380\angle 30°}{220} = \sqrt{3}\angle -150°$$

$$\dot{I}_A = \dot{I}_{AB} - \dot{I}_{CA} = 3\angle 0°(A)$$

得出各线电流有效值：

$$I_A = 3 \text{ A}$$

$$I_B = \sqrt{3} \text{ A}$$

$$I_C = \sqrt{3} \text{ A}$$

4.3 三相电路的功率

4.3.1 三相电路的有功功率

对三相电路而言,三相负载吸收的有功功率等于每相负载吸收的有功功率之和,即:

$$P = P_A + P_B + P_C$$

P_A、P_B、P_C 分别为三相负载的有功功率,根据有功功率的计算公式:

$$P_A = U_{AP} I_{AP} \cos \varphi_A \tag{4.21}$$

$$P_B = U_{BP} I_{BP} \cos \varphi_B \tag{4.22}$$

$$P_C = U_{CP} I_{CP} \cos \varphi_C \tag{4.23}$$

U_P 表示每相负载的相电压,I_P 表示每相负载的相电流,φ 表示每相负载的功率因数角,如对 A 相负载:

$$\varphi_A = \varphi_{uAP} - \varphi_{iAP} = \varphi_{AZ}$$

每相负载的功率因数角,等于相电压与相电流的相位差,也等于负载的阻抗角。

如果是对称负载,则每相负载吸收的有功功率相同,设每相负载的相电压有效值为 U_P,相电流有效值为 I_P,负载阻抗为 $Z = |Z| \angle \varphi$ 则每相负载的有功功率为:

$$P_A = P_B = P_C = U_P I_P \cos \varphi$$

所以三相对称负载吸收的总的有功功率为:

$$P = 3 U_P I_P \cos \varphi \tag{4.24}$$

当负载星形连接时,线电压是相电压的 $\sqrt{3}$ 倍,即 $U_P = \dfrac{1}{\sqrt{3}} U_1$,线电流等于相电流,即 $I_P = I_1$;当负载三角形连接时,线电压等于相电压,即 $U_P = U_1$,线电流是相电流的 $\sqrt{3}$ 倍,即 $I_P = \dfrac{1}{\sqrt{3}} I_1$,所以不论称负载以何种方式连接,三相负载吸收的有功功率也可以按如下公式计算:

$$P = \sqrt{3} U_1 I_1 \cos \varphi \tag{4.25}$$

在式(4.25)中,电压、电流用线电压、线电流表示;但功率因数角 φ 不是线电压和线电流的相位差,而仍是相电压和相电流的相位差,即是负载的阻抗角。

4.3.2　三相电路的无功功率

三相负载的无功功率是每相负载的无功功率之和,

$$Q = Q_A + Q_B + Q_C \tag{4.26}$$

如果负载对称,则:

$$Q = 3Q_P = 3U_P I_P \sin \varphi = \sqrt{3} U_1 I_1 \sin \varphi \tag{4.27}$$

4.3.3　三相电路的视在功率

由于视在功率不守恒,所以三相电路的视在功率通过有功功率和无功功率计算:

$$S = \sqrt{P^2 + Q^2}$$

如果负载对称,则:

$$S = \sqrt{P^2 + Q^2} = 3U_P I_P = \sqrt{3} U_1 I_1 \tag{4.28}$$

注意,对视在功率而言:

$$S \neq S_A + S_B + S_C$$

【**例 4.7**】　在图 4.15 所示的三相对称电路中,已知电源线电压 $U_1 = 380$ V,阻抗 $Z = (90 - j120)\Omega$,求(1) 各线电流。(2) 三相负载总的有功功率和无功功率。

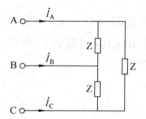

图 4.15　例 4.7 的电路

解:根据三相电路功率计算公式:

$$P = 3U_P I_P \cos \varphi$$

首先求相电流,因是三相对称电路,负载做三角形连接,所以:

$$I_P = \frac{U_P}{|Z|} = \frac{380}{|90 - j120|} = 2.53(\text{A})$$

负载的阻抗角:

$$\varphi = \arctan \frac{-40}{30} = -51.3°$$

所以功率因数:

$$\cos \varphi = 0.6$$

则三相负载的有功功率:

$$P = 3U_P I_P \cos \varphi = 3 \times 380 \times 2.53 \times 0.6 = 1\,730.5(\text{W})$$

无功功率为:

$$Q = 3U_P I_P \sin\varphi = -3 \times 380 \times 2.53 \times 0.8 = -2\,307.4(\text{Var})$$

【例 4.8】 一台 50 Hz 的三相对称电源,向星形连接的对称感性负载提供 10 kW 的有功功率,已知负载线电流为 20 A,线电压为 380 V,求感性负载的参数 R、L。

解:根据式(4.25)、(4.28)

$$P = \sqrt{3}U_l I_l \cos\varphi$$

求出负载的功率因数:

$$\cos\varphi = \frac{P}{\sqrt{3}U_l I_l} = \frac{10\,000}{\sqrt{3} \times 20 \times 380} = 0.76$$

负载的阻抗角为:

$$\varphi = \arccos 0.76 = 40.5°$$

每相负载阻抗模:

$$|Z| = \frac{U_P}{I_P} = \frac{220}{20} = 11(\Omega)$$

所以每相负载的阻抗,

$$Z = |Z| \angle 40.5° = 11(\cos 40.5° + j\sin 40.5°)\Omega = (8.4 + j7.1)\Omega$$

$$\omega L = 7.1$$

$$L = \frac{7.1}{\omega} = \frac{7.1}{2\pi f} = \frac{7.1}{314} = 0.023(\text{H})$$

感性负载的参数为,$R = 8.4\ \Omega$、$L = 0.023\ \text{H}$。

习 题

4.1 图 4.16 所示三相电路,$Z_1 = Z_2 = Z_3 = (150 + j100)\Omega$,$\dot{U}_{AB} = 380\angle 0°\text{V}$,求负载的相电流和线电流。

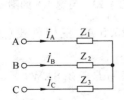

图 4.16 习题 4.1 的图

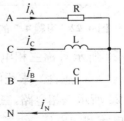

图 4.17 习题 4.2 的图

4.2 图 4.17 所示电路,$R = X_L = X_C = 220\ \Omega$,$\dot{U}_{AB} = 380\angle 30°\text{V}$,求各线电流和中

线电流。

4.3 图 4.18 所示电路 $I_A = I_B = I_C = 2\,\text{A}$，求中线电流。

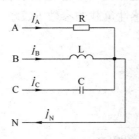

图 4.18 习题 4.3 的图

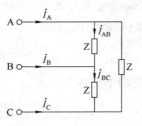

图 4.19 习题 4.4 的图

4.4 图 4.19 所示电路，$Z = (80 + \text{j}60)\,\Omega$，$\dot{U}_{AC} = 380\angle 30°\,\text{V}$，求 $\dot{I}_A$，$\dot{I}_{AB}$。

4.5 图 4.20 所示三相电路，线电压为 380 V，$Z_1 = 220\,\Omega$，$Z_2 = \text{j}220\,\Omega$，$Z_3 = -\text{j}220\,\Omega$，求各线电流。

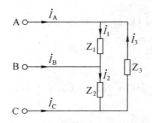

图 4.20 习题 4.5 的图

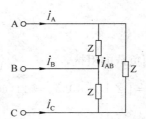

图 4.21 习题 4.6 的图

4.6 图 4.21 所示对称三相电路，$\dot{I}_C = 10\angle 45°\,\text{A}$，$Z = (27 + \text{j}27)\,\Omega$，求 $\dot{U}_{AB}$。

4.7 图 4.22 所示对称三相电路，线电流为 $I_L = 25.5\,\text{A}$，三相负载总的有功功率为 7 760 W，$\cos\varphi = 0.8$（感性），求线电压及负载的阻抗。

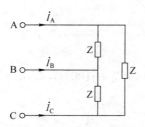

图 4.22 习题 4.7 的图

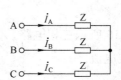

图 4.23 习题 4.8 的图

4.8 图 4.23 所示对称三相电路，线电流为 $I_L = 25.5\,\text{A}$，三相负载总的有功功率为 7 760 W，$\cos\varphi = 0.8$（感性），求线电压及负载的阻抗。

4.9 图 4.24 所示三相电路，三相负载总的有功功率为 $P = 3.8\,\text{kW}$，$Z = (24 + \text{j}18)\,\Omega$，求线电流，中线电流和线电压。

4.10 图 4.25 所示三相电路，$Z = (30 + \text{j}40)\,\Omega$，$\dot{U}_{AC} = 380\angle 90°\,\text{V}$，求（1）各线电流 $\dot{I}_A$，$\dot{I}_B$，$\dot{I}_C$。（2）三相负载的有功功率、无功功率及视在功率。

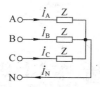

图 4.24　习题 4.9 的图

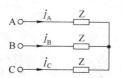

图 4.25　习题 4.10 的图

4.11　图 4.26 所示的三相对称电路中,已知线电压为 380 V, $R = 24\,\Omega$, $X_L = 18\,\Omega$。求 (1) 线电流。(2) 三相负载总的有功功率。

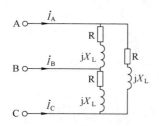

图 4.26　习题 4.11 的图

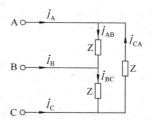

图 4.27　习题 4.12 的图

4.12　图 4.27 所示三相电路,电源线电压 380 V,线电流的有效值为 10 A,三相负载总的有功功率为 5 kW。求每相负载阻抗(感性)。

4.13　图 4.28 所示对称三相电路,线电压 $U_L = 380$ V,三相负载总的有功功率为 $P = 2.8$ kW,三相负载为感性,且功率因数为 $\cos\varphi = 0.8$,求(1) 负载为三角形连接时的负载阻抗。(2) 负载为星形连接时的负载阻抗。

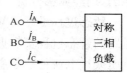

图 4.28　习题 4.13 的图

第5章　一阶电路的暂态过程分析

　　电路可以从应用的不同的角度分为直流电路和交流电路,也可以分为稳态电路和暂态电路。稳态电路指电路中的物理量(电流、电压)是直流电(它的数值稳定不变)或周期性的交流电(幅值、频率、变化规律保持不变)。电路从一个稳态电路到另一个稳态电路一般要经历一个过程,称为暂态过程,在工程分析中又称为过渡过程。本章首先分析暂态过程产生的原因,用经典法分析一阶 RC、RL 暂态电路,最后推出三要素法分析一阶电路。

　　暂态过程虽然时间短暂,但在工程实际中有着重要的位置。在电子技术中常利用 RC 电路的暂态过程实现振荡信号的产生、信号波形的转换等。但在感性电路断开时会出现过电压或过电流往往是有害的,必须预防它产生的危害。

5.1　换路定律与初始值的确定

5.1.1　暂态过程的产生

　　自然界一切事物的运动,在特定条件下处于一种稳定状态,一旦条件改变,就要过渡到另一种新的稳定状态。例如电动机从静止不动到恒定转速运行,需要有一个加速过程,电动机制动时从某个稳定转速到速度为零,又必须经历减速过程。其现象的根本原因是物质能量不能跃变。同理,在电阻和电容或电阻和电感组成的电路中,当电源恒定或作周期性变化时,电路中的电压和电流也都是恒定的或按周期性变化,电路的这种状态称为稳定状态,简称稳态。然而这种具有储能元件(L 或 C)的电路在电路接通、断开,或电路的参数、结构、电源等发生改变时,电路不能从原来的稳态立即达到新的稳态,需要经过一定的时间才能完成,这个变换过程称为电路的暂态过程。一般说来,能量的转换和积累不能瞬时完成是电路出现暂态过程的原因。

　　暂态过程产生有外部原因和内部原因。在电路中含有储能元件 L 或 C 时,电路开关的接通、断开,电源或电路中的参数突然改变,我们统称为换路。然而,并不是所有的电路在换路时都会出现暂态过程,换路只是产生暂态过程的外在原因,其内因是电路中具有储能元件。我们知道储能元件所储存的能量是不能跃变的。电容所储存的能量为 $\frac{1}{2}Cu_C^2$、电感所储存的能量为 $\frac{1}{2}Li_L^2$,因为能量的跃变意味着无穷大功率的存在,即 $p = \frac{\mathrm{d}W}{\mathrm{d}t} \to \infty$,这在实际电路中是不可能存在的。由于能量不能跃变,所以电容电压 u_C 和电感电流 i_L 只能连续变化,而不能跃变。这是暂态过程产生的内部原因。综上所述,含有储能元件的电路在换路时产生暂态过程的根本原因是能量不能跃变。

5.1.2　换路定律

当电路从一个稳定状态到另一个稳定状态的过程中,由于能量不能发生跃变,所以在换路瞬间,电容元件的电压和电感元件的电流不能跃变,这就是换路定律。

假设 $t = 0$ 时电路换路,则 $t = 0_-$ 称换路前瞬时、$t = 0_+$ 称换路后瞬时,换路定律的数学表达式为:

$$u_C(0_+) = u_C(0_-)$$
$$i_L(0_+) = i_L(0_-) \tag{5.1}$$

5.1.3　初始值的确定

初始值的定义是,换路后初始瞬间 $t = 0_+$ 时刻,电路中电压和电流的数值。换路定律仅适用于电容电压和电感电流初始值的确定。电路中其他电压和电流的初始值可按以下步骤计算:

(1) 求出换路前电容电压 $u_C(0_-)$ 和电感电流 $i_L(0_-)$(由于电源是直流电,求这两个数值时,将电容元件开路,电感元件短路)。

(2) 由换路定律确定,$u_C(0_+) = u_C(0_-)$,$i_L(0_+) = i_L(0_-)$。

(3) 画出 $t = 0_+$ 等效电路,根据替代定理,将电容所在处用电压为 $u_C(0_+)$ 的理想电压源替代,如果 $u_C(0_+) = 0$,电容元件视为短路;电感所在处用电流为 $i_L(0_+)$ 的理想电流源替代,如果 $i_L(0_+) = 0$,电感元件视为开路。

(4) 在 $t = 0_+$ 电路中,根据电路的基本定律和基本分析方法,计算电路中其他电压和电流的初始值。

【例 5.1】　如图 5.1a 所示电路,换路前已处于稳态,$U_S = 20\,\mathrm{V}$,$R_1 = R_2 = 5\,\Omega$,$R_3 = 8\,\Omega$,$t = 0$ 时开关 S 打开。画出 $t = 0_+$ 电路,并求电路中各电压和电流的初始值。

解:换路前的初始值,

$$u_C(0_-) = \frac{U_S}{R_1 + R_2}R_2 = \frac{20}{5+5} \times 5 = 10(\mathrm{V})$$

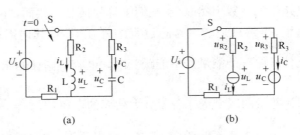

图 5.1　例 5.1 的电路

(a) 电路图；(b) $t=0_+$ 电路

$$i_L(0_-) = \frac{U_S}{R_1 + R_2} = \frac{20}{5+5} = 2(A)$$

根据换路定律，$u_C(0_+) = u_C(0_-) = 10\,V$

$$i_L(0_+) = i_L(0_-) = 2\,A$$

$t=0_+$ 电路如图 5.1b 所示，

$$i_C(0_+) = -i_L(0_+) = -2\,A$$

$$u_L(0_+) = -(R_2 + R_3)i_L(0_+) + u_C(0_+) = -(5+8) \times 2 + 10 = -16(V)$$

$$u_{R_2}(0_+) = R_2 i_L(0_+) = 5 \times 2 = 10(V)$$

$$u_{R_3}(0_+) = R_3 \times i_C(0_+) = 8 \times (-2) = -16(V)$$

【**例 5.2**】　如图 5.2a 所示电路，$U_S = 5\,V$，$R_1 = R_2 = 10\,\Omega$，$R_3 = 5\,\Omega$ 换路前已是稳态，开关 S 在 $t=0$ 瞬间闭合，试画出 $t=0_+$ 电路，求出电压和电流各初始值。

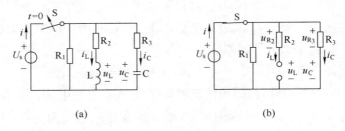

图 5.2　例 5.2 的电路

（a）电路图；（b）$t=0_+$ 电路

解：由于该电路换路前开关断开，所以储能元件的初始值为零，

$$i_L(0_+) = i_L(0_-) = 0$$

根据换路定律：$u_C(0_+) = u_C(0_-) = 0$

$t=0_+$ 电路，如图 5.2b 所示。

$$i_C(0_+) = \frac{U_S}{R_3} = \frac{5}{5} = 1(A)$$

$$u_\mathrm{L}(0_+) = U_\mathrm{S} = 5\ \mathrm{V}$$

$$i(0_+) = \frac{U_\mathrm{S}}{R_1} + \frac{U_\mathrm{S}}{R_3} = \frac{5}{10} + \frac{5}{5} = 1.5(\mathrm{A})$$

$$u_{\mathrm{R}_3} = U_\mathrm{S} = 5\ \mathrm{V}$$

从上面的例题可以看出,虽然电容元件的电压和电感电流是不能跃变的,但电容元件电流和电感元件电压是可以跃变的。电阻元件电压和电流都是可以跃变的。

5.2　RC 电路的零输入响应和零状态响应

暂态电路的分析方法一般分为数学分析和实验分析两种。在数学分析方法中,常用经典法(列写微分方程法)、拉普拉斯变换法等。在工程上分析一阶暂态电路通常采用三要素法。把只包含一个储能元件,或用串、并联方法化简后只包含一个储能元件的电路称为一阶电路,其暂态过程可用一阶微分方程来描述。

5.2.1　RC 电路的零状态响应

所谓 RC 电路的零状态响应,是指电容的初始值 $u_\mathrm{C}(0_+) = 0$,换路后电路的响应是由外加电源引起的响应,称为 RC 电路的零状态响应。

图 5.3 是一个 RC 串联电路,电路原处于稳定状态。设在 $t = 0$ 时开关 S 闭合,用经典法讨论电容上电压和电流按照什么规律变化?

在图 5.3 中列出回路电压方程:

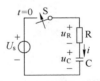

图 5.3　RC 电路的零状态响应电路

$$Ri + u_\mathrm{C} = U_\mathrm{S}$$

由于 $i = C\dfrac{\mathrm{d}u_\mathrm{C}}{\mathrm{d}t}$,所以有:

$$RC\frac{\mathrm{d}u_\mathrm{C}}{\mathrm{d}t} + u_\mathrm{C} = U_\mathrm{S} \tag{5.2}$$

式(5.2)是一阶常系数非齐次线性微分方程,方程的解由特解 u_C' 和通解 u_C'' 两部分组成,即:

$$u_\mathrm{C}(t) = u_\mathrm{C}' + u_\mathrm{C}''$$

u_C' 是式(5.2)非齐次微分的特解,称为稳态分量或强制分量:

$$u_\mathrm{C}' = u_\mathrm{C}(\infty) = U_\mathrm{S} \tag{5.3}$$

u_C'' 为式(5.2)对应的齐次微分方程:

$$RC\frac{\mathrm{d}u_\mathrm{C}''}{\mathrm{d}t} + u_\mathrm{C}'' = 0 \tag{5.4}$$

的通解。其解的形式为:

$$u''_C = Ae^{pt} \tag{5.5}$$

其中 A 是积分常数,决定于初始条件,p 是齐次方程所对应的特征方程的特征根。由于 u''_C 是随时间变化的,称为暂态分量或自由分量。

将式(5.5)代入式(5.4),并消去公因子 Ae^{pt},得出特征方程:

$$RCp + 1 = 0$$

其特征根:

$$p = -\frac{1}{RC} = -\frac{1}{\tau}$$

上式中令 $\tau = RC$,它具有时间量纲$\left(\Omega \cdot F = \Omega \cdot \dfrac{C}{V} = \dfrac{V}{A} \cdot \dfrac{A \cdot s}{V} = s\right)$,我们称为 RC 电路的时间常数。因此通解可写为:

$$u''_C = Ae^{-\frac{t}{\tau}} \tag{5.6}$$

可见 u''_C 是按指数规律衰减的,因为它只出现在电路的暂态过程中。

由此,稳态分量加暂态分量就得到式(5.2)一阶微分方程的全解,即

$$u_C(t) = u_C(\infty) + Ae^{-\frac{t}{\tau}} \tag{5.7}$$

由初始条件确定式中积分常数 A。设开关 S 闭合后的瞬间为 $t = 0_+$,此时电容的初始电压为 $u_C(0_+)$,则在 $t = 0_+$ 时,式(5.7) 有:

$$u_C(0_+) = u_C(\infty) + A$$

所以

$$A = u_C(0_+) - u_C(\infty)$$

将 A 值代入(5.7)式中,就得到在直流电源作用下,一阶 RC 电路暂态过程中电容电压的通式,即:

$$u_C(t) = u_C(\infty) + [u_C(0_+) - u_C(\infty)]e^{-\frac{t}{\tau}} \tag{5.8}$$

因此,对于图 5.3 中 RC 电路的零状态响应电容元件的电压:

$$u_C = U_S(1 - e^{-\frac{t}{\tau}}) \tag{5.9}$$

电容上的电流为:

$$i = C\frac{du_C}{dt} = \frac{U_S}{R}e^{-\frac{t}{\tau}} \tag{5.10}$$

电阻上的电压为:

$$u_R = Ri = U_S e^{-\frac{t}{\tau}} \tag{5.11}$$

电容上的电压、电流和电阻电压上的变化曲线,如图 5.4 所示,它们都是随时间按指数

规律变化的曲线。

RC 电路中时间常数 τ 的物理意义是,当电源电压一定时,R 愈大,充电或放电的电流就愈小,充电或放电时间也就愈长,所以相应的时间常数 τ 愈大;C 愈大,则电容器储存的电场能量愈多,这使电容器的充电或放电时间愈长。因此,RC 电路中的时间常数 τ 正比于 R 和 C 之乘积,只与电路的参数有关,与换路情况和外加电源无关。图 5.5 表明了时间常数 τ 的大小对电容电压充电快慢的影响。

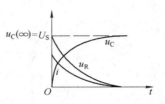

图 5.4　零状态响应电压和电流的波形

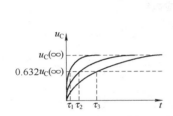

图 5.5　时间常数对电容器充电的影响

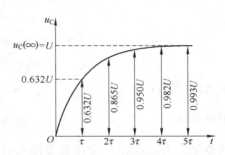

图 5.6　u_C 随时间变化的过程

根据式(5.9)将电容电压的计算列于表 5.1 中,u_C 随时间变化的过程,如图 5.6 所示。虽然从理论上讲,只有当 $t \to \infty$ 时,电容充电过程才结束,但在工程上认为一阶暂态电路经过 $(3 \sim 5)\tau$ 后电路的暂态过程已经结束,电路进入稳定状态。

表 5.1　电容充电时端电压与时间常数的关系

t	0	τ	2τ	3τ	4τ	5τ	6τ	∞
u_C	0	$0.632U_S$	$0.865U_S$	$0.950U_S$	$0.982U_S$	$0.993U_S$	$0.998U_S$	U_S

5.2.2　RC 电路的零输入响应

所谓 RC 电路的零输入,是指换路后电路无外加电源,其响应由电容的初始值 $u_C(0_+)$ 引起,称为 RC 电路的零输入响应。

图 5.7 所示的电路就是 RC 电路的零输入响应。电路原处于稳定状态,$t=0$ 将开关 S 从 1 切换到 2,用式(5-8) $u_C(t) = u_C(\infty) + [u_C(0_+) - u_C(\infty)]e^{-\frac{t}{\tau}}$ 分析该电路。

求出 u_C 的初始值,换路前电容已储存能量,

有:
$$u_C(0_-) = U_S$$

根据换路定律得:

$$u_C(0_+) = u_C(0_-) = U_S$$

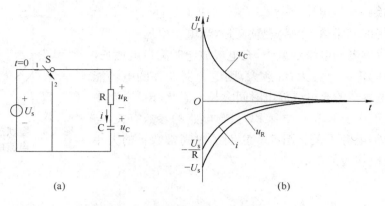

图 5.7　RC 电路的零输入响应电路

(a) 电路图；(b) 变化曲线

u_C 的稳态值：
$$u_C(\infty) = 0$$

时间常数：
$$\tau = RC$$

所以图 5.7a 所示 RC 电路的零输入响应为：

$$u_C(t) = u(0_+)e^{-\frac{t}{\tau}} = U_S e^{-\frac{t}{\tau}} \tag{5.12}$$

电路中电容的放电电流和电阻 R 上的电压分别为：

$$i = C\frac{\mathrm{d}u_C}{\mathrm{d}t} = -\frac{U_S}{R}e^{-\frac{t}{\tau}} \tag{5.13}$$

$$u_R = Ri = -U_S e^{-\frac{t}{\tau}} \tag{5.14}$$

负号表示电流及电阻电压的参考方向与实际方向相反。u_C、u_R、i 随时间变化的曲线，如图 5.7b 所示。它们是按指数规律上升或衰减的，其上升或衰减的速度由时间常数 τ 决定，在同一电路中各响应的 τ 是相同的。

5.3　RC 暂态电路的三要素分析法

从式(5.8)可以看出，只要求出初始值、稳态值和时间常数这三个要素，代入(5.8)式就能确定 u_C 的解析表达式。可以证明，一阶电路在直流电源作用下，换路以后电路中电压或电流都是按指数规律变化的，都可以利用三要素法来分析。这种利用上述三个要素求解一阶电路电压或电流暂态过程的方法就是所谓三要素法。其一般形式为：

$$f(t) = f(\infty) + [f(0_+) - f(\infty)]e^{-\frac{t}{\tau}} \tag{5.15}$$

$f(t)$ 可以表示一阶暂态电路任何一个元件上的电压或电流。

$f(\infty)$ 为换路后该电压或电流稳态值,由于是直流电源,所以求此参数时可在换路后的稳态电路中,将电容开路、电感短路求得。

$f(0_+)$ 表示换路后瞬时该电压和电流的初始值,已在本章 5.1 节介绍过。

$\tau = RC$ 时间常数,其中 R 应是换路后电容两端无源网络的等效电阻。

5.3.1　RC 电路三要素法举例

【例 5.3】　如图 5-8 所示电路原已处于稳态,$t=0$ 时开关 S 闭合。求换路后的 $i(t)$ 和 $u_C(t)$。

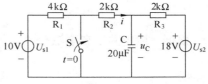

图 5.8　例 5.3 的图

解:换路前电容上的电压为:

$$u_C(0_-) = U_{S2} + \frac{U_{S1} - U_{S2}}{R_1 + R_2 + R_3} \times R_3$$

$$= 18 + \frac{10 - 18}{4 + 2 + 2} \times 2 = 16 \text{ V}$$

根据换路定律,　　　　　$u_C(0_+) = u_C(0_-) = 16 \text{ V}$

换路后电容电压的稳态值为:

$$u_C(\infty) = \frac{R_2}{R_2 + R_3} \times U_{S2} = \frac{2}{2 + 2} \times 18 = 9 \text{ V}$$

时间常数:　$\tau = (R_2 /\!/ R_3)C = \frac{2 \times 2}{2 + 2} \times 10^3 \times 20 \times 10^{-6} = 0.02 \text{ s}$

根据一阶电路三要素法公式,$u_C(t) = u_C(\infty) + [u_C(0_+) - u_C(\infty)]e^{-\frac{t}{\tau}}$

$$u_C(t) = 9 + (16 - 9)e^{-\frac{t}{0.02}} = (9 + 7e^{-50t}) \text{V}$$

$$i(t) = \frac{-u_C(t)}{2} = (-4.5 - 3.5e^{-50t}) \text{mA}$$

【例 5.4】　如图 5.9a 所示电路原已稳态,$t=0$ 时,开关 S 从 1 接到 2,已知 $U_{S1} = 24 \text{ V}$,$U_{S2} = 8 \text{ V}$,$R_1 = 4 \ \Omega$,$R_2 = 12 \ \Omega$,$R_3 = 7 \ \Omega$,$C = 0.05 \text{ F}$,试求换路后的 $u_C(t)$,并求出换路后多少时间电容上的电压为零? 试画出变化曲线。

解:换路前:$u_C(0_-) = \frac{R_2}{R_1 + R_2}U_{S1} = \frac{12}{12 + 4} \times 24 = 18(\text{V})$

根据换路定律:$u_C(0_+) = u_C(0_-) = 18 \text{ V}$

换路后稳态值:$u_C(\infty) = \frac{R_2}{R_1 + R_2}(-U_{S2}) = -6 \text{ V}$

时间常数:$\tau = RC = [(R_1 /\!/ R_2) + R_3]C = 0.5 \text{ s}$

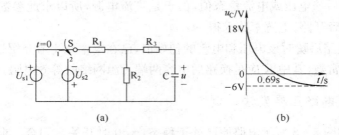

图 5.9 例 5.4 的图

(a) 电路图;(b) 变化曲线

根据一阶电路三要素法公式,$u_C(t) = u_C(\infty) + [u_C(0_+) - u_C(\infty)]e^{-\frac{t}{\tau}}$

$$= -6 + (18 + 6)e^{-\frac{t}{0.5}}$$

$$= (-6 + 24e^{-2t})(V)$$

令:$u_C(t) = -6 + 24e^{-2t} = 0$

解得,$t = 0.69$ s

其变化曲线如图 5.9b 所示。

【例 5.5】 已知图 5.10a 电路,$R = 100\,\mathrm{k\Omega}$,$C = 10\,\mu\mathrm{F}$,电容原未充电,试求:输入电压 u_I 为图 5.10b 波形时,求出输出电压 u_C,并画出波形图。

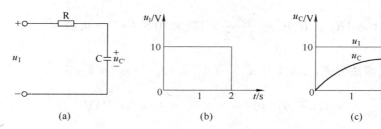

图 5.10 例 5.5 的图

解:分二段分析,

(1) 0~2 s,电路为零状态响应,

$$u_C(\infty) = 10 \text{ V}$$

$$\tau = RC = 100 \times 10^3 \times 10 \times 10^{-6} = 1(\text{s})$$

根据三要素法,$u_C(t) = u_C(\infty)(1 - e^{-\frac{t}{\tau}}) = 10(1 - e^{-t})$ V

$$u_C(2) = 10(1 - e^{-2}) = 8.65 \text{ V}$$

(2) $t > 2$ s 电路为零输入响应,

根据三要素法,$u_C(t) = u_C(2_+)e^{-\frac{t-2}{\tau}} = 8.65e^{-(t-2)}$ V

其波形如图 5.10c 所示。

5.3.2 RC 电路的全响应

在 RC 电路中，换路前，电容已储存能量，换路后的响应由电容的初始值 $u_C(0_+)$ 和外加电源共同产生的响应，称为 RC 电路的全响应。

图 5.11a 所示的电路就是 RC 电路的全响应。电路原处于稳定状态，$t=0$ 将开关 S 从 1 切换到 2，我们用三要素法来分析暂态过程。

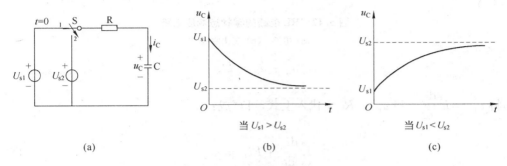

(a)   当 $U_{s1} > U_{s2}$ (b)   当 $U_{s1} < U_{s2}$ (c)

图 5.11 RC 电路的全响应

(a) 电路；(b) $U_{S1} > U_{S2}$；(c) $U_{S1} < U_{S2}$

根据公式(5.15)可得：

$$u_C(t) = u_C(\infty) + [u_C(0_+) - u_C(\infty)]e^{-\frac{t}{\tau}}$$

u_C 的初始值为：

$$u_C(0_+) = u_C(0_-) = U_{S1}$$

u_C 的稳态值为：

$$u_C(\infty) = U_{S2}$$

时间常数为：

$$\tau = RC$$

对于图 5.11a 中 RC 电路的全响应，电容上的电压为：

$$u_C(t) = U_{S2} + (U_{S1} - U_{S2})e^{-\frac{t}{\tau}}$$

$u_C(t)$ 的变化规律与 U_{S1} 和 U_{S2} 的相对大小有关。当 $U_{S1} > U_{S2}$ 时，电容放电，变化曲线如图 5-11b 所示；当 $U_{S1} < U_{S2}$ 时，电容充电，变化曲线如图 5.11c 所示。

5.4 RL 电路的暂态过程分析

5.4.1 RL 电路的零状态响应

图 5.12a 是一个 RL 串联电路，电路原处于稳定状态。设在 $t=0$ 时开关 S 闭合，则 RL 串联电路与直流电源 U_S 接通。首先用经典法来分析电感元件的电流变化情况。

列出换路后回路电压方程式为：

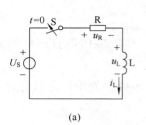
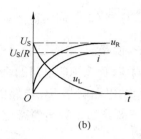

(a)   (b)

图 5.12 RL 电路的零状态响应电路

(a) 电路；(b) 变化曲线

$$u_{\mathrm{L}} + u_{\mathrm{R}} = U_{\mathrm{S}}$$

将 $u_{\mathrm{L}} = L\dfrac{\mathrm{d}i_{\mathrm{L}}}{\mathrm{d}t}$，和 $u_{\mathrm{R}} = Ri_{\mathrm{L}}$，代入上式，可写成：

$$L\frac{\mathrm{d}i_{\mathrm{L}}}{\mathrm{d}t} + Ri_{\mathrm{L}} = U_{\mathrm{S}} \tag{5.16}$$

式(5.16)是一个一阶常系数非齐次微分方程，它的解 i_{L} 由该方程的特解 i_{L}' 与对应的齐次微分方程的通解 i_{L}'' 两部分组成。即：

$$i_{\mathrm{L}} = i_{\mathrm{L}}' + i_{\mathrm{L}}''$$

i_{L}' 是非其次微分方程的特解，取稳态分量为：

$$i_{\mathrm{L}}' = i_{\mathrm{L}}(\infty) = \frac{U_{\mathrm{S}}}{R}$$

i_{L}'' 是对应的齐次微分方程的通解，

$$i_{\mathrm{L}}'' = Ae^{Pt} = Ae^{-\frac{t}{\tau}} \tag{5.17}$$

式中，A 是积分常数，p 是特征根，τ 是时间常数。

式(5.17)对应的特征方程为：

$$\frac{L}{R}P + 1 = 0$$

则：
$$P = -\frac{1}{L/R} = -\frac{1}{\tau}, \ \tau = \frac{L}{R}$$

于是，式(5.16)的解为：

$$i_{\mathrm{L}} = i_{\mathrm{L}}' + i_{\mathrm{L}}'' = \frac{U_{\mathrm{S}}}{R} + Ae^{-\frac{R}{L}}$$

式中，积分常数 A 可由初始条件与换路定律求得。

得：
$$i_{\mathrm{L}}(t) = i_{\mathrm{L}}(\infty) + [i_{\mathrm{L}}(0_+) - i_{\mathrm{L}}(\infty)]e^{-\frac{t}{\tau}} \tag{5.18}$$

在图 5.12(a)电路中，$i(0_+) = i(0_-) = 0$，$i(\infty) = \dfrac{U}{R}$，时间常数 $\tau = \dfrac{L}{R}$。

故通过电感的电流为：

$$i = \frac{U_\mathrm{S}}{R}(1 - e^{-\frac{t}{\tau}}) \tag{5.19}$$

电感的端电压为：

$$u_\mathrm{L}(t) = L\frac{\mathrm{d}i_\mathrm{L}}{\mathrm{d}t} = U_\mathrm{S}e^{-\frac{t}{\tau}} \tag{5.20}$$

式(5.20)电阻的端电压为：

$$u_\mathrm{R} = Ri = U_\mathrm{S}(1 - e^{-\frac{t}{\tau}}) \tag{5.21}$$

根据式(5.19)、(5.20)、(5.21)画出变化曲线如图 5.12b 所示。

从上面的分析可以证明，一阶 RL 电路的三要素法公式(5.18)与一阶 RC 电路三要素法公式(5.8)完全相同，其通式：

$$f(t) = f(\infty) + [f(0_+) - f(\infty)]e^{-\frac{t}{\tau}}$$

其中 R 应是换路后电感两端无源网络的等效电阻。当 R 的单位是欧姆(Ω)，L 的单位是亨利(H)时，则 τ 的单位是秒(s)。

一阶 RL 电路的暂态过程的快慢由时间常数 $\tau = \dfrac{L}{R}$ 的大小决定。因为电感所储存的磁场能量为 $\dfrac{1}{2}Li_\mathrm{L}^2$，L 愈大，电感储存的磁场能量就愈大；R 愈小，相同电压下电流的稳态值就愈大，电感所储存的磁场能量就愈大，所以时间常数 τ 就愈大。同样，工程上认为一阶 RL 暂态电路经过$(3\sim5)\tau$ 后电路的暂态过程已经结束，电路进入稳定状态。

5.4.2　RL 电路的断开

在图 5.13 电路中，若电路已进入稳定状态情况下再切断开关 S，因其电流的变化率$\dfrac{\mathrm{d}i}{\mathrm{d}t}$很大，则使电感两端将感应高电压，$u_\mathrm{L} = L\dfrac{\mathrm{d}i_\mathrm{L}}{\mathrm{d}t} \to \infty$。由于开关触头之间的间隙很小，空气将被这个高电压击穿而形成电弧或火花。从能量的观点来看，电弧延续了电流的流通，延缓了电流的中断，使储存在电感线圈的磁场能量逐步释放，将其转换成热能而消耗掉，所以开关触头容易被烧坏。在电力系统中，由于存在大量的电感性负载(主要是各种电动机)，带负载断电时会在刀开关的触头上产生很强的电弧，因此都装有灭弧装置，如接触器、自动空气断路器等。

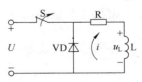

图 5.13　RL 电路接续流二极管

为了防止上述危害，在工程实际中采用接入二极管的方法防止产生过电压(如图 5.13)。

在 RL 电路正常工作时,二极管 VD 处于反向截止状态,对电路工作无影响。当开关断开时,二极管导通,使在电感中存储的磁场能量有释放的通道。这个二极管的作用称为续流二极管。

5.4.3　一阶 RL 电路三要素分析法举例

【例 5.6】　如 5.14 所示电路原已处于稳态,$t=0$ 时开关 S 闭合。已知,$R_1 = 4\,\Omega$,$R_2 = 6\,\Omega$,$R_3 = 12\,\Omega$,$R_4 = 3\,\Omega$,$L = 4\,H$,$U_{S1} = 24\,V$。求用三要素法换路后的 $i_L(t)$。

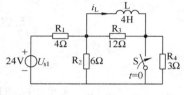

图 5.14　例 5.6 的图

换路前电感的电流:$i_L(0_-) = \dfrac{U_{S1}}{R_1 + (R_2 /\!/ R_4)} \times$

$$\frac{R_2}{R_2 + R_4} = \frac{24}{4 + \dfrac{6 \times 3}{6 + 3}} \times \frac{6}{6 + 3} = \frac{8}{3}\,A$$

根据换路定律:$i_L(0_+) = i_L(0_-) = \dfrac{8}{3}\,A$

换路后的稳态值:$i_L(\infty) = \dfrac{U_{S1}}{R_1} = \dfrac{24}{4} = 6\,A$

时间常数:$\tau = \dfrac{L}{R_1 /\!/ R_2 /\!/ R_3} = \dfrac{4}{4 /\!/ 6 /\!/ 12} = 2\,s$

根据一阶电路三要素法公式,$i_L(t) = i_L(\infty) + [i_L(0_+) - i_L(\infty)]e^{-\frac{t}{\tau}}$

$$i_L(t) = 6 + \left(\frac{8}{3} - 6\right)e^{-\frac{t}{\tau}} = \left(6 - \frac{10}{3}e^{-0.5t}\right)A$$

【例 5.7】　如图 5.15 所示电路,换路前已处于稳态,已知 $R_1 = R_2 = R_3 = 10\,\Omega$,$U_S = 15\,V$,$I_S = 2\,A$,$L = 2\,H$,$t=0$ 时开关 S 打开。试求开关 S 打开后 $i_L(t)$。

解:换路前电感电流的初始值:

$$i_L(0_-) = \frac{1}{2} \times \frac{U_S}{R_1 + (R_2 /\!/ R_3)} = 0.5\,A$$

根据换路定律:$i_L(0_+) = i_L(0_-) = 0.5\,A$

换路后的稳态值:$i_L(\infty) = \dfrac{1}{2}I_S = 1\,A$

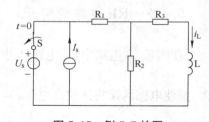

图 5.15　例 5.7 的图

时间常数:$\tau = \dfrac{L}{R} = \dfrac{L}{R_2 + R_3} = 0.1\,(s)$

根据一阶电路三要素法公式:$i_L(t) = i_L(\infty) + [i_L(0_+) - i_L(\infty)]e^{-\frac{t}{\tau}}$

$$= 1 - 0.5e^{-\frac{t}{0.1}}$$

$$= (1 - 0.5^{-10t})(A)$$

习　题

5.1　如图 5.16 所示电路,换路前已是稳态,开关 S 在 $t=0$ 瞬间打开,已知 $U_S = 24\,\text{V}$, $R_1 = R_2 = R_3 = 4\,\Omega$, $R_4 = 2\,\Omega$。试画出 $t = 0_+$ 电路,求出电压和电流各初始值。

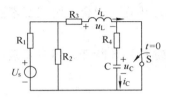
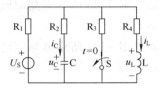

图 5.16　习题 5.1 的图　　　　　　图 5.17　习题 5.2 的图

5.2　如图 5.17 所示电路,换路前已是稳态,开关 S 在 $t=0$ 瞬间打开,已知 $R_1 = 2\,\Omega$, $R_2 = 2\,\Omega$, $R_3 = 6\,\Omega$, $R_4 = 3\,\Omega$, $U_S = 6\,\text{V}$。试画出 $t = 0_+$ 电路,求出电压和电流各初始值。

5.3　如图 5.18 所示电路,换路前已是稳态,开关 S 在 $t=0$ 瞬间闭合,已知 $R_1 = 8\,\Omega$, $R_2 = 4\,\Omega$, $U_S = 24\,\text{V}$。试画出 $t = 0_+$ 电路,求出电压和电流各初始值。

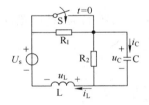
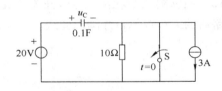

图 5.18　习题 5.3 的图　　　　　　图 5.19　习题 5.4 的图

5.4　如题图 5.19 所示电路原已处于稳态,$t=0$ 时开关 S 断开。用三要素法求换路后的 $u_C(t)$,并画出其变化曲线。

5.5　如题图 5.20 所示电路原已处于稳态,$t=0$ 时开关 S 闭合。用三要素法求换路后的 $u_C(t)$ 和 $i(t)$。

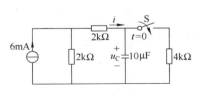
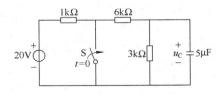

图 5.20　习题 5.5 的图　　　　　　图 5.21　习题 5.6 的图

5.6　如题图 5.21 所示电路原已处于稳态,$t=0$ 时开关 S 闭合。用三要素求换路后的 $u_C(t)$,并画出变化曲线。

5.7　如题图 5.22 所示电路原已处于稳态,$t=0$ 时开关 S 闭合。已知,$I_S = 3\,\text{A}$, $U_S = 10\,\text{V}$, $R_1 = 2\,\Omega$, $R_2 = 2\,\Omega$, $R_3 = 1\,\Omega$, $C = 0.1\,\mu\text{F}$ 用三要素法求换路后的 $u_C(t)$。

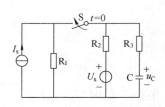

图 5.22　习题 5.7 的图

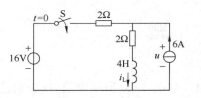

图 5.23　习题 5.8 的图

5.8　如题图 5.23 所示电路原已处于稳态，$t=0$ 时开关 S 闭合。用三要素法求换路后的 $i_L(t)$ 和 $u(t)$。

5.9　如题图 5.24 所示电路原已处于稳态，$t=0$ 时开关 S 断开。用三要素法求换路后的 $i_L(t)$ 和 $u_L(t)$。

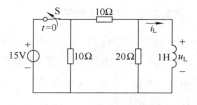

图 5.24　习题 5.9 的图

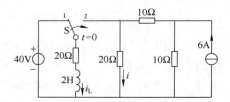

图 5.25　习题 5.10 的图

5.10　如题图 5.25 所示电路，开关 S 在"1"位置已稳定，$t=0$ 时合向"2"位置，用三要素法求换路后的 $i_L(t)$，$i(t)$ 并画出曲线。

第6章 变压器、电动机和安全用电

在生产过程中,需要应用许多电工设备。变压器是用来改变交流电压、电流和阻抗的电气设备,其广泛应用于电力系统和电子线路中。而异步交流电动机因结构简单、维修方便、工作可靠、价格便宜等广泛应用在各种机床和生产机械中。

随着电能应用的不断拓展,以电能为介质的各种电气设备广泛进入企业、社会和家庭生活中,与此同时,使用电气所带来的不安全事故也不断发生。为了实现电气安全,对电网本身的安全进行保护的同时,更要重视用电的安全问题。

6.1 变压器

6.1.1 交流铁心线圈电路

铁心线圈根据励磁电流不同分为直流铁心线圈和交流铁心线圈两种。直流铁心线圈电路,由于励磁电流是直流,它产生的磁通是恒定的,所以不会产生感应电动势,其电流大小由外加电压 U 和线圈本身的电阻 R 决定;功率损耗只有线圈电阻 R 的损耗,铁心中是没有损耗的。交流铁心线圈电路的励磁电流是交流电,则产生的磁通是交变的,交变的磁通将产生感应电动势,所以电磁关系和功率损耗就比较复杂。在讨论变压器和交流电动机以前,先介绍一下交流铁心线圈电路。

1. 电磁关系

图 6.1 是交流铁心线圈电路,设线圈的匝数为 N,当线圈两端加正弦交流电压时,则交变电流 i 作为励磁电流将产生交变的磁通,其磁通的绝大部分通过铁心,称为主磁通 Φ,但还有很小一部分从空气中通过,称为漏磁通 Φ_σ。这两个交变的磁通都将在线圈中产生感应电动势。

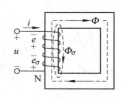

图 6.1 交流铁心线圈电路

设线圈电阻为 R，主磁通在线圈上产生的感应电动势为 e，漏磁通在线圈上产生的感应电动势为 e_σ，感应电动势与磁通的参考方向符合右手螺旋关系，如图 6.1 所示。列出基尔霍夫电压方程：

$$u = Ri - e - e_\sigma \tag{6.1}$$

由于线圈电阻上的电压 Ri 和漏磁通产生感应电动势 e_σ 都很小，与主磁通产生的感应电动势 e 比较，在工程中分析可忽略不计，故式（6.1）可写成：

$$u \approx -e \tag{6.2}$$

设主磁通 $\Phi = \Phi_m \sin \omega t$，根据法拉第电磁感应定律可得：

$$
\begin{aligned}
e &= -N \frac{d\Phi}{dt} = -N \frac{d}{dt}(\Phi_m \sin \omega t) \\
&= 2\pi f N \Phi_m \sin(\omega t - 90°) \\
&= E_m \sin(\omega t - 90°)
\end{aligned}
$$

感应电动势的最大值为：

$$E_m = 2\pi f N \Phi_m$$

所以有效值为：

$$E = \frac{E_m}{\sqrt{2}} = \frac{2\pi f N \Phi_m}{\sqrt{2}} = 4.44 f N \Phi_m$$

由式（6.2）得出外加电压有效值：

$$U \approx E = 4.44 f N \Phi_m \tag{6.3}$$

式（6.3）是常用的公式，适用于交流铁心线圈电路，应特别重视。在忽略线圈电阻和漏磁通情况下，当外加电压 U 和频率 f 不变情况下，铁心线圈中的主磁通最大值 Φ_m 基本保持不变。式中 Φ_m 的单位用韦伯（Wb）、f 的单位用赫兹（Hz）、U 的单位用伏特（V）。

2. 功率损耗

交流铁心线圈的功率损耗有铜损和铁损两部分构成。铜损是指线圈电阻 R 上的功率损耗，用 ΔP_{Cu} 表示，其大小 $\Delta P_{Cu} = RI^2$。铁损是指处于交变磁通下的铁心中的功率损耗，用 ΔP_{Fe} 表示，铁损由磁滞损耗 ΔP_h 和涡流损耗 ΔP_e 共同产生。

（1）磁滞损耗 ΔP_h。由磁滞所产生的铁损称为磁滞损耗。

磁滞损耗会引起铁心发热，为了减小磁滞损耗，应选用磁滞回线比较窄的材料制造铁心。硅钢就是变压器和电机中常用的铁心材料。可以证明，在单位体积铁心中的磁滞损耗的大小与磁滞回线（图 6.2）所包围的面积成正比。

（2）涡流损耗 ΔP_e。由涡流所产生的铁损称为涡流损耗。

在交变磁通的作用下，铁心中会产生感应电动势和感应电流，感

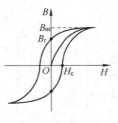

图 6.2　磁滞回线

应电流在垂直于磁通的铁心平面内围绕磁力线呈旋涡状,所以称为"涡流"。"涡流"也会引起铁心发热,由此引起的损耗称涡流损耗。为了减小涡流损耗,交流铁心都采用硅钢片叠成,硅钢片中的硅成分,可以增大电阻率,使涡流减小;硅钢片的表面涂有绝缘漆,使各片之间互相绝缘,可将涡流限制在狭长的截面之中,从而减小涡流的损耗。所以多数交流电工设备的铁心都采用硅钢片叠成。

6.1.2　变压器

变压器是一种常见的电气设备,在电力系统和电子线路等应用最为广泛。

在工程输配电系统中,为了减小输电导线的截面积及降低线路中的功率损耗,一般都采用高压输电,因此必须利用变压器升压。而在用电方面,为了保证用电的安全和符合用电设备的电压要求,还要利用变压器降压。

在电子线路中可以利用小功率变压器提供多种电压,还可以进行阻抗变换、线路耦合等。

在测量技术中利用变压器的变压、变流作用,可以扩大测量范围,保证安全。

此外,还有自耦变压器、互感器及各种专用变压器。变压器种类很多,但它们的基本构造和工作原理是相同的。

1. 变压器的结构

变压器的结构由铁心和绕组两部分构成。铁心构成变压器的磁路部分,绕组构成变压器的电路部分。与电源相连的绕组,称一次绕组(或原绕组),与负载相连的绕组,称二次绕组(或副绕组)。绕组与铁心之间、绕组与绕组之间互相绝缘。有时我们将工作电压高的绕组称高压绕组,工作电压低的绕组称低压绕组。为了方便分析,通常将一次绕组和二次绕组分别画在铁心的两边(如图6.3所示)。

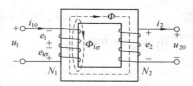

图 6.3　变压器的原理图

为了减少铁心中铁损,变压器的铁心采用硅钢片叠成。按照铁心和绕组的组合方式变压器分为心式和壳式两种。在图6.4中,心式变压器是线圈包围铁心,一般是应用在大容量的电力变压器中;壳式变压器是铁心包围线圈,用铁量比较多,所以它不需要变压器外壳,一般用在小容量的电源变压器中。

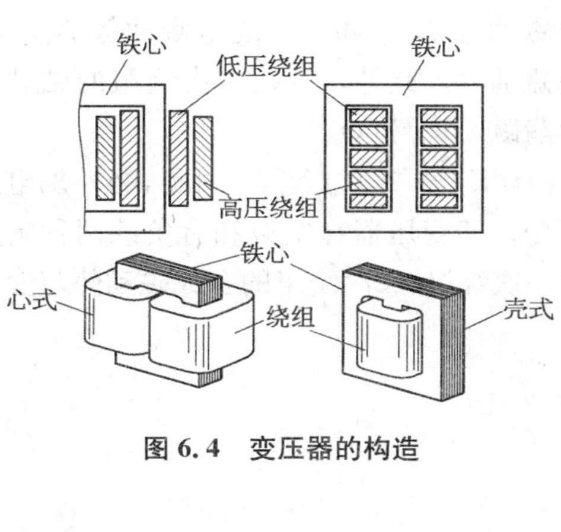

大容量的变压器还要有散热装置,因为变压器工作时,其铁心和绕组都会发热,热量如果不能及时散发,则会影响变压器的绝缘性能和增加其功率损耗。

2. 变压器的工作原理

(1) 空载运行与电压变换。在图6.3中,变压器的一次绕组接交流电压 u_1,二次绕组开路,这种运行状态称为变压器的空载运行。空载的变压器相当于一个铁心线圈电路,只是在铁心上

图 6.4　变压器的构造

多绕了一个绕组而已。设一次绕组、二次绕组的匝数分别为 N_1、N_2，一次绕组通过的电流 i_{10} 称为空载电流。

由于二次侧开路，一次侧的空载电流 i_{10} 就是励磁电流，其磁动势 $N_1 i_{10}$ 在铁心中产生的主磁通 Φ 既通过一次绕组又通过二次绕组，在一次绕组、二次绕组中分别产生感应电动势 e_1、e_2，其参考方向与 Φ 的参考方向符合右手螺旋定则（图 6.3），根据法拉第电磁感应定律可得：

$$e_1 = -N_1 \frac{\mathrm{d}\Phi}{\mathrm{d}t}$$
$$e_2 = -N_2 \frac{\mathrm{d}\Phi}{\mathrm{d}t} \tag{6.4}$$

根据式(6.3)，e_1，e_2 的有效值分别为：

$$E_1 = 4.44 f N_1 \Phi_m, \quad E_2 = 4.44 f N_2 \Phi_m \tag{6.5}$$

在忽略了一次绕组线圈电阻的电压降和漏磁通所产生的感应电动势后，一次绕组、二次绕组的电压方程式为：

$$u_1 \approx -e_1, \quad u_{20} = e_2$$

即：

$$U_1 \approx E_1 = 4.44 f N_1 \Phi_m, \quad U_{20} = E_2 = 4.44 f N_2 \Phi_m$$

由此得出电压比：

$$\frac{U_1}{U_{20}} \approx \frac{E_1}{E_2} = \frac{N_1}{N_2} = K \tag{6.6}$$

上式中 K 为变压器的变比。式(6.6)说明当一次绕组加交流电压 U_1 时，可在二次绕组得到同频率的 U_1/K 的交流电压，这就是我们通常说的变压器的电压变换。$K > 1$，这种变压器称为降压变压器；$K < 1$，则为升压变压器。

（2）负载运行与电流变换。在变压器的二次绕组接上负载 Z_L 后[如图(6.5)]所示，由于 e_2 的作用将有 i_2 产生，这种运行状态称为变压器的负载运行。这时一次绕组通过的电流由 i_{10} 变为 i_1，一次绕组的磁动势 $N_1 i_1$ 和二次绕组磁动势 $N_2 i_2$ 将共同产生主磁通 Φ。此外，一次、二次绕组的磁动势还分别产生漏磁通 $\Phi_{\sigma 1}$ 和 $\Phi_{\sigma 2}$。

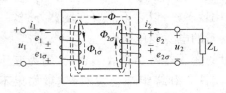

图 6.5　变压器的负载运行

根据 $U_1 \approx E_1 = 4.44 f N_1 \Phi_m$ 可得，当外加电压 U_1 和频率 f 不变时，主磁通的最大值基本保持不变。即变压器在空载和有负载两种情况下，主磁通基本恒定。也就是说，变压器有负载时，一次绕组、二次绕组的合成磁动势与变压器空载时的磁动势基本相等。即：

$$N_1 i_1 + N_2 i_2 \approx N_1 i_{10}$$

其相量形式为：

$$N_1 \dot{I}_1 + N_2 \dot{I}_2 \approx N_1 \dot{I}_{10} \qquad (6.7)$$

该式为变压器磁动势平衡方程式。由于铁心的磁导率高,空载电流很小。其有效值 I_0 一般在额定电流 I_{1N} 的 10% 以内,因此,对于式(6.7)可写成:

$$N_1 \dot{I}_1 \approx - N_2 \dot{I}_2 \qquad (6.8)$$

可见变压器负载运行时,一次绕组与二次绕组的磁动势方向相反,即二次绕组的磁动势对一次绕组的磁动势有去磁作用。当负载阻抗减小时,二次绕组电流 I_2 增大、磁动势 $N_2 I_2$ 增大;为保持主磁通基本不变,于是,一次绕组电流 I_1、磁动势 $N_1 I_1$ 相应增大,以抵消二次绕组电流和磁动势对主磁通的影响。

由式(6.8)可得,一次、二次绕组电流有效值关系为:

$$\frac{I_1}{I_2} \approx \frac{N_2}{N_1} = \frac{1}{K} \qquad (6.9)$$

上式说明,一次、二次绕组电流之比近似等于匝数比的倒数。这就是变压器的电流变换作用。

2. 阻抗变换

在电子线路中,有时需要将阻抗的大小进行变换,以配合电路正常工作,即所谓的"匹配"。变压器就具有这种阻抗变换作用。

如图(6.6)所示,变压器一次绕组接电压 U_1,二次绕组接负载 Z_L,而图中的点划线框部分可以用一个阻抗 Z_L' 来等效。两者的关系可通过下面计算得出。

$$| Z_L' | = \frac{U_1}{I_1} = \frac{K U_2}{\frac{1}{K} I_2} = K^2 | Z_L | \qquad (6.10)$$

匝数比不同,负载阻抗折算到一次侧的等效阻抗也不同。可以采用不同的匝数比,把负载阻抗变换为所需要的数值。这种做法称为阻抗匹配。

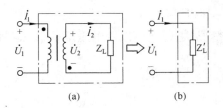

图 6.6 变压器的阻抗变换

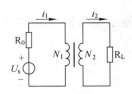

图 6.7 例 6.1 的电路

【例 6.1】 一信号源的内阻 R_0 为 200 Ω,U_S 的有效值 18 V,负载电阻 R_L 为 10 Ω。求:(1)负载直接接在信号源上,信号源的输出功率;(2)负载通过变比为 4 的变压器接到信号源时,信号源的输出功率。

(1)当负载直接接在信号源上:

$$I = \frac{18}{R_0 + R_L} = 0.086 \text{ A}$$

$$P = I^2 R_L = 0.073 \text{ W} = 73 \text{ mW}$$

(2) 当负载通过变比为 4 的变压器接到信号源时：

$$R'_L = K^2 R_L = 160 \ \Omega$$

$$P = I'^2 R'_L = \left(\frac{U_S}{R_0 + R'_L}\right)^2 R'_L = 0.4 \text{ W} = 400 \text{ mW}$$

3. 变压器的额定值和运行特性

(1) 变压器的额定值。变压器的额定容量 S_N 为：

$$S_N = U_{1N} I_{1N} = U_{2N} I_{2N} \tag{6.11}$$

额定容量反映了变压器可能输出的最大有功功率，而实际工作时能否达到最大输出，是由负载的功率因数决定。

在式(6.11)中 U_{1N} 是一次绕组额定电压；U_{2N} 是二次绕组的额定电压，它是在一次绕组加额定电压时二次绕组的空载电压，由于变压器存在内阻压降及漏磁电动势，所以空载电压比满载时高 5% 左右。I_{1N}、I_{2N} 是一次绕组、二次绕组的额定电流，它们是指变压器连续运行时一、二次绕组允许通过的最大电流。

(2) 变压器的外特性和电压调整率。对负载来讲，变压器就是它的供电电源。在生活中我们会发现，用电高峰时变压器的输出电压比用电低谷时变压器的输出电压要低，其原因是在用电高峰时，负载电流增大，绕组的阻抗电压降增大，因此，变压器的输出电压 U_2 将减少。当变压器一次绕组电压 U_1 和负载的功率因数一定时二次绕组电压 U_2 随负载电流 I_2 的变化称为变压器的外特性，用 $U_2 = f(I_2)$ 表示。图 6.8 所示的是电阻性负载和电感性负载变压器的外特性曲线，可以看出随着负载电流 I_2 的增大，输出电压 U_2 都将减少。

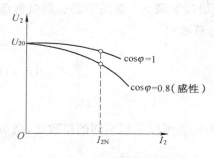

图 6.8 变压器的外特性

变压器输出电压 U_2 随负载电流的变化情况，工程上可以用电压调整率 ΔU 表示，即：

$$\Delta U = \frac{U_{20} - U_2}{U_{20}} \times 100\% \tag{6.12}$$

当负载变化时，我们希望变压器的输出电压变化越小越好，也就是电压调整率越小越好，对于一般变压器，电压调整率在 5% 左右。

(3) 变压器的损耗和效率。变压器的损耗和交流铁心线圈一样，有铜损 ΔP_{Cu} 和铁损 ΔP_{Fe} 两部分构成。所以输出功率 P_2 略小于输入功率 P_1，即：

$$P_1 = \Delta P_{Cu} + \Delta P_{Fe} + P_2$$

因此,效率为:

$$\eta = \frac{P_2}{P_1} \times 100\% = \frac{P_2}{\Delta P_{Cu} + \Delta P_{Fe} + P_2} \times 100\%$$

变压器的损耗很小,所以效率很高,在额定负载下一般可以达到 95% 左右。

【例 6.2】 有一单相变压器,容量为 10 kV·A,电压为 3 300/220 V,求一、二次绕组的额定电流。今欲在二次绕组上接 40 W,220 V 的白炽灯,如果变压器在额定负载下运行,这种电灯可以接多少盏? 如果二次绕组上接 40 W、220 V、$\cos\varphi = 0.5$ 的日光灯,变压器在额定负载下运行,这种电灯可以接多少盏?

解:容量:$S_N = U_{1N}I_{1N} = U_{2N}I_{2N} = 10 \times 10^3 = 3\,300 \times I_{1N} = 220 \times I_{2N}$

得出一次、二次绕组的额定电流:

$$I_{1N} = 3.03 \text{ A}, \quad I_{2N} = 45.46 \text{ A}$$

由于二次绕组接的是纯电阻负载白炽灯($\cos\varphi = 1$),所以

$$S_N = P_{2N}$$

因此,二次绕组可接这种白炽灯:

$$n = \frac{P_{2N}}{P_2} = \frac{10 \times 10^3}{40} = 250 \text{ 盏}$$

如果二次绕组接的是 $\cos\varphi = 0.5$ 的日光灯,这时变压器输出的有功功率为:

$$P_{2N} = \cos\varphi \cdot S_N = 0.5 S_N$$

二次绕组可接这种日光灯:

$$n = \frac{P_{2N}}{P_2} = \frac{0.5 S_N}{P_2} = \frac{0.5 \times 10 \times 10^3}{40} = 125 \text{ 盏}$$

6.2 三相交流异步电动机

将电能与机械能互相转换的旋转机械称为电机。把电能转换为机械能的电机称为电动机,把机械能转换为电能的电机称为发电机。

一般的生产机械都需要电动机来拖动。电动机按取用电能的不同,分为直流电动机、交流电动机。直流电动机按励磁方式的不同,分为他励、并励、串励和复励四种。交流电动机又分为异步电动机、同步电动机。而异步电动机由于结构简单、运行可靠、维修方便、价格便宜等广泛应用在生产机械上。各种金属切削机床、起重机、水泵、传送带等普遍使用三相异步电动机。单相电动机使用在各种家用电器和小功率的电动设备中。

6.2.1 三相异步电动机的结构

三相异步电动机由定子和转子两个基本部分组成。定子是电动机的固定部分,转子是

电动机的旋转部分。图 6.9 是三相异步电动机的外形与结构图。

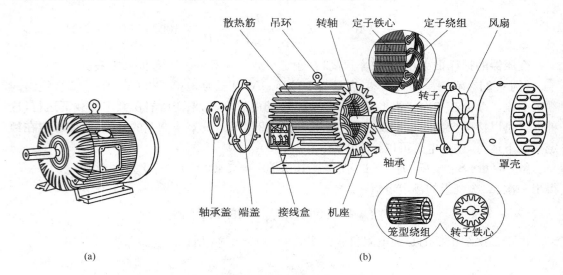

散热筋 吊环 转轴 定子铁心 定子绕组 风扇

转子

轴承 罩壳

轴承盖 端盖 接线盒 机座

笼型绕组 转子铁心

(a)   (b)

图 6.9   三相异步电动机的结构

（a）外形；（b）内部结构

三相异步电动机的定子由机座、定子铁心、三相定子绕组组成。机座用铸铁或铸钢制成,起固定支撑电动机作用。定子铁心由互相绝缘的硅钢片叠成,这是为了减少涡流和磁滞损耗。铁心内圆周开槽,用来放置三相定子绕组。三相定子绕组是三相对称结构,根据铭牌要求可接成星形或三角形。

三相异步电动机的转子由转子铁心、转子绕组和转轴等组成。转子铁心为圆柱形,由硅钢片叠成。转子绕组分为笼形和绕线形两种。

笼形转子的结构如图 6.10 所示,绕组是在转子铁心槽内放置若干铜条（又称导条）,两端用端环连接,如果去掉转子铁心,转子绕组的外形就像一个笼,所以称为笼形转子。一般中小型笼形电机在铁心槽内浇注铝液,直接铸成笼形转子,这可以既节约成本又便于生产。

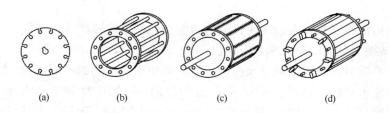

(a)   (b)   (c)   (d)

图 6.10   笼型转子

（a）硅钢片；（b）笼形绕组；（c）铜条转子；（d）铸铝转子

绕线形转子的绕组与定子绕组相似,用绝缘导线做成三相对称绕组连接成星形,嵌放在转子铁心槽内,三个绕组分别与三个滑环相连,如图 6.11 所示,通过电刷与外电路的变阻器连接,可以改善电动机的起动性能和调速性能。

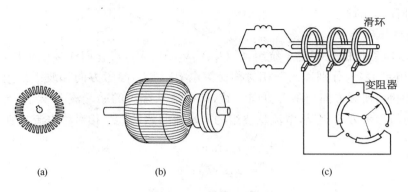

图 6.11 绕线型转子

（a）硅钢片；（b）转子；（c）电路

6.2.2 三相异步电动机的工作原理

1. 三相异步电动机的转动原理

设有如图 6.12a 所示一个笼形转子，将其装在一个转轴上，并可以自由转动。在转子外面装一个蹄形磁铁，转子与磁铁之间没有机械联系。现假设磁铁逆时针旋转时，发现转子就会跟着逆时针旋转；磁铁转得快，转子也转得快；磁铁顺时针旋转，转子也跟着顺时针旋转。这个现象所反映的就是三相异步电动机的转动原理。

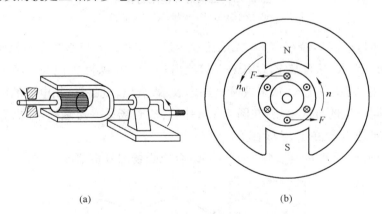

图 6.12 三相电动机的转动原理

（a）转子转动演示；（b）转动原理

当磁铁逆时针旋转时，磁通将切割转子的导条，在导条中产生感应电动势，其方向由右手定则确定，如图 6.12b 所示。靠近 N 极的转子导条中电动势方由外向里（用⊗表示）、靠近 S 极的转子导条中电动势方由里向外（用⊙表示）。在感应电动势的作用下，其闭合的转子导条中形成感应电流，此电流又与旋转的磁铁相互作用产生电磁力，电磁力的方向由左手定则确定。电磁力对转轴形成电磁转矩其方向与旋转磁场方向一致，于是，转子就转动起来。

从上面的分析中可以看出，笼形电动机要想转动起来，必须要有一个旋转磁场。那么旋转磁场是如何产生的?

2. 旋转磁场的产生

三相异步电动机的三相定子绕组,U_1U_2、V_1V_2、W_1W_2,将它们连接成星形,绕组的始端之间在空间相差 120°,分别通入三相对称交流电 i_1,i_2,i_3,参考方向和波形如图 6.13 所示。当电流正半周时,实际方向与参考方向一致,即电流从绕组的始端流向末端;当电流负半周时,实际方向与参考方向相反,电流从绕组的末端流向始端。三相对称电流分别为:

$$i_1 = I_m \sin \omega t$$
$$i_2 = I_m \sin(\omega t - 120°)$$
$$i_3 = I_m \sin(\omega t + 120°)$$

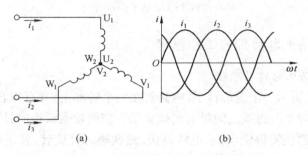

(a)　　　　　　　　　　　(b)

图 6.13　三相对称电流的波形

(a) 定子绕组星形连接;(b) 波形图

当 $\omega t = 0$ 时,$i_1 = 0$,绕组 U_1U_2 无电流;$i_2 < 0$, 实际方向与参考方向相反,即电流从末端 V_2(用⊗表示)流入,从首端 V_1(用⊙表示)流出;$i_3 > 0$,实际方向与参考方向一致,即电流从首端 W_1(用⊗表示)流入,从末端 W_2(用⊙表示)流出。现将每相电流的磁场相加,可得出三相电流共同产生的合成磁场,在图 6.14a 中,合成磁场是一对磁极,根据右手螺旋定则,合成磁场的方向是 N 极在上、S 极在下。

同理可得 $\omega t = 120°$、$\omega t = 240°$、$\omega t = 360°$ 合成磁场的分析情况,如图 6.14(b)、(c)、(d)

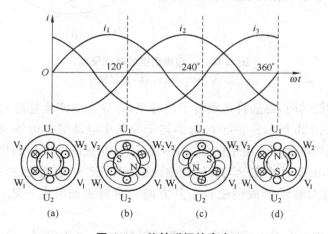

(a)　　　　(b)　　　　(c)　　　　(d)

图 6.14　旋转磁场的产生

所示。从而说明了三相定子绕组在空间相位互差$120°$,通三相对称交流电,所产生的合成磁场是一对磁极的旋转磁场。当电流变化一个周期,旋转磁场在空间旋转了一周。若三相交流的频率为f_1,故旋转磁场每分钟的转速为$n_0 = 60f_1$。

3. 旋转磁场的转速

如果在上述电动机中每相绕组有两个线圈串联,绕组的始端之间在空间相差$60°$,通三相对称交流电,采用上述的分析方法,可得出如下结论:其合成磁场将产生两对磁极,电流变化一个周期,旋转磁场在空间旋转了半周。故旋转磁场的每分钟的转速为$n_0 = \dfrac{60f_1}{2}$。

同理可得,电动机中每相绕组有三个线圈串联,绕组的始端之间在空间相差$40°$,通三相对称交流电,其合成磁场将产生三对磁极,电流变化一个周期,旋转磁场在空间旋转了$\dfrac{1}{3}$周。故旋转磁场每分钟的转速为$n_0 = \dfrac{60f_1}{3}$。

依此类推,设旋转磁场的磁极对数为p,则旋转磁场每分钟的转速n_0(又称同步转速)为:

$$n_0 = \frac{60f_1}{p} \tag{6.13}$$

表 6.1 说明,在工业频率$f_1 = 50\ \text{Hz}$情况下,不同的磁极对数p对应于其旋转磁场的转速。

表 6.1　三相异步电动机的同步转速 n_0

p	1	2	3	4	5	6
n_0(r/min)	3 000	1 500	1 000	750	600	500

4. 转差率

根据上述的分析可以得知,三相异步电动机的转子能转动起来的原因是转子转速n与旋转磁场转速n_0之间有相对运动,则在转子绕组中产生感应电动势、感应电流。因此转子转速n与旋转磁场转速n_0两者之间必须有转速差,即$n < n_0$,这也是"异步"电动机名称的由来。转速差与同步转速的比值,称转差率,用s表示,即:

$$s = \frac{n_0 - n}{n_0} \tag{6.14}$$

转差率是异步电动机运行时的指标参数,正常额定负载运行时在 0.01～0.09 之间。起动时瞬间,$n = 0$,则$s = 1$,这时转差率为最大。

从异步电动机的转动原理我们知道,转子转动的方向与旋转磁场的方向一致,改变旋转磁场的方向就可以改变转子的转向。若要改变旋转磁场的方向,只需将定子绕组与三相电源连接的三根导线中任意两根线对调,改变电流的相序即可改变转子的旋转方向。

【例 6.3】 一台三相异步电动机,其转子的额定转速 $n_N = 1\,430$ r/min,电源频率 $f_1 = 50$ Hz。求电动机的极数和额定转差率。

解:根据电动机的转动原理可得,旋转磁场的转速 n_0 略大于转子的转速 n,对照表 6.1 可得,与转子转速 $n = 1\,430$ r/min 最近的同步转速为 $n_0 = 1\,500$ r/min,与此相对应的磁极对数 $p = 2$,所以该电动机是四极电机。额定转差率为:

$$s_N = \frac{n_0 - n_N}{n_0} = \frac{1\,500 - 1\,430}{1\,500} = 0.047$$

6.2.3 三相异步电动机的铭牌

要正确使用电动机,必须要看得懂铭牌。现以 Y200L‐4 型电动机为例(表 6.2),来说明铭牌上各个数据的意义。

表 6.2 异步电动机的铭牌

三相异步电动机					
型号	Y200L‐4	功　率	30 kW	频　率	50 Hz
电压	380 V	电　流	56.8 A	接　法	△
转速	1 470 r/min	绝缘等级	B	工作方式	连续
		年　月　编号	××电机厂		

1. 型号

Y200L‐4

Y——表示笼型异步电动机(若 YR,则绕线型异步电动机)。

200——表示机座中心高为 200 mm。

L——表示机座长度代号(S:短机座;M:中机座;L:长机座)。

4——表示磁极数,即 4 极电机。

2. 电压

是指电动机在额定运行时定子绕组应加的线电压的有效值。Y 系列三相电动机的额定电压统一为 380 V。

有的电动机铭牌标有两种电压值,如 380 V/220 V,Y/△,它表示定子绕组两种接法时定子绕组的线电压有效值。

3. 转速

三相异步电动机转子的额定转速,它稍低于旋转磁场转速 n_0。

4. 功率与效率

铭牌上的功率是指电动机在额定运行时轴上输出的机械功率,通常称为 P_2。电动机输入的电功率 P_1 为:

$$P_1 = \sqrt{3}U_1 I_1 \cos\varphi \tag{6.15}$$

式(6.15)中,$\cos\varphi$ 是电动机的功率因数,由于电动机是电感性负载,因此定子绕组的相电压

超前相电流 φ 角。通常三相异步电动机的功率因数较低，额定负载时大约在 $0.7\sim0.9$，轻载时在 0.25 左右。因此，我们在选择电动机时应注意其容量的大小。

电动机的效率为：

$$\eta = \frac{P_2}{P_1} \times 100\% \tag{6.16}$$

5. 电流

是指电动机在额定运行时定子绕组的线电流有效值。

6. 频率

是指电动机所用交流电源的频率，我国的工业频率为 $50\ Hz$。

7. 接法

是指电动机在额定电压下，三相定子绕组应采用的连接方法。通常三相异步电动机额定功率在 $3\ kW$ 及以下采用 Y 形连接，$4\ kW$ 及以上的为 △ 形连接。

三相定子绕组的接线方法，如图 6.15 所示。

图 6.15　定子绕组的 Y 形连接和 △ 形连接

（a）定子绕组的 Y 形连接；（b）定子绕组的 △ 形连接

8. 工作方式

是指电动机工作方式为，连续工作（S_1）、短时工作（S_2）、断续工作（S_3）等八种方式。工作方式为短时和断续的电动机若采用连续工作方式，必须相应的减其负载，否则电动机将因过热而损坏。

9. 绝缘等级

是根据电动机所用的绝缘材料最高允许温度来确定绝缘等级。各温度等级如表 6.3 所示。

表 6.3　绝　缘　等　级

绝缘等级	A	E	B	F	H	C
最高允许温度（℃）	105	120	130	155	180	>180

6.2.4　三相异步电动机的机械特性

在一定的电源电压 U_1 和频率 f_1 及转子电阻 R_2 情况下，转子的转速 n 与电磁转矩 T 的关系，即 $n = f(T)$ 曲线称为电动机的机械特性，由电磁理论和实验可知，三相异步电动机的

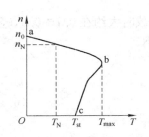

图 6.16　三相异步电动机的机械特性

机械特性曲线如图 6.16 所示。

电动机在稳定运行时,电动机的电磁转矩 T 应与阻力转矩 T_c 相平衡,即:

$$T = T_c \tag{6.17}$$

阻力转矩 T_c 由负载转矩 T_L 和空载转矩 T_0 两部分组成,由于空载转矩 T_0 很小,可以忽略,那么式(6.17)变为:

$$T = T_c = T_L + T_0 \approx T_L \tag{6.18}$$

为了正确使用三相异步电动机,我们应关注机械特性以下几个特点。

1. 稳定区与不稳定区

从图 6.16 可以看出,机械特性由 ab 段和 bc 段两部分组成。通常我们称 ab 段为稳定运行区,bc 段为不稳定区。

电动机工作在 ab 段稳定区某点时,电磁转矩 T 与负载转矩 T_L 相平衡,电动机以某个转速稳定运行。当负载转矩增大,则使电动机的转速会降低,工作点沿特性曲线下移,电磁转矩将增大;当负载转矩减小,则使电动机的转速会升高,工作点沿特性曲线上移,电磁转矩将减小。电动机的电磁转矩会自动地与负载转矩保持平衡,这种现象称电动机的自适应过程。由此可见,电动机在稳定区运行时,其电磁转矩和转速的大小由负载转矩决定。

电动机在 bc 段不稳定区时,则电磁转矩不能自适应负载转矩的变化,因而不能稳定运行。当负载转矩增大时转速降低,工作点沿特性曲线下移,电磁转矩反而减小,这会使转速更为降低,直到转速为零,出现堵转现象。

电动机从空载到满载时转速下降很小,一般为 2%～8%,这样的机械特性称为硬特性。金属切削机床需要这种硬特性的电动机来拖动。

2. 三个重要转矩

(1) 额定转矩 T_N。是指电动机在额定负载下稳定运行时的输出转矩称为电动机的额定转矩。根据物理学知识可得,电动机输出功率为:

$$P_2 = T \cdot \omega \tag{6.19}$$

则电动机的额定转矩为:

$$T_N = \frac{P_2}{\omega} = \frac{P_2}{\frac{2\pi n}{60}}$$

上式中转矩的单位是牛·米(N·m),功率的单位是瓦(W),转速的单位是转/分(r/min)。若功率用千瓦(kW)为单位,则得出:

$$T_N = 9\,550\,\frac{P_2}{n_N} \tag{6.20}$$

(2) 最大转矩 T_{max}。从机械特性图(6.16)中可以看出,最大转矩 T_{max} 是电磁转矩的最大值。当负载转矩大于额定转矩时电动机处于过载运行。最大转矩 T_{max} 反映了电动机的过载能力,通常用最大转矩与额定转矩的比值称为过载系数 λ,即

$$\lambda = \frac{T_{max}}{T_N} \tag{6.21}$$

三相异步电动机的过载系数在 $1.8 \sim 2.2$ 之间。电动机一般允许短时间过载运行,长时间过载运行会使电动机过热。当负载转矩大于电动机最大转矩时,电动机无法带动负载工作,导致出现堵转现象。堵转时电流超过额定电流 $4 \sim 7$ 倍,使电动机严重过热,甚至烧毁。

(3) 起动转矩 T_{st}。电动机在接通电源的瞬间($n = 0$, $s = 1$)时的转矩称为起动转矩 T_{st}。一台电动机要想拖动负载转动起来,其起动转矩必须大于负载转矩。通常用起动转矩与额定转矩的比值称为起动能力 λ_{st},

即:

$$\lambda_{st} = \frac{T_{st}}{T_N} \tag{6.22}$$

三相笼型异步电动机的起动能力在 $1.0 \sim 2.2$ 之间,绕线型电动机可以通过转子滑环外接电阻器,来改善电动机的起动能力。

3. 定子外加电压 U_1 和转子电阻 R_2 对机械特性的影响

由电磁理论和实验可知,电磁转矩 T 与定子外加电压 U_1 平方成正比,因此当电源电压变动时,对机械特性的影响很大。电动机在运行时如果电源电压降低,如图 6.17a 所示,机械特性曲线向左移。例如电源电压降低到额定电压的 70% 时,电动机的最大转矩将为额定值的 49%。可见,当电动机在运行时电源电压减小时,则其转速减小引起电流增大,会导致电动机过热,甚至造成最大转矩小于负载转矩的情况而出现堵转现象。

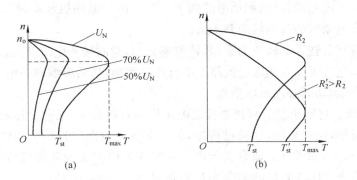

图 6.17　定子外加电压和转子电阻对机械特性的影响

(a) 电源电压对机械特性的影响;(b) 转子电阻对机械特性的影响

在保持定子外加电压 U_1 不变情况下,适当的增大转子电阻 R_2,如图 6.17b,会使机械特性变软、起动转矩增大。绕线式电动机就是利用增大转子电阻的办法来增大电动机的起动转矩。

【例 6.4】 已知 Y112M - 2 型三相异步电动机的额定技术数据如下:

功率	转速	电压	效率	功率因数	I_{st}/I_N	T_{st}/T_N	T_{max}/T_N
4.0 kW	2 890 r/min	380 V	85.5%	0.87	7.0	2.2	2.2

电源频率 50 Hz。试求额定状态下的转差率 s_N、电流 I_N 和转矩 T_N，以及起动电流 I_{st}、起动转矩 T_{st}、最大转矩 T_{max}。

解：由电动机的铭牌数据可知，该电动机为二极电机，对应的同步转速 $n_0 = 3\,000$ r/min，

额定转差率为：$s_N = \dfrac{n_0 - n_N}{n_0} = \dfrac{3\,000 - 2\,890}{3\,000} = 0.037$

额定转矩为：$T_N = 9\,550\,\dfrac{P_2}{n_N} = 9\,550 \times \dfrac{4}{2\,890}\,\text{N} \cdot \text{m} = 13.2\,\text{N} \cdot \text{m}$

额定电流为：$I_N = \dfrac{P_2 \times 10^3}{\sqrt{3}U\cos\varphi\eta} = \dfrac{4 \times 10^3}{\sqrt{3} \times 380 \times 0.87 \times 0.855}\,\text{A} = 8.17\,\text{A}$

起动电流为：$I_{st} = \left(\dfrac{I_{st}}{I_N}\right)I_N = 7.0 \times 8.17\,\text{A} = 57.19\,\text{A}$

起动转矩为：$T_{st} = \left(\dfrac{T_{st}}{T_N}\right)T_N = 2.2 \times 13.2\,\text{N} \cdot \text{m} = 29.04\,\text{N} \cdot \text{m}$

最大转矩为：$T_{max} = \left(\dfrac{T_{max}}{T_N}\right)T_N = 2.2 \times 13.2\,\text{N} \cdot \text{m} = 29.04\,\text{N} \cdot \text{m}$

6.2.5　三相异步电动机的使用

1. 起动

从电动机的定子绕组加上额定电压到电动机的稳定运行，这个过程称为起动过程。电动机起动时，主要考虑起动转矩、起动电流两个方面。由于电动机起动时功率因数 $\cos\varphi$ 很低，所以三相异步电动机的起动转矩并不大。

电动机起动瞬间，转子的转速为零，其转差率 $s=1$，这时转子电流最大，定子电流也达到最大，过大的起动电流可以造成输电线路上的电压降增加，从而影响同一电网其他用户正常工作。因此电动机起动时必须采取措施。

（1）直接起动。将定子绕组直接加额定电压称为直接起动（又称全压起动）。直接起动的特点是，设备简单，操作方便，起动过程短，但起动电流较大。只要电动机不是频繁起动，电源的容量又足够大，则可以采取直接起动。一般在工程上认为电动机的容量在二十千瓦以下，并且小于供电变压器容量的 20% 可以直接起动。

（2）降压起动。当电动机的容量超过允许直接起动的范围，则电动机应采用降压起动。降压起动的目的是为了降低电动机的起动电流，以此来减小对供电线路电压的影响；而采取的措施是起动时降低起动电压，当电动机的转速接近额定转速时，再使电压恢复到额定值。由于电磁转矩 T 与外加电压 U_1 平方成正比，因此起动转矩会减少很多。这种方法只适用轻载或空载起动。

笼式电动机的降压起动常采用 Y/△ 换接起动和自耦变压器降压起动，而绕线式电动机

常采用转子电路中串接电阻起动。

① 星形—三角形(Y/△)换接起动。Y/△换接起动就是将正常工作时定子绕组三角形连接的电动机,起动时采用星形连接,当电动机的转速接近额定转速时采用三角形连接。图 6.18 是一种 Y/△ 起动器的接线简图。

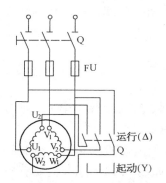

图 6.18 Y/△起动器接线简图

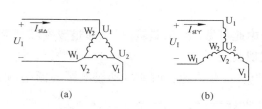

(a)　　　　　(b)

图 6.19 比较定子绕组 Y、△两种不同接法时的起动电流

(a)△接法；(b) Y 接法

图 6.19 表示定子绕组 Y、△两种不同接法的电路图,设每相阻抗为 Z,电源的线电压为 U_1,△形连接时直接起动的线电流 $I_{st\triangle}$,Y 形连接时降压起动时线电流 I_{stY},则有:

$$\frac{I_{stY}}{I_{st\triangle}} = \frac{\dfrac{U_1}{\sqrt{3}\,|Z|}}{\sqrt{3}\,\dfrac{U_1}{|Z|}} = \frac{1}{3} \tag{6.23}$$

由此可得,Y/△换接起动时的起动电流是△形连接起动电流的 $\dfrac{1}{3}$。

由于电磁转矩与电压的平方成正比,所以 Y/△换接起动时的起动转矩也减小到为直接起动时的 $\left(\dfrac{1}{\sqrt{3}}\right)^2 = \dfrac{1}{3}$。

② 自耦降压起动。图 6.20 是利用三相自耦变压器降压起动的线路。将开关扳到降压起动位置,则电动机的定子绕组连接到自耦变压器的二次绕组,使加在定子绕组的电压低于电源电压,这样可以减少起动电流,同样,起动转矩也降低了。当电动机转速接近额定转速时将开关扳到正常工作位置,使电动机直接与电源相连接,实现全压运行状态。

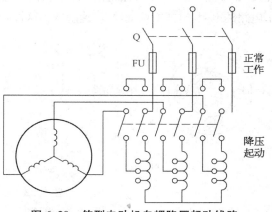

图 6.20 笼型电动机自耦降压起动线路

自耦降压起动适用于正常连接为星形接法和容量较大的笼型异步电动机。

③ 绕线型电动机串接电阻起动。在绕线式电动机转子电路中串接电阻后,如图 6.11c,

由于转子总阻抗增加,因此就可以降低起动电流。从图 6.17b 可以看出,转子电路中串接电阻还可以增大起动转矩。由此可见绕线式电动机的起动性能优于笼形电动机,所以起动频繁,要求能在重载下起动的生产机械,如起重机、卷扬机等提升设备常用绕线式电动机。

2. 调速

调速是指电动机在负载转矩不变的情况下人为的改变电动机的转速。电动机的转速可从式(6.15)、(6.16)推导可得:

$$n = (1-s)n_0 = (1-s)\frac{60f_1}{p} \tag{6.24}$$

由此可见,电动机转速可以通过改变频率 f_1、改变磁极对数 p、改变转差率 s 三种方法来实现调速。

(1)变频调速。改变电动机电源的频率,就可以平滑的改变电动机的转速。变频调速

图 6.21　变频调速原理

需要一套变频装置,如图 6.21 所示,主要有整流器和逆变器两部分组成。整流器是将频率为 50 Hz 的交流电变换为直流电;再由逆变器将直流电变换为频率可调、电压可调的三相交流电,供给三相笼形电动机。变频调速可以实现无级调速,近年来发展迅速,正得到广泛的应用。

(2)变极调速。通过改变电动机的定子绕组所形成的磁极对数 p 来调速。因磁极对数只能是按 1、2、3 等整数的规律变化,所以用这种方法调速,电动机的转速不能实现无级调速。

变极调速的原理是改变电动机定子绕组的接线,为了描述清楚,只画出三相绕组的 U 相由线圈 U_1U_2 和 $U_1'U_2'$ 组成,在图 6.22 中,当两个线圈串联时(图 6.22a)$p=2$;当两个线圈并联时(图 6.22b)$p=1$。通过每相绕组两个线圈的不同连接,可以得到不同的磁极对数 p,从而改变电动机的转速。

(3)变转差率调速。对于绕线式电动机,可以通过转子电路中串接调速电阻(和起动电阻一样接入,如图 6.11c)来实现调速。变转差率调速的原理如图 6.17b 所示,当负载转矩不变,增大转子电路的电阻,机械特性变软,转速降低。这种调速方法简单,调速平滑,但能量损耗较大。

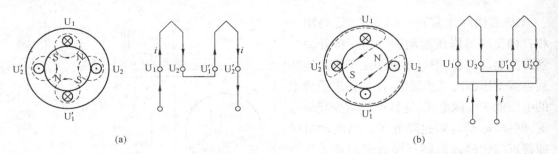

图 6.22　变极调速原理

(a) $p=2$；(b) $p=1$

3. 制动

当电动机的定子绕组切断电源后,由于惯性的作用,电动机要经过一段时间才能停转。

为了缩短辅助工时,提高生产率,必须对电动机进行制动。因此需要产生一个与转子转动方向相反的制动力矩,使电动机迅速停转。

通常的制动方法有机械制动和电气制动两种。这里只简单介绍电气制动的基本原理。

(1) 能耗制动。在电动机停车时,切断三相电源后迅速接通直流电源(图 6.23a)。直流电产生的固定磁场如图 6.23b 所示,设转子的转动方向是顺时针,根据右手定则确定转子中感应电动势和感应电流的方向,根据左手定则确定制动力矩方向,此时电磁转矩方向与电动机转子转动方向相反,起到制动作用。

电动机切断三相电源后,将转子的动能转换为电能来进行制动的方法,称为能耗制动。能耗制动的特点是制动准确、平稳,但需要额外的直流电源。目前,在一些金属切削机床中常采用这种制动方法。

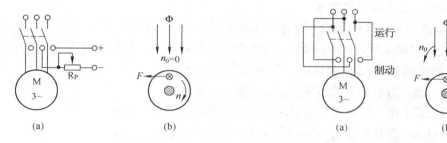

图 6.23　能耗制动　　　　　　　　图 6.24　反接制动

(2) 反接制动。在电动机停车时,将电动机定子绕组与三相电源连接的导线任意两根对调,目的是改变电流的相序,即改变旋转磁场的方向。在图 6.24a 中,刀开关向上接通时,电动机是正常运行状态,旋转磁场顺时针方向,则转子转向顺时针;刀开关向下接通时,电动机是制动状态,旋转磁场方向变为逆时针(图 6.24b),根据右手定则和左手定则确定电磁力矩的方向与转子转动的方向相反,因而起制动作用。当转速接近零时,通常利用控制电器(如速度继电器)将电源自动切断,防止电动机反向转动。

在反接制动时,旋转磁场的转速与转子的转速相对速度很大,此时转差率 $s>1$,因而电流很大,为了限制电流常在功率较大的电动机中定子电路(笼形电动机)和转子电路(绕线型电动机)中串接电阻。

6.3　安全用电

随着电能应用的不断拓展,以电能为介质的各种电气设备广泛进入企业、社会和家庭生活中,与此同时,使用电气所带来的不安全事故也不断发生。为了实现电气安全,对电网本身的安全进行保护的同时,更要重视用电的安全问题。因此,有必要掌握一些安全用电基本知识和常规触电防护技术。

电气危害有两个方面:一方面是对系统自身的危害,如短路、过电压、绝缘老化等;另一方面是对用电设备、环境和人员的危害,如触电、电气火灾、电压异常升高造成用电设备损坏等,其中尤以触电和电气火灾危害最为严重。触电可直接导致人员伤残、死亡。另外,静电产生的危害也不能忽视,它是电气火灾的原因之一,对电子设备的危害也很大。

6.3.1　人身安全

1. 触电危害

触电是指人体触及带电体后,电流对人体造成的伤害。它有两种类型,即电击和电伤。

(1) 电伤——非致命的。电伤是指电流的热效应、化学效应、机械效应及电流本身作用造成的人体伤害。电伤会在人体皮肤表面留下明显的伤痕,常见的有灼伤、电烙伤和皮肤金属化等现象。

(2) 电击。电击是指电流通过人体内部,破坏人体内部组织,影响呼吸系统、心脏及神经系统的正常功能,甚至危及生命。在触电事故中,电击和电伤常会同时发生。

2. 影响触电危险程度的因素

(1) 电流大小对人体的影响。通过人体的电流越大,人体的生理反应就越明显,感应就越强烈,引起心室颤动所需的时间就越短,致命的危害就越大。按照通过人体电流的大小和人体所呈现的不同状态,工频交流电大致分为下列三种:

① 感觉电流:指引起人的感觉的最小电流(1~3 mA)。

② 摆脱电流:指人体触电后能自主摆脱电源的最大电流(10 mA)。

③ 致命电流:指在较短的时间内危及生命的最小电流(30 mA)。

(2) 电流的类型。工频交流电的危害性大于直流电,因为交流电主要是麻痹破坏神经系统,往往难以自主摆脱。一般认为 40~60 Hz 的交流电对人最危险。随着频率的增加,危险性将降低。当电源频率大于 2 000 Hz 时,所产生的损害明显减小,但高压高频电流对人体仍然是十分危险的。

(3) 电流的作用时间。人体触电,当通过电流的时间越长,愈易造成心室颤动,生命危险性就愈大。据统计,触电 1~5 分钟内急救,90%有良好的效果;10 分钟内 60%救生率;超过 15 分钟希望甚微。

触电保护器的一个主要指标就是额定断开时间与电流乘积小于 30 mA·s。实际产品一般额定动作电流 30 mA,动作时间 0.1 s,故小于 30 mA·s 可有效防止触电事故。

(4) 电流路径。电流通过头部可使人昏迷;通过脊髓可能导致瘫痪;通过心脏会造成心跳停止,血液循环中断;通过呼吸系统会造成窒息。因此,从左手到胸部是最危险的电流路径;从手到手、从手到脚也是很危险的电流路径;从脚到脚是危险性较小的电流路径。

(5) 人体电阻。人体电阻是不确定的电阻,皮肤干燥时一般为 100 kΩ 左右,而一旦潮湿可降到 1 kΩ。不同人体,对电流的敏感程度也不一样,一般地说,儿童较成年人敏感,女性较男性敏感。患有心脏病者,触电后的死亡可能性就更大。

3. 安全电压

安全电压是指人体不戴任何防护设备时,触及带电体不受电击或电伤。人体触电的本质是电流通过人体产生了有害效应,然而触电的形式通常都是人体的两部分同时触及了带电体,而且这两个带电体之间存在着电位差。因此在电击防护措施中,要将流过人体的电流限制在无危险范围内,也将人体能触及的电压限制在安全的范围内。

国家标准制定了安全电压系列,称为安全电压等级或额定值,这些额定值指的是交流有效值,分别为:42 V、36 V、24 V、12 V、6 V 等几种。

6.3.2 常见的触电原因

人体触电主要原因有两种:直接或间接接触带电体以及跨步电压。直接接触又可分为单极接触和双极接触。

1. 单极触电

当人站在地面上或其他接地体上,人体的某一部位触及一相带电体时,电流通过人体流入大地(或中性线),称为单极触电(又称单相触电),如图 6.25 所示。图 6.25a 为电源中性点接地运行方式时,单相的触电电流途径。图 6.25b 为中性点不接地的单相触电情况。一般情况下,接地电网里的单相触电比不接地电网里的危险性大。

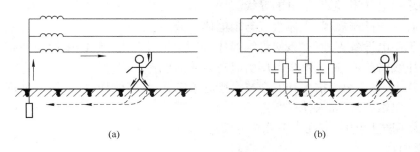

(a)   (b)

图 6.25　单极触电

(a) 中性点直接接地;(b) 中性点不直接接地

2. 双极触电

双极触电是指人体两处同时触及同一电源的两相带电体,以及在高压系统中,人体距离高压带电体小于规定的安全距离,造成电弧放电时,电流从一相导体流入另一相导体的触电方式,如图 6.26 所示。两相触电加在人体上的电压为线电压,因此不论电网的中性点接地与否,其触电的危险性都最大。

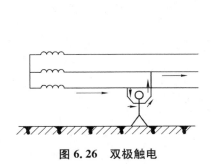

图 6.26　双极触电

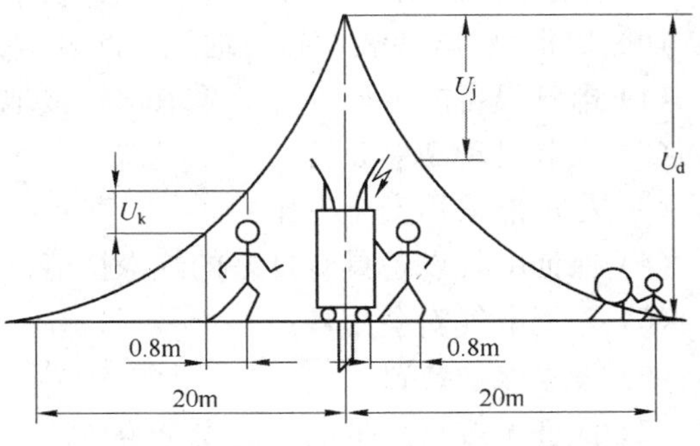

图 6.27　跨步电压触电

3. 跨步电压触电

当带电体接地时有电流向大地流散,在以接地点为圆心,半径 20 m 的圆面积内形成分布电位。人站在接地点周围,两脚之间(以 0.8 m 计算)的电位差称为跨步电压 U_k,如图 6.27 所示,由此引起的触电事故称为跨步电压触电。高压故障接地处,或有大电流流过的接地装置附近都可能出现较高的跨步电压。离接地点越近、两脚距离越大,跨步电压值就越大。一般10 m以外就没有危险。

4. 剩余电荷触电

剩余电荷触电是指当人触及带有剩余电荷的设备时,带有电荷的设备对人体放电造成的触电事故。设备带有剩余电荷,通常是由于检修人员在检修中摇表测量停电后的并联电容器、电力电缆、电力变压器及大容量电动机等设备时,检修前、后没有对其充分放电所造成的。

6.3.3 防止触电

产生触电事故有以下原因:

(1) 缺乏用电常识,触及带电的导线。

(2) 没有遵守操作规程,人体直接与带电体部分接触。

(3) 由于用电设备管理不当,使绝缘损坏,发生漏电,人体碰触漏电设备外壳。

(4) 高压线路落地,造成跨步电压引起对人体的伤害。

(5) 检修中,安全组织措施和安全技术措施不完善,接线错误,造成触电事故。

(6) 其他偶然因素,如人体受雷击等。

所以,为了防止触电,应在以下几个方面注意。

1. 安全制度

(1) 在电气设备的设计、制造、安装、运行、使用和维护以及专用保护装置的配置等环节中,要严格遵守国家规定的标准和法规。

(2) 加强安全教育,普及安全用电知识。

(3) 建立健全安全规章制度,如安全操作规程、电气安装规程、运行管理规程、维护检修制度等,并在实际工作中严格执行。

2. 安全措施

在线路上作业或检修设备时,应在停电后进行,并采取下列安全技术措施:

切断电源、验电和装设临时地线。此外,对电气设备还应采取下列一些安全措施:

(1) 电气设备的金属外壳要采取保护接地或接零。

(2) 安装自动断电装置。

(3) 尽可能采用安全电压。

(4) 保证电气设备具有良好的绝缘性能。

(5) 采用电气安全用具。

(6) 设立保护装置。

(7) 保证人或物与带电体的安全距离。

(8) 定期检查用电设备。

6.3.4 电气火灾

电器、照明设备、手持电动工具以及通常采用单相电源供电的小型电器,有时会引起火灾,其原因通常是电气设备选用不当或由于线路年久失修,绝缘老化造成短路,或由于用电量增加、线路超负荷运行,维修不善导致接头松动,电器积尘、受潮、热源接近电器、电器接近易燃物和通风散热失效等。

其防护措施主要是合理选用电气装置。例如,在干燥少尘的环境中,可采用开启式和封闭式;在潮湿和多尘的环境中,应采用封闭式;在易燃易爆的危险环境中,必须采用防爆式。

防止电气火灾,还要注意线路电器负荷不能过高,注意电器设备安装位置距易燃可燃物不能太近,注意电气设备运行是否异常,注意防潮等。

6.3.5　用电安全技术简介

1. 低压配电系统有三种接地形式

低压配电系统是电力系统的末端,分布广泛,几乎遍及建筑的每一角落,平常使用最多的是 380/220 V 的低压配电系统。从安全用电等方面考虑,低压配电系统有三种接地形式,IT 系统、TT 系统、TN 系统。TN 系统又分为 TN—S 系统、TN—C 系统、TN—C—S 系统三种形式。

(1) IT 系统。IT 系统就是电源中性点不接地、用电设备外壳直接接地的系统,如图 6.28所示。IT 系统中,连接设备外壳可导电部分和接地体的导线,就是 PE 线。

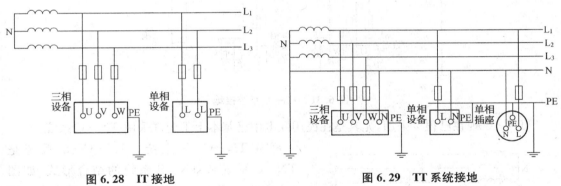

图 6.28　IT 接地　　　　　　图 6.29　TT 系统接地

(2) TT 系统。TT 系统就是电源中性点直接接地、用电设备外壳也直接接地的系统,如图 6.29 所示。通常将电源中性点的接地叫做工作接地,而设备外壳接地叫做保护接地。TT 系统中,这两个接地必须是相互独立的。设备接地可以是每一设备都有各自独立的接地装置,也可以若干设备共用一个接地装置,图 6.29 中单相设备和单相插座就是共用接地装置的。

(3) TN 系统。TN 系统即电源中性点直接接地、设备外壳等可导电部分与电源中性点有直接电气连接的系统,它有三种形式,分述如下。

① TN—S 系统。TN—S 系统如图 6.30 所示。图中中性线 N 与 TT 系统相同,在电源中性点工作接地,而用电设备外壳等可导电部分通过专门设置的保护线 PE 连接到电源中性点上。在这种系统中,中性线 N 和保护线 PE 是分开的。TN—S 系统的最大特征是 N 线与PE 线在系统中性点分开后,不能再有任何电气连接。TN—S 系统是我国现在应用最为广

泛的一种系统（又称三相五线制）。新楼宇大多采用此系统。

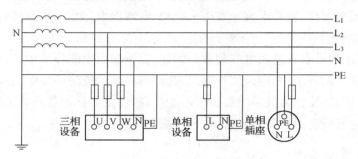

图 6.30　TN—S 系统接地

② TN—C 系统。TN—C 系统如图 6.31 所示，它将 PE 线和 N 线的功能综合起来，由一根称为保护中性线 PEN，同时承担保护和中性线两者的功能。在用电设备处，PEN 线既连接到负荷中性点上，又连接到设备外壳等可导电部分。此时注意火线（L）与零线（N）要接对，否则外壳要带电。

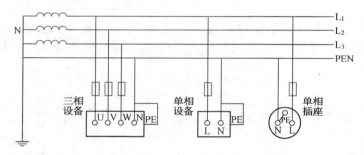

图 6.31　TN—C 系统接地

TN—C 现在已很少采用，尤其是在民用配电中已基本上不允许采用 TN—C 系统。

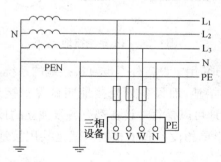

图 6.32　TN—C—S 系统接地

③ TN—C—S 系统。TN—C—S 系统是 TN—C 系统和 TN—S 系统的结合形式，如图 6.32所示。TN—C—S 系统中，从电源出来的那一段采用 TN—C 系统只起能的传输作用，到用电负荷附近某一点处，将 PEN 线分开成单独的 N 线和 PE 线，从这一点开始，系统相当于 TN—S 系统。TN—C—S 系统也是现在应用比较广泛的一种系统。这里采用了重复接地这一技术。此系统在旧楼改造适用。

2. 保护接地、保护接零、重复接地

为降低因绝缘破坏而遭到电击的危险，对于以上不同的低压配电系统形式，电气设备常采用保护接地、保护接零、重复接地等不同的安全措施。

（1）接地和接零保护。

① 接地保护。按功能分，接地可分为工作接地和保护接地。工作接地是指电气设备

（如变压器中性点）为保证其正常工作而进行的接地；保护接地是指为保证人身安全，防止人体接触设备外露部分而触电的一种接地形式。在中性点不接地系统中，设备外露部分（金属外壳或金属构架），必须与大地进行可靠电气连接，即保护接地。

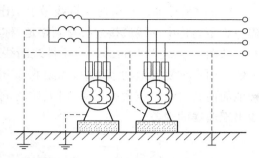

图 6.33　保护接地、工作接地、重复接地及保护接零示意图

接地装置由接地体和接地线组成，埋入地下直接与大地接触的金属导体，称为接地体，连接接地体和电气设备接地螺栓的金属导体称为接地线。接地体的对地电阻和接地线电阻的总和，称为接地装置的接地电阻。

保护接地常用在 IT 低压配电系统和 TT 低压配电系统的形式中。

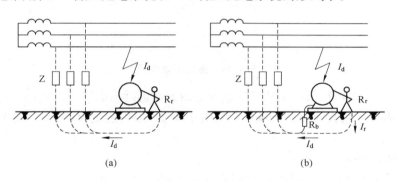

图 6.34　保护接地原理图

（a）无接地；（b）有接地

② 保护接零。保护接零是指在电源中性点接地的系统中，将设备需要接地的外露部分与电源中性线直接连接，相当于设备外露部分与大地进行了电气连接。使保护设备能迅速动作断开故障设备，减少了人体触电危险。

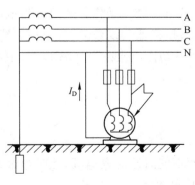

图 6.35　保护接零原理图

保护接零适用于 TN 低压配电系统形式。

保护接零的工作原理：当设备正常工作时，外露部分不带电，人体触及外壳相当于触及零线，无危险，如图 6.35 所示。

采用保护接零时注意：

① 同一台变压器供电系统的电气设备不宜将保护接地和保护接零混用，而且中性点工作接地必须可靠。

② 保护零线上不准装设熔断器。

接地保护与接零保护的区别：将金属外壳用保护接地线（PEE）与接地极直接连接的叫接地保护；当将金属外壳用保护线（PE）与保护中性线（PEN）相连接的则称之为接零保护。

（2）重复接地。在电源中性线做了工作接地的系统中，为确保保护接零的可靠，还需相隔一定距离将中性线或接地线重新接地，称为重复接地。

从图 6.36a 可以看出，一旦中性线断线，设备外露部分带电，人体触及同样会有触电的可能。而在重复接地的系统中，如图 6.36b 所示，即使出现中性线断线，但外露部分因重复接地而使其对地电压大大下降，对人体的危害也大大下降。不过应尽量避免中性线或接地线出现断线的现象。

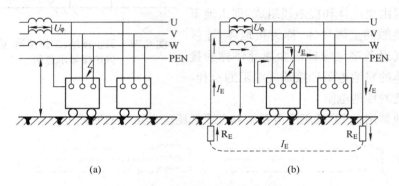

图 6.36　重复接地作用

以上分析的电击防护措施是从降低接触电压方面进行考虑的。但实际上这些措施往往还不够完善，需要采用其他保护措施作为补充。例如，采用漏电保护器、过电流保护电器等措施。

3. 漏电保护开关

（1）定义：漏电保护器（漏电保护开关）是一种电气安全装置。将漏电保护器安装在低压电路中，当发生漏电和触电时，且达到保护器所限定的动作电流值时，就立即在限定的时间内动作自动断开电源进行保护。

漏电保护为近年来推广采用的一种新的防止触电的保护装置。在电气设备中发生漏电或接地故障而人体尚未触及时，漏电保护装置已切断电源；或者在人体已触及带电体时，漏电保护器能在非常短的时间内切断电源，减轻对人体的危害。

（2）种类：漏电保护器按不同方式分类来满足使用的选型。如按动作方式可分为电压动作型和电流动作型；按动作机构分，有开关式和继电器式；按极数和线数分，有单极二线、二极、二极三线等等。按动作灵敏度可分为：高灵敏度：漏电动作电流在 30 mA 以下；中灵敏度：30~1 000 mA；低灵敏度：1 000 mA 以上。

6.3.6　触电急救与电气消防

1. 解脱电源

人在触电后可能由于失去知觉或超过人的摆脱电流而不能自己脱离电源，此时抢救人员不要惊慌，要在保护自己不被触电的情况下使触电者脱离电源。

（1）如果接触电器触电，应立即断开近处的电源，可就近拔掉插头，断开开关或打开保险盒。

（2）如果碰到破损的电线而触电，附近又找不到开关，可用干燥的木棒、竹竿、手杖等绝缘工具把电线挑开，挑开的电线要放置好，不要使人再触到。

（3）如一时不能实行上述方法，触电者又趴在电器上可隔着干燥的衣物将触电者拉开。

（4）在脱离电源过程中，如触电者在高处，要防止脱离电源后跌伤而造成二次受伤。

（5）在使触电者脱离电源的过程中，抢救者要防止自身触电。

2. 脱离电源后的判断

触电者脱离电源后，应迅速判断其症状，根据其受电流伤害的不同程度，采用不同的急救方法。

（1）判断触电者有无知觉。

（2）判断呼吸是否停止。

（3）判断脉搏是否搏动。

（4）判断瞳孔是否放大。

3. 触电的急救方法

（1）口对口人工呼吸法。人的生命的维持，主要靠心脏跳动而产生血循环，通过呼吸而形成氧气与废气的交换。如果触电人伤害较严重，失去知觉，停止呼吸，但心脏微有跳动，就应采用口对口的人工呼吸法。

（2）人工胸外挤压心脏法。若触电人伤害得相当严重，心脏和呼吸都已停止，人完全失去知觉，则需同时采用口对口人工呼吸和人工胸外挤压两种方法。如果现场仅有一个人抢救，可交替使用这两种方法，先胸外挤压心脏 4～6 次，然后口对口呼吸 2～3 次，再挤压心脏，反复循环进行操作。

4. 电气消防

（1）发现电子装置、电气设备、电缆等冒烟起火，要尽快切断电源。

（2）使用砂土、二氧化碳或四氯化碳等不导电灭火介质，忌用泡沫和水进行灭火。

（3）灭火时不可将身体或灭火工具触及导线和电气设备。

习　题

6.1　有一单相照明变压器，容量为 10 kV·A，电压为 3 300/220 V，今欲在副边接上 60 W，220 V 的白炽灯，如果变压器在额定情况下运行。求：

（1）这种电灯可接多少盏。

（2）原、副绕组的额定电流。

6.2　电阻 $R_L = 8\ \Omega$ 的扬声器，通过输出变压器接信号源，设变压器的原边绕组 $N_1 = 500$ 匝，副边绕组 $N_2 = 100$ 匝。求：

（1）扬声器电阻换算到原边的等效电阻。

（2）若信号源的有效值 $U_S = 10\ \text{V}$，内阻 $R_0 = 250\ \Omega$。输出给扬声器的功率。

（3）若不经过输出变压器，直接把扬声器接到信号源上，扬声器获得的功率。

6.3 有一台 10 kV·A，10 000/230 V 的单相变压器，如果在原边绕组的两端加额定电压，在额定负载时，测得副边电压为 220 V。求：（1）该变压器原、副边的额定电流。（2）电压调整率。

6.4 电路如图 6.37 所示，一交流信号源 $U_S = 38.4$ V，内阻 $R_0 = 1280 \Omega$，对电阻 $R_L = 20 \Omega$ 的负载供电，为使该负载获得最大功率。求：

（1）应采用电压变比为多少的输出变压器？

（2）变压器原、副边电压、电流各为多少？

（3）负载 R_L 吸取的功率为多少？

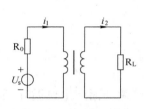

图 6.37 习题 6.4 的图

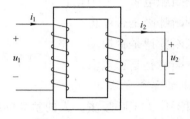

图 6.38 习题 6.5 的图

6.5 某理想变压器的绕组如图 6.38 所示，试判断两个绕组的同名端，并用"*"表示，若已知变比为 4，$u_1 = 220\sqrt{2}\sin \omega t$ V，$i_1 = 100\sqrt{2}\sin(\omega t - 30°)$ mA。求 u_2 和 i_2。

6.6 某台变压器容量为 10 kV·A，铁损耗 $\Delta P_{Fe} = 280$ W，满载铜损耗 $\Delta P_{Cu} = 340$ W，求下列二种情况下变压器的效率：

（1）在满载情况下给功率因数为 0.9（滞后）的负载供电。

（2）在 75% 负载情况下，给功率因数为 0.8（滞后）的负载供电。

6.7 Y112M-4 型三相异步电动机，$U_N = 380$ V，△形接法，$I_N = 8.8$ A，$P_N = 4$ kW，$\eta_N = 0.845$，$n_N = 1440$ r/min。求：

（1）在额定工作状态下的功率因数及额定转矩。

（2）若电动机的起动转矩为额定转矩的 2.2 倍时，采用 Y-△降压起动时的起动转矩。

6.8 一台三相异步电动机，铭牌数据如下：△形接法，$U_N = 380$ V，$I_N = 20$ A，$n_N = 1450$ r/min，$\eta_N = 87.5\%$，$\lambda_N = 0.87$，$I_{st}/I_N = 6.5$，$T_{st}/T_N = 1.5$。试问此电动机的 P_N，T_N 和额定转差率 s_N 各是多少？如果用 Y-△起动器起动，其起动电流和起动转矩各是多少？

6.9 某三相异步电动机，铭牌数据如下：△形接法，$P_N = 10$ kW，$U_N = 380$ V，$I_N = 19.9$ A，$n_N = 1450$ r/min，$\lambda_N = 0.87$，$f = 50$ Hz。求：

（1）电动机的磁极对数及旋转磁场转速 n_0。

（2）电源线电压是 380 V 的情况下，能否采用 Y-△方法起动。

（3）额定负载运行时的效率 η_N。

（4）已知 $T_{st}/T_N = 1.8$，直接起动时的起动转矩。

6.10 某三相异步电动机，铭牌数据如下：△形接法，$P_N = 10$ kW，$U_N = 380$ V，

$I_N = 19.9$ A，$n_N = 1\,450$ r/min，$I_{st}/I_N = 7$，$T_{st}/T_N = 1.4$，若负载转矩为 25 N·m，电源允许最大电流为 60 A。试问应采用直接起动还是 Y-△ 方法起动？

6.11　某三相异步电动机，铭牌数据如下：$P_N = 37$ kW，$U_N = 380$ V，$n_N = 2\,950$ r/min。试问这台电动机应采用哪种接法？其同步转速 n_0 和额定转差率 s_N 各是多少？当负载转矩为 100 N·m 时，与 s_N 相比，s 是增加还是减小？当负载转矩为 140 N·m 时，s 又有何变化？

6.12　某台三相异步电动机，铭牌数据如下：$P_N = 5.5$ kW，$n_N = 1\,440$ r/min，$f_1 = 50$ Hz。试求：

（1）额定转矩。

（2）额定转差率。

（3）定子旋转磁场相对定子的转速。

（4）转子旋转磁场相对转子的转速。

（5）定子旋转磁场相对转子旋转磁场的转速。

6.13　一台三相异步电动机的机械特性如图 6.39 所示，其额定工作点 A 的参数为：$n_N = 1\,430$ r/min，$T_N = 67$ N·m。求：

（1）电动机的极对数。

（2）额定转差率。

（3）额定功率。

（4）过载系数。

（5）起动系数 T_{st}/T_N。

（6）说明该电动机能否起动 90 N·m 的恒定负载。

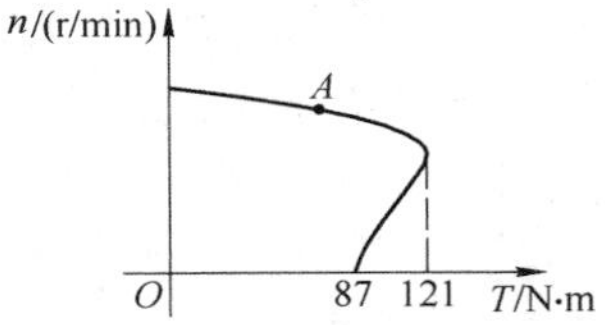

图 6.39　习题 6.13 的图

6.14　某三相异步电动机，铭牌数据如下：$P_N = 2.8$ kW，$U_N = 380$ V，$I_N = 6.3$ A，$n_N = 1\,370$ r/min，$\lambda_N = 0.84$，Y 形接法。试问其额定效率和额定转矩各是多少？如果电源电压降为 350 V，它在额定转速时的转矩是多少？如果在额定电压下改为 △ 形接法，将有何后果？

6.15　某三相异步电动机，铭牌数据如下：$P_N = 30$ kW，$U_N = 380$ V，$T_{st}/T_N = 1.2$，△ 形接法。试问：

（1）负载转矩为额定转矩的 70% 和 30% 时，电动机能否采用 Y-△ 转换方式起动？

（2）若采用自耦变压器降压起动，要求起动转矩为额定转矩的 75%，则自耦变压器的副边电压是多少？

6.16　某三相异步电动机，铭牌数据如下：$P_N = 10$ kW，$n_N = 1\,450$ r/min，$U_N = 220/380$ V，$\lambda_N = 0.87$，$\eta_N = 87.5\%$，$I_{st}/I_N = 7$，$T_{st}/T_N = 1.4$。电源电压为 380 V，采用自耦变压器降压起动，要求实际起动转矩 $T'_{st} = 0.75T_N$ 时。求：（1）自耦变压器的变比 k。（2）起动时变压器的原边电流。

电子部分

第7章 二极管及其应用电路

物质按导电能力的不同，可分为导体、半导体和绝缘体三种。半导体的导电能力介于导体和绝缘体之间。如硅、锗、硒以及大多数金属氧化物和硫化物都是半导体。

半导体获得广泛的应用，是由于它们具有一系列独特的性能。半导体的导电能力在不同条件下差别很大。如有些半导体的导电能力随着温度的升高而明显增加，利用这种热敏特性可以制成各种热敏电阻，又如有些半导体受光照射时，它的导电能力也明显增加，利用这种光敏特性可以制成各种光敏电阻，更为重要的特点是如果在纯净的半导体中掺入微量的某种杂质后，导电能力就会显著增加，利用这种特性可制成各种不同的半导体电子器件，如半导体二极管、三极管等。

7.1 P型半导体和N型半导体

7.1.1 本征半导体

纯净的、具有晶体结构的半导体称为本征半导体。

常用的半导体材料有锗和硅。锗和硅都是四价元素。纯净的锗和硅具有晶体结构，它的立体结构图与平面示意图分别如图7.1和图7.2所示。半导体一般都具有这种晶体结构，因此半导体也称为晶体，这就是晶体管名称的由来。

以硅为例，每一个硅原子与相邻的四个硅原子结合，构成共价键的结构，在共价键结构中，价电子不像在绝缘体中的价电子被束缚得那样紧，虽然硅原子最外层具有八个电子而处于较为稳定的状态，但在获得一定能量后，如温度增高或受光照时，价电子即可挣脱原子核的束缚成为自由电子，在它原来所在的共价键中就留下一个空位称为空穴。这个过程称为本征激发。自由电子和空穴都称为载流子。在一般情况下，原子是中性的。当电子挣脱共价键的束缚成为自由电子后，原子的中性便被破坏，而显出带正电。本征半导体中的自由电

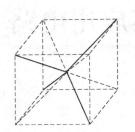

图 7.1　晶体中原子的排列方式

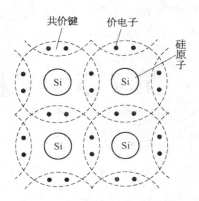

图 7.2　本征半导体结构示意图

子和空穴总是成对出现,同时又不断复合。在一定温度下,载流子的产生和复合达到动态平衡,温度愈高,载流子数愈多,导电性能也就愈好。所以,温度对半导体器件性能的影响很大。

　　在外电场的作用下,自由电子和空穴均参与导电。自由电子逆着电场方向作定向运动而形成电流,同时,由于空穴带正电,具有吸引电子的作用,有空穴的原子可以吸引相邻原子

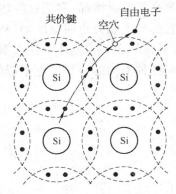

图 7.3　空穴和自由电子的移动

中的价电子来填补这个空穴,在失去了一个价电子的相邻原子的共价键中出现另一个空穴,它也可以由相邻原子中的价电子来填补,而在该原子中又出现一个空穴,如图 7.3 所示。如此继续下去,就好像空穴在运动。而空穴运动的方向与自由电子运动的方向相反。所以,当半导体两端加上外电压时,半导体中将出现两部分电流:一是自由电子作定向运动所形成的电子电流,一是仍被原子核束缚的价电子递补空穴所形成的空穴电流。在半导体中,存在着两种载流子,带负电的自由电子和带正电的空穴,这是半导体导电方式的最大特点,也是半导体和金属导体在导电原理上的本质差别。

7.1.2　N 型半导体和 P 型半导体

　　半导体的导电能力的大小决定于载流子数目的多少,本征半导体虽然有自由电子和空穴两种载流子,但由于数量极少,导电能力仍然很低。如果在其中掺入微量的某种元素后,半导体的导电能力有很大提高。

　　1. N 型半导体

　　在硅或锗的晶体中掺入少量的五价元素杂质,如磷(P),磷原子的最外层有五个价电子,由于掺入硅晶体的磷原子数很少,因此整个晶体结构基本上不变,只是某些位置上的硅原子被磷原子取代。磷原子组成共价键结构只需四个价电子,多余的一个价电子很容易挣脱磷原子核的束缚而成为自由电子如图 7.4 所示,这时磷原子失去一个电子而成为正离子,于是

半导体中的自由电子数目大量增加,自由电子导电成为这种半导体的主要导电方式,故称它为 N 型半导体。在 N 型半导体中,多数载流子(简称为多子)是自由电子,而少数载流子(简称为少子)是空穴。

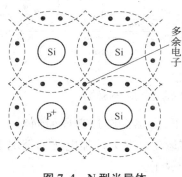

图 7.4　N 型半导体

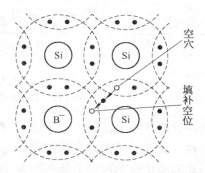

图 7.5　P 型半导体

2. P 型半导体

在硅或锗的晶体中掺入少量的三价元素杂质,如硼(B),硼原子的最外层有三个价电子,在构成共价键结构时,将因缺少一个电子而产生一个空位。当相邻原子中的价电子受到热激发时,就有可能填补这个空位,而在该相邻原子中便出现一个空穴如图 7.5 所示,硼原子得到一个电子而成为负离子,每一个硼原子都能提供一个空穴,于是在半导体中就形成了大量空穴。这种以空穴导电作为主要导电方式的半导体称为 P 型半导体。在 P 型半导体中,多数载流子是空穴,而少数载流子是自由电子。

应注意,不论是 N 型半导体还是 P 型半导体,虽然都有一种载流子占多数,但是整个晶体仍然是电中性的。

7.2　PN 结的形成和特性

P 型或 N 型半导体与本征半导体相比,只不过导电能力增强,还不能直接制成半导体器件,仅能用来制造电阻元件,半导体集成电路中的电阻就是这样做成的。而 PN 结才是制造各种半导体器件的基础。

7.2.1　PN 结的形成

如图 7.6 所示,采用不同的掺杂工艺,将 P 型半导体与 N 型半导体制作在同一块硅片上,由于 P 型区内空穴的浓度大,N 型区内自由电子的浓度大,由于存在浓度差别,自由电子和空穴都要从浓度高的区域向浓度低的区域扩散,这种因浓度上的差异而形成载流子的运动称为扩散运动。多数载流子扩散到对方区域后被复合,这样在交界面的两侧分别留下了不能移动的正负离子,呈现出一个空间电荷区或称为内电场,在空间电荷区载流子因扩散和复合而消耗殆尽,所以又称为耗尽层。内电场的建立对多数载流子的扩散运动起着阻碍作

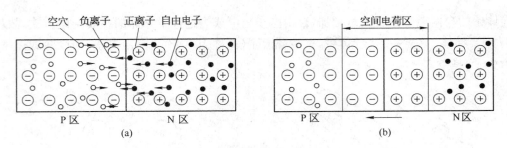

图 7.6 PN 结的形成

(a) P 区与 N 区中载流子的运动；(b) 平衡状态下的 PN 结

用，同时，少数载流子在进入 PN 结时，在内电场作用下，必然会越过交界面向对方区域运动。这种少数载流子在内电场作用下的运动称为漂移运动。在无外加电压的情况下，最终扩散运动和漂移运动达到了动态平衡，这时 PN 结就形成了。

7.2.2 PN 结的单向导电性

在 PN 结两端加上不同极性的电压，PN 结便会呈现出不同的导电性能。加电压的方式常称为偏置方式，所加电压称为偏置电压。

1. PN 结加正向电压

PN 结外加正向电压即 PN 结正向偏置，是指将外部电源的正极接 P 端，负极接 N 端如图 7.7a 所示。这时，外加电压在 PN 结上所形成的外电场与内电场方向相反，破坏了原来的平衡，空间电荷区变窄，内电场被削弱，使扩散运动强于漂移运动，从而形成较大的扩散电流。由于外部电源不断地向半导体提供电荷，使该电流得以维持。这时 PN 结所处的状态称为正向导通。正向导通时，因为通过 PN 结的电流较大，而结压降只有零点几伏，PN 结呈现的电阻较小。

2. PN 加反向电压

PN 结外加反向电压即 PN 结反向偏置，是指将外部电源的正极接 N 端，负极接 P 端如图 7.7b 所示。这时，外电场与内电场方向相同，同样也破坏了原来的平衡，使得 PN 结变

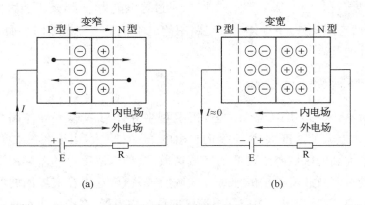

图 7.7 PN 结的单向导电性

(a) 正向偏置；(b) 反向偏置

宽,扩散运动几乎难以进行,漂移运动却被加强,从而形成反向的漂移电流。由于少数载流子的数目极少,故反向电流很微弱。PN 结这时所处的状态称为反向截止。反向截止时,通过 PN 结的电流小,一般为微安级,故在近似分析中常将它忽略不计,PN 结呈现的电阻较大。

PN 结的单向导电性就是 PN 结加正向电压导通,加反向电压截止。

7.3　半导体二极管及伏安特性曲线

7.3.1　基本结构

半导体二极管由一个 PN 结构成。把一个 PN 结两端加上相应的电极引线和管壳,就成为半导体二极管。从 P 端引出的电极称为阳极,从 N 端引出的电极称为阴极。按结构分,二极管有点接触型、面接触型和平面型三类。点接触型二极管(一般为锗管)如图 7.8a 所示。它的 PN 结的结面积很小,结电容小,只能通过较小的电流,适用于高频电路和小功率的工作,也可用作数字电路中的开关元件。面接触型二极管(一般为硅管)如图 7.8b 所示。它的 PN 结的结面积大,结电容大,可以通过较大电流,适用于低频电路和整流电路。平面型二极管如图 7.8c 所示,适用于大功率整流管和数字电路中的开关管。图 7.8d 是二极管的表示符号。

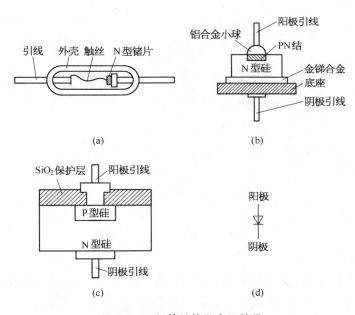

图 7.8　二极管结构和表示符号

(a) 点接触型;(b) 面接触型;(c) 平面型;(d) 表示符号

常见二极管外形图如图 7.9 所示。

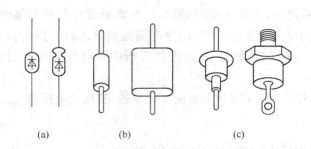

图 7.9　常见二极管外形图

(a) 玻璃封装；(b) 塑料封装；(c) 金属封装中、大功率二极管

7.3.2　伏安特性

流过二极管的电流 i 与二极管两端所加电压 u 之间的关系曲线称为二极管的伏安特性曲线。2CZ52A 硅二极管和 2AP2 锗二极管的伏安特性曲线如图 7.10 所示。由图可见，当加正向电压很低时，正向电流很小，几乎为零。当正向电压超过一定数值后，电流增长很快。这个一定数值的正向电压称为死区电压或开启电压，一般硅管的死区电压约为 0.5 V，锗管约为 0.1 V。导通时的正向管压降，硅管约为 0.6～0.8 V，锗管约为 0.2～0.3 V。

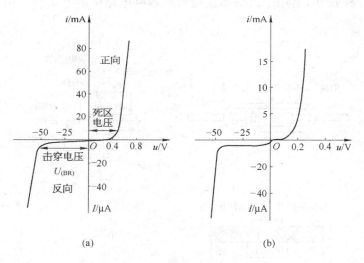

图 7.10　二极管的伏安特性曲线

(a) 2CZ52A 硅二极管；(b) 2AP2 锗二极管

二极管加反向电压时，反向电流很小，而且在一定范围内不随反向电压而变化，故通常称它为反向饱和电流，但这个电流受温度影响很大，随温度的上升而增长。当外加反向电压超过一定数值时，反向电流突然增大，二极管失去单向导电性，这种现象称为击穿。产生击穿时加在二极管上的反向电压称为反向击穿电压 $U_{(BR)}$，二极管被击穿后，一般不能恢复原来的性能。

7.3.3 主要参数

二极管的参数是正确选择和使用二极管的依据,二极管的主要参数有以下几个。

1. 最大整流电流 I_F

I_F 是二极管长期运行时允许通过的最大正向平均电流,其值与 PN 结面积及外部散热条件等有关。在规定散热条件中,二极管正向平均电流若超过此值,则将因结温过高而烧坏。

2. 最高反向工作电压 U_R

U_R 是二极管工作时允许外加的最大反向电压,超过此值时,二极管有可能因反向击穿而损坏。通常 U_R 为击穿电压 $U_{(BR)}$ 的一半。

3. 反向电流 I_R

I_R 是二极管未击穿时的反向电流。I_R 愈小,二极管的单向导电性愈好,I_R 对温度非常敏感。

7.4 二极管应用电路

二极管的应用范围很广,主要都是利用它的单向导电性。它可用于整流、检波、限幅、元件保护以及在数字电路中作为开关元件等。

7.4.1 开关电路

在实际工作中常常将二极管理想化,忽略二极管的正向压降和反向电流,认为二极管导通时的正向压降为零,截止时反向电流为零,这样的二极管为理想二极管。理想二极管可作为一电子开关,当理想二极管加正向电压时,二极管导通相当于开关接通,理想二极管加反向电压时,二极管截止相当于开关断开。

在开关电路中,利用二极管的单向导电性以接通或断开电路,这在数字电路中得到广泛的应用。在分析这种电路时,应当掌握一条基本原则,即判断电路中的二极管处于导通状态还是截止状态,可以先将二极管断开,然后观察(或经过计算)阳、阴两极间是正向电压还是反向电压,若是前者则二极管导通,否则二极管截止。例如二极管开关电路如图 7.11 所示,设二极管为理想二极管。当 $V_A = +5\,V$、$V_B = 0\,V$ 时,VD_A 为正向偏置,$V_Y = 5\,V$,此时 VD_B 的阴极电位为 5 V,阳极为 0 V,处于反向偏置,故 VD_B 截止。在这里,VD_A 起钳位作用,把 V_Y 端的电位钳在 5 V;VD_B 起隔离作用,把输入端 B 和输出端 V_Y 隔离开来。

依此类推,将其余三种组合列于表 7.1 中。

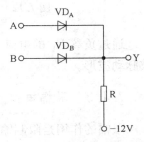

图 7.11 开关电路

由上表可见,在输入电压 V_A 和 V_B 中,只要有一个为 5 V,则输出为 5 V;只有当两输入电压为 0 V 时,输出才为 0 V,这种关系在数字电路中称为或逻辑。

表 7.1   开关电路的工作状态表

| V_A | V_B | 二极管工作状态 | | V_Y |
		VD$_A$	VD$_B$	
0 V	0 V	导通	导通	0 V
0 V	5 V	截止	导通	5 V
5 V	0 V	导通	截止	5 V
5 V	5 V	导通	导通	5 V

7.4.2   整流电路

利用二极管的单向导电性可以将交流电压变为单方向的脉动电压,称为整流。桥式整流电路如图 7.12 所示。当 u_2 为正半周时(a 正 b 负),二极管 VD$_1$、VD$_3$ 导通,VD$_2$、VD$_4$ 截止,电流如实线箭头所示,当 u_2 为负半周时(a 负 b 正)二极管 VD$_2$、VD$_4$ 导通,VD$_1$、VD$_3$ 截止,电流如虚线箭头所示。

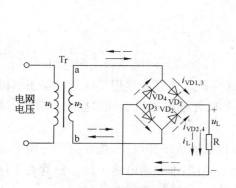

图 7.12   桥式整流电路

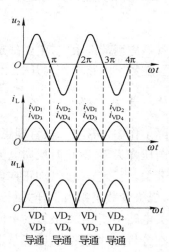

图 7.13   单向桥式整流电路波形图

通过负载 R$_L$ 的电流 i_L 以及电压 u_L 的波形如图 7.13 所示,显然,它们都是单方向的全波脉动波形。

7.4.3   限幅电路

限幅的作用是限制输出电压的幅度。二极管限幅电路如图 7.14a 所示。设 u_i 为正弦波,且 $U_m > U_S$。当 $u_i > U_S$ 时,二极管 VD 截止,此时电阻 R 中无电流。故,$u_0 = U_S$。当 $u_i < U_S$ 时,二极管 VD 导通,此时如果忽略二极管压降,则,$u_0 = u_i$。输出波形如图 7.14b 所示,从而达到限幅的目的。

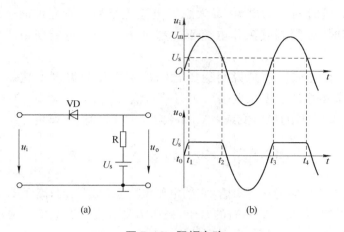

图 7.14   限幅电路

（a）电路；（b）输入输出波形

7.4.4   特殊二极管

1. 稳压二极管

稳压二极管是一种特殊的面接触型半导体硅二极管。由于它在电路中与适当数值的电阻配合后能起稳定电压的作用，故称为稳压二极管。其表示符号和外形如图 7.15 所示。

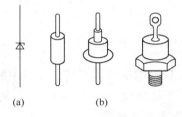

图 7.15   稳压二极管的表示符号和外形图

（a）表示符号；（b）外形图

如图 7.16 所示，稳压二极管的伏安特性曲线与普通二极管的相似，其差别是稳压二极管的反向特性曲线比较陡。稳压二极管与普通二极管不同，它一般工作于反向击穿区。从伏安特性曲线上可以看出，反向电压在一定范围内变化时，反向电流很小几乎不变。当反向电压增大到击穿电压时，反向电流突然剧增（图 7.16），稳压二极管反向击穿。此后，电流虽然在很大范围内变化，但稳压二极管两端的电压变化很小。利用这一特性，稳压二极管在电路中能起稳压作用。稳压二极管与一般二极管不一样，只要反向电流控制在一定的范围之内，它是工作在电击穿状态，它的反向击穿是可逆的。当去掉反向电压之后，稳压二极管又恢复正常。但是，如果反向电流超过允许范围，稳压二极管将会发生热击穿而永久损坏。

稳压二极管的主要参数有下面几个：

（1）稳定电压 U_Z。稳定电压就是稳压二极管在正常工作下管子两端的电压。由于工艺方面和其他原因，即使是同一型号的稳压二极管，其实际稳定电压值并不完全相同，具有一定的分散性。所以手册中给出的是管子的稳定电压范围。例如 2CW54 稳压二极管的稳压值为 $5.5 \sim 6.5$ V。

（2）稳定电流 I_Z 和最大稳定电流 I_{ZM}。稳定电流 I_Z 是指工

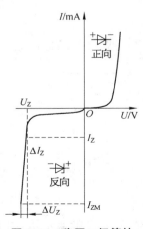

**图 7.16   稳压二极管的
伏安特性曲线**

作电压等于稳定电压时的反向电流,最大稳定电流是指稳压管允许通过的最大反向电流 I_{ZM}。使用稳压管时,要限制其工作电流不能超过 I_{ZM},否则可能使稳压管发生热击穿而损坏。

(3) 电压温度系数 α_U。这是说明稳压管的稳定电压受温度变化影响的系数。例如 ZCW15 稳压二极管的电压温度系数是 $0.07\%/℃$,就是说温度每增加 1℃,它的稳压值将升高 0.07%,假如在 20℃时的稳压值是 8 V,那么在 50℃时的稳压值将是:

$$\left[8 + \frac{0.07}{100}(50 - 20)8\right] \text{V} \approx 8.2 \text{ V}$$

一般来说,低于 6 V 的稳压二极管,它的电压温度系数是负的;高于 6 V 的稳压二极管,电压温度系数是正的;而在 6 V 左右的管子,稳压值受温度的影响就比较小。因此,选用稳定电压为 6 V 左右的稳压二极管,可得到较好的温度稳定性。

(4) 动态电阻 r_z。动态电阻是指稳压二极管端电压的变化量与相应的电流变化量的比值,即:

$$r_z = \frac{\Delta U_Z}{\Delta I_Z} \tag{7.1}$$

稳压二极管的反向伏安特性曲线愈陡,则动态电阻愈小,稳压性能愈好。

(5) 最大允许耗散功率 P_{ZM}。管子不致发生热击穿的最大功率损耗 $P_{ZM} = U_Z I_{ZM}$。

2. 发光二极管

发光二极管工作于正向偏置状态,正向电流通过发光二极管时,就能发出清晰的光。光的颜色视做成发光二极管的材料而定,有红、黄、绿等颜色。发光二极管的工作电压为 1.5~3 V,工作电流为几毫安到十几毫安,寿命很长,一般作显示用。图 7.17 是它的外形和表示符号。

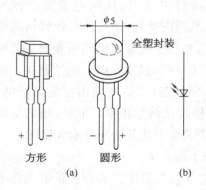

图 7.17 发光二极管的符号

(a) 外形;(b) 符号

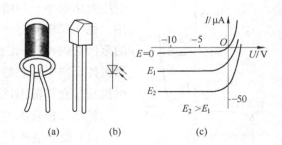

图 7.18 光电二极管

(a) 外形;(b) 符号;(c) 伏安特性曲线

3. 光电二极管

光电二极管工作于反向偏置状态,无光照时,和普通二极管一样,其反向电流很小,当有光照时,电流会急剧增加。照度 E 愈强,电流也愈大,如图 7.18c 所示。

图 7.18 是它的外形、表示符号和特性曲线。

习　　题

7.1　电路如图 7.19 所示,二极管 VD 为理想元件,$U_S = 5$ V,求电压 u_0。

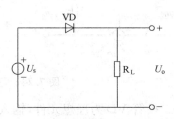

图 7.19　习题 7.1 的图

7.2　写出图 7.20 所示各电路的输出电压值,设二极管正向压降为 0.7 V。

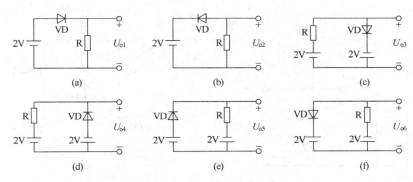

图 7.20　习题 7.2 的图

7.3　电路如图 7.21 所示,若忽略二极管 VD 的正向压降和正向电阻,求输出电压 u_0 为多少?

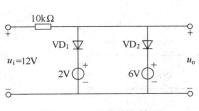

图 7.21　习题 7.3 的图

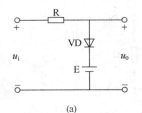
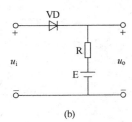

图 7.22　习题 7.4 的图

7.4　在图 7.22 所示的两个电路中,$E = 5$ V,$u_i = 10\sin\omega t$ V,二极管正向压降可忽略不计,分别画出电压 u_0 的波形。

7.5　电路如图 7.23 所示,VD_1,VD_2 均为理想二极管,设 $U_2 = 6$ V,U_1 的值小于 6 V,求 u_0。

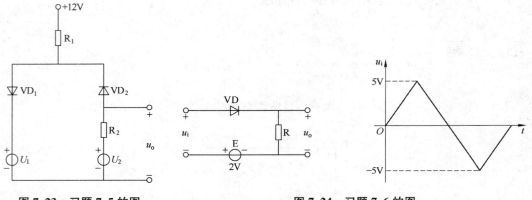

图 7.23　习题 7.5 的图　　　　　　　图 7.24　习题 7.6 的图

7.6　电路如图 7.24 所示，二极管 VD 为理想元件，输入信号 u_i 如图 7.24 所示的三角波，求输出电压 u_0 的最大值。

7.7　电路如图 7.25 所示，二极管 VD_1、VD_2 均为理想元件，求电压 u_{A0}。

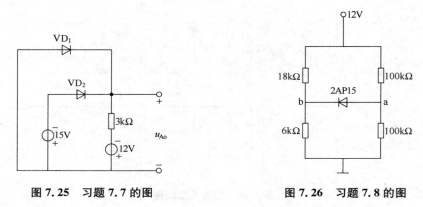

图 7.25　习题 7.7 的图　　　　　　　图 7.26　习题 7.8 的图

7.8　电路如图 7.26 所示，a 点与 b 点的电位差 U_{ab} 约等于多少。

7.9　电路如图 7.27 所示，二极管 VD_1、VD_2、VD_3 均为理想元件，求输出电压 u_0。

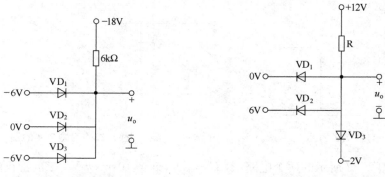

图 7.27　习题 7.9 的图　　　　　　　图 7.28　习题 7.10 的图

7.10　电路如图 7.28 所示，设二极管 VD_1、VD_2、VD_3 的正向压降忽略不计，求输出电

压 u_0。

7.11　电路如图 7.29 所示,设 VD_{Z1} 的稳定电压为 7 V,VD_{Z2} 的稳定电压为 13 V,求输出电压 U_0。

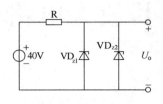 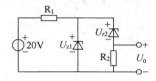

图 7.29　习题 7.11 的图　　　　　图 7.30　习题 7.12 的图

7.12　稳压管电路如图 7.30 所示,稳压管 VD_{Z1} 的稳定电压 $U_{Z1} = 12$ V,VD_{Z2} 的稳定电压为 $U_{Z2} = 6$ V,求电压 U_0。

7.13　有两个稳压二极管 VD_{Z1} 和 VD_{Z2},其稳定电压分别为 5.5 V 和 8.5 V,正向压降都是 0.5 V。如果要得到 0.5 V,3 V,6 V,9 V 和 14 V 几种稳定电压。这两个稳压二极管及限流电阻应该如何连接? 画出各电路图。

第8章 三极管及其放大电路

半导体三极管又称晶体管,是最重要的一种半导体器件。

8.1 三极管的形成及工作原理

8.1.1 基本结构

三极管的结构,如图 8.1 所示。常见三极管的外形如图 8.2 所示。

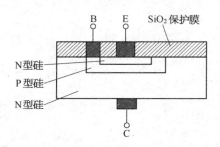

图 8.1 三极管的结构

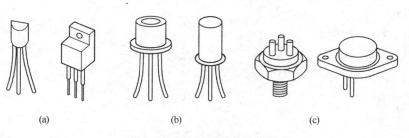

(a)   (b)   (c)

图 8.2 常见三极管的外形图

(a) 硅酮塑料封装;(b) 金属封装小功率管;(c) 金属封装大功率管

三极管是根据不同的掺杂方式，在一块硅片上制造成 NPN 或 PNP 三层，因此又把三极管分为 NPN 型和 PNP 型两类，其结构示意图和表示符号如图 8.3 所示。当前国内生产的硅三极管多为 NPN 型，锗三极管多为 PNP 型。

每一类都分成基区、发射区和集电区，分别引出基极 B、发射极 E 和集电极 C。每一类都有两个 PN 结。基区和发射区之间的 PN 结称为发射结，基区和集电区之间的 PN 结称为集电结。

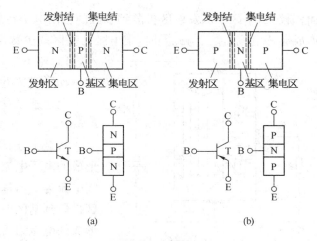

图 8.3　三极管的结构示意图和表示符号
（a）NPN 型三极管；（b）PNP 型三极管

8.1.2　工作原理和状态

三极管的工作状态有放大、饱和及截止三种，三极管工作于什么状态，取决于两个 PN 结的偏置方式。由于三极管有两个 PN 结、有三个电极，故需要外加两个电压，因而有一个极必然是公用的。按公用极的不同，三极管电路可分为共发射极、共基极和共集电极三种接法。现在以 NPN 型三极管为主，以共发射极接法为例来说明三极管的工作原理和状态。

1. 放大状态

三极管处于放大状态的内部条件是发射区掺杂浓度大，基区薄掺杂浓度小，集电区面积大。外部条件是发射结正向偏置，集电结反向偏置，内部条件一般由生产三极管厂家来满足，外部条件由设计使用者来满足。

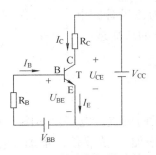

图 8.4　共发射极接法的放大电路

如图 8.4 所示是 NPN 型共发射极接法的放大电路。若是 PNP 管，只需将两个电源的正、负极颠倒过来即可。

下面用载流子在三极管内部的运动规律来解释三极管的放大原理。

（1）发射结加正向电压，扩散运动形成发射极电流 I_E。因为发射结加正向电压，又因为发射区杂质浓度高，所以大量自由电子因扩散运动越过发射结到达基区，形成电流 I_{EN}，与此同时，空穴也从基区向发射区扩散，但由于基区杂质浓度低，所以空穴形成的电流非常小，可忽略不计。可见，扩散运动形成了发射极电流 I_E。

（2）扩散到基区的自由电子与空穴的复合运动形成基极电流 I_B。由于基区很薄，杂质浓度很低，集电结又加了反向电压，所以扩散到基区的电子中只有极少部分与空穴复合，形成电流 I_{BN}，其余部分到达集电结。又由于电源 V_{BB} 的作用，电子与空穴的复合运动将源源不断地进行，形成基极电流 I_B。

（3）集电结加反向电压，漂移运动形成集电极电流 I_C。由于集电结加反向电压且其结面积较大,基区中从发射区扩散到基区的自由电子在外电场作用下越过集电结到达集电区,形成漂移电流 I_{CN}。与此同时,集电区与基区的少数载流子也参与漂移运动,但它的数量很小,可忽略不计。可见,在集电极电源 V_{CC} 的作用下,漂移运动形成集电极电流 I_C。

上述三极管中的载流子运动和电流分配描绘在图8.5中。

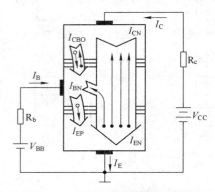

图 8.5   三极管内部载流子运动与外部电流

从载流子的运动可看出,由发射区向基区扩散所形成的电子电流为 I_{EN},基区向发射区扩散所形成的空穴电流为 I_{EP},基区内复合运动所形成的电流 I_{BN},发射区扩散到基区但未被复合的自由电子漂移至集电区所形成的电流为 I_{CN},集电区与基区之间的少数载流子漂移运动所形成的电流为 I_{CBO},见图8.5中所标注。

以上分析可得,从发射区发射的电子,只有一小部分在基区复合,绝大部分被集电区收集,发射极电流 I_E 由两部分构成,即:

$$I_E = I_B + I_C$$

把集电极电流 I_C 与基极电流 I_B 的比值 $\bar{\beta}$ 称为三极管的直流放大系数,即:

$$\bar{\beta} = \frac{I_C}{I_B}$$

由此可见,发射区扩散过来的电子中途被复合掉的电子越多,扩散到集电结的电子就越少,这对三极管的放大作用不利,所以基区就要做得很薄,掺杂浓度要很小,这就是放大的内部条件。

在图8.4所示电路中,V_{BB} 只要向输入回路提供较小的电流,便可使 V_{CC} 向输出回路提供较大的电流,I_B 的微小变化可得到 I_C 的较大变化。这种现象称为三极管的电流放大作用。因此三极管这时的工作状态称为放大状态。三极管处于放大状态的特征是:

(1) 发射结正向偏置,集电结反向偏置。

(2) $I_C = \beta I_B$,I_C 是由 β 和 I_B 决定的。

2. 饱和状态

三极管处于饱和状态的条件是发射结正向偏置,集电结也正向偏置。电路仍如图8.4所示。若减小 R_B,使 U_{BE} 增加,则开始时,因工作在放大状态,I_B 增加,I_C 成 β 倍的增加,U_{CE} 减小。当 U_{CE} 减小到接近为零时,$I_C \approx \dfrac{V_{CC}}{R_C}$ 已达到最大数值,再增加 I_B,I_C 已不可能再增加了,三极管这时的状态称为饱和状态。这时的 I_C 电流称为集电极饱和电流 I_{CS}。三极管处于饱和状态的特征是:

(1) 发射结正向偏置,集电结也正向偏置。

(2) I_B 增加时,I_C 基本不变,$I_C = I_{CS} \approx \dfrac{V_{CC}}{R_C}$,$I_C$ 是由 V_{CC} 和 R_C 决定的。

（3）三极管的 C、E 之间电压很小，相当于短路，$U_{CE} \approx 0$。

3．截止状态

三极管处于截止状态的条件是发射结反向偏置，集电结也反向偏置。这时 $I_B = 0, I_C \approx$ 0。三极管这时的状态称为截止状态。对 NPN 型硅管而言，当 $U_{BE} < 0.5$ V 时即已开始截止，但是为了截止可靠，常使 $U_{BE} \leqslant 0$。三极管处于截止状态的特征是：

（1）发射结反向偏置，集电结也反向偏置。

（2）$I_B = 0, I_C \approx 0$。

（3）三极管的 C、E 之间相当于开路，$U_{CE} \approx V_{CC}$。

由上可知，当三极管饱和时，$U_{CE} \approx 0$，发射极与集电极之间如同一个接通的开关，其间电阻很小；当三极管截止时，$I_C \approx 0$，发射极与集电极之间如同一个断开的开关，其间电阻很大。可见，三极管除了有放大作用外，还有开关作用。

【例 8.1】　在图 8.6 所示的各电路中，三极管工作于什么状态？

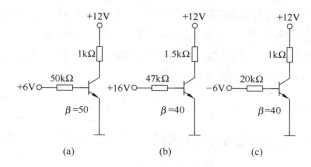

图 8.6　例 8.1 的电路

解：设 $U_{BE} = 0.7$ V

（a）集电极饱和电流：

$$I_{CS} \approx \frac{V_{CC}}{R_C} = \frac{12}{1 \times 10^3} \text{ A} = 12 \times 10^{-3} \text{ A} = 12 \text{ mA}$$

电路的基极电流：

$$I_B = \frac{6 - 0.7}{50 \times 10^3} \text{ A} = 0.11 \times 10^{-3} \text{ A} = 0.11 \text{ mA}$$

集电极电流：　　　　　$I_C = \beta I_B = 50 \times 0.11 \text{ mA} = 5.5 \text{ mA}$

因为　　　　　　　　　　　　　　　$I_C < I_{CS}$

所以三极管工作在放大状态。

（b）集电极饱和电流：

$$I_{CS} \approx \frac{V_{CC}}{R_C} = \frac{12}{1.5 \times 10^3} \text{ A} = 8 \times 10^{-3} \text{ A} = 8 \text{ mA}$$

电路的基极电流：

$$I_B = \frac{16 - 0.7}{47}\,\text{mA} = 0.33\,\text{mA}$$

集电极电流：$\quad I_C = \beta I_B = 40 \times 0.33\,\text{mA} = 13.2\,\text{mA}$

因为 $\qquad\qquad\qquad\qquad I_C > I_{CS}$

所以三极管工作在饱和状态。

（c）因为发射结反向偏置，所以三极管工作在截止状态。

8.2　三极管输入、输出回路及其伏安特性曲线

三极管的性能可以通过各极间的电流与电压的关系来反映。表示这种关系的曲线称为三极管的特性曲线，它是分析放大电路的重要依据。最常用的是共发射极接法时的输入特性曲线和输出特性曲线，它们可以通过三极管测试仪测得。通常将图 8.4 所示电路中左边的回路作为输入回路，右边的回路作为输出回路。

8.2.1　输入特性曲线

当 $u_{CE} = $ 常数时，i_B 与 u_{BE} 之间的关系曲线 $i_B = f(u_{BE})$ 称为三极管的输入特性曲线，如图 8.7 所示。

对硅管而言，当 $u_{CE} > 1\,\text{V}$ 时的输入特性曲线基本上是重合的。所以，通常只画出三极管工作在线性放大区的一条输入特性曲线，此时 $u_{CE} > 1\,\text{V}$。由图 8.7 可见，和二极管的伏安特性一样，三极管的输入特性也有一段死区。只有在发射结外加电压大于死区电压时，三极管才会出现 i_B 电流。硅管的死区电压约为 $0.5\,\text{V}$，锗管的死区电压约为 $0.1\,\text{V}$。在三极管导通的情况下，NPN 型硅管的发射结电压 $u_{BE} = 0.6 \sim 0.7\,\text{V}$，PNP 型锗管的 $u_{BE} = -0.2 \sim -0.3\,\text{V}$。

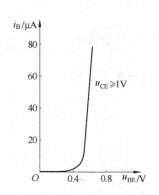

图 8.7　3DG100 三极管的输入特性曲线

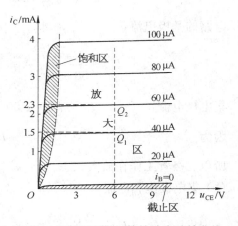

图 8.8　3DG100 三极管的输出特性曲线

8.2.2 输出特性曲线

当 $i_B = $ 常数时，i_C 与 u_{CE} 之间的关系曲线 $i_C = f(u_{CE})$ 称为三极管的输出特性曲线。在不同的 i_B 下，可得出不同的曲线，所以三极管的输出特性曲线是一组曲线，如图 8.8 所示。

通常把三极管的输出特性曲线分为三个工作区，如图 8.8 所示，这就是三极管的三种工作状态。三种工作状态的特征前面已叙述，这里不再重复。

8.2.3 主要参数

三极管的特性除用特性曲线表示外，还可用一些数据来说明，这些数据就是三极管的参数。三极管的参数是设计电路时选用三极管的依据。主要参数有以下几个：

1. 电流放大系数 $\overline{\beta}$、β

电流放大系数是表示三极管放大能力的重要参数。当三极管接成共发射极电路时，在静态（无输入信号）时集电极电流 I_C 与基极电流 I_B 的比值称为共发射极静态电流（直流）放大系数：

$$\overline{\beta} = \frac{I_C}{I_B}$$

当三极管工作在动态（有输入信号）时，基极电流的变化量为 ΔI_B，它引起集电极电流的变化量为 ΔI_C。ΔI_C 与 ΔI_B 的比值称为动态电流（交流）放大系数：

$$\beta = \frac{\Delta I_C}{\Delta I_B}$$

由上述可见，$\overline{\beta}$ 和 β 的含义是不同的，但在输出特性曲线近于平行等距的情况下，两者数值较为接近。所以在电路分析估算时，常用 $\overline{\beta} \approx \beta$ 这个近似关系。

由于制造工艺的分散性，即使同一型号的三极管，β 值也有很大差别。常用的三极管的 β 值在 $20 \sim 200$ 之间。

2. 集电极-基极反向截止电流 I_{CBO}

I_{CBO} 是在发射极开路的情况下集电极与基极间加反向偏置时的反向电流，如图 8.9 所示。I_{CBO} 受温度的影响大。在室温下，小功率锗管的 I_{CBO} 约为几微安到几十微安，小功率硅管在 $1 \mu A$ 以下。I_{CBO} 越小越好。硅管在温度稳定性方面胜于锗管。

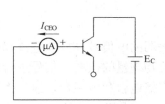

图 8.9 I_{CBO} 的测量电路

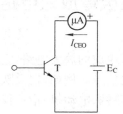

图 8.10 I_{CEO} 的测量电路

3. 集电极-发射极反向截止电流 I_{CEO}

I_{CEO} 是在基极开路的情况下集电极与发射极间加一定的反向偏置时的集电极电流,如图 8.10 所示。由于这个电流是从集电区穿过基区流至发射区的,所以又称为穿透电流。硅管的 I_{CEO} 约为几微安,锗管的约为几十微安,其值越小越好。

由晶体管理论可以得出:

$$I_{CEO} = (1 + \bar{\beta})I_{CBO}$$

对三极管而言,I_{CEO} 比 I_{CBO} 大得多,而且受温度的影响也比 I_{CBO} 大得多,所以常把 I_{CEO} 作为判断三极管质量的主要依据。

4. 集电极最大允许电流 I_{CM}

集电极电流 I_C 超过一定值时,三极管的 β 值就要下降。当 β 值下降到正常数值的三分之二时的集电极电流,称为集电极最大允许电流 I_{CM}。因此,在使用三极管时,I_C 超过 I_{CM} 三极管并不一定会损坏,但 β 值会显著下降。

5. 集电极-发射极反向击穿电压 $U_{(BR)CEO}$

基极开路时,加在集电极和发射极之间的最大允许电压,称为集电极—发射极反向击穿电压 $U_{(BR)CEO}$。当三极管的集电极—发射极电压 U_{CE} 大于 $U_{(BR)CEO}$ 时,I_{CEO} 突然大幅度上升,说明三极管已被击穿。一般手册中给出的 $U_{(BR)CEO}$ 是常温(25℃)时的值,三极管在高温下,其 $U_{(BR)CEO}$ 值将要降低,使用时应特别注意。

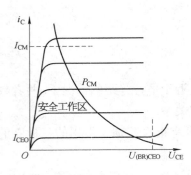

图 8.11　三极管的安全工作区

6. 集电极最大允许耗散功率 P_{CM}

集电极电流通过集电结时,要消耗功率而使集电结发热,会引起结温升高,从而会引起三极管参数变化,甚至烧坏管子。当三极管因受热而引起的参数变化不超过允许值时,集电极所消耗的最大功率,称为集电极最大允许耗散功率 P_{CM}。其大小为:

$$P_{CM} = i_C u_{CE}$$

在三极管的输出特性曲线上作出 P_{CM} 曲线,再由 I_{CM},$U_{(BR)CEO}$,P_{CM} 三者共同确定三极管的安全工作区,如图 8.11 所示。

8.3　三极管放大电路

由三极管组成的放大电路,它的主要作用是将微弱的电信号(电压、电流)放大成为所需要的较强的电信号。例如,把反映温度、压力、速度等物理量的微弱电信号进行放大,去推动执行元件(电磁铁、电动机、指示仪表等)。又例如,广播电台和电视台发射的无线电信号,通过天线接收到收音机和电视机中,是很微弱的信号,必须由机内的放大电路把信号放大,才能驱动扬声器发出声音和显像管显示图像。总之,三极管放大电路在生产、科研及日常生活中应用是极其广泛的。

三极管组成放大电路的基本原则是：

（1）三极管应工作在放大状态。发射结正向偏置，集电结反向偏置。

（2）信号电路应畅通。输入信号能从放大电路的输入端加到三极管的输入极上，信号放大后能顺利地从输出端输出。

（3）放大电路工作点稳定，不出现非线性失真。

8.3.1　共发射极放大电路

8.3.1.1　电路的组成

1. 电路的结构

由 NPN 型三极管组成的共发射极放大电路如图 8.12 所示。它是最基本的放大单元电路。因此，掌握它的工作原理及分析方法是分析其他放大电路的基础。输入端接交流信号源，通常可用一个电动势 u_s 与电阻 R_s 组成的电压源等效表示，这个交流信号源可以是实际的交流信号源也可以是前一级放大电路的输出电压，放大电路的输入电压为 u_i；输出端接负载电阻 R_L，这个负载电阻 R_L 可以是扬声器、继电器、电动机、测量仪表等负载的等效电阻，也可以是下一级放大电路的输入电阻，输出电压为 u_o。

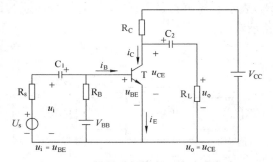

图 8.12　共发射极基本交流放大电路

2. 电路中各元件的作用

（1）三极管 T：三极管是电路中的放大元件。集电极电流是基极电流的 β 倍，从能量观点来看，输入信号的能量是较小的，而输出的能量是较大的，但这不是说放大电路把输入的能量放大了。能量是守恒的，不能放大，输出的较大能量是来自直流电源 V_{CC}。由于输出端获得一个能量较大的信号是通过三极管受输入电流 i_B 控制的，所以可以说三极管是一个控制元件。这就是放大作用的实质。

（2）集电极电源 V_{CC}：它一方面保证集电结处于反向偏置，以使三极管起到放大作用，另一方面为输出信号提供能量。V_{CC} 一般为几伏到几十伏。

（3）集电极负载电阻 R_C：它主要是将集电极电流的变化转换为电压的变化，以实现电压放大。R_C 的阻值一般为几千欧到几十千欧。

（4）基极电源 V_{BB} 和基极电阻 R_B：它们的作用是使发射结处于正向偏置，串联 R_B 是为了控制基极电流 I_B 的大小，使放大电路获得合适的工作点。R_B 的阻值一般为几十千欧到几百千欧。

（5）耦合电容 C_1 和 C_2：它们一方面起到隔直作用，C_1 用来隔断放大电路与信号源之间的直流通路，而 C_2 则用来隔断放大电路与负载之间的直流通路，使三者之间无直流联系，互不影响。另一方面又起到交流耦合作用，保证交流信号畅通无阻地经过放大电路，沟通信号源、放大电路和负载三者之间的交流通路。通常要求耦合电容上的交流压降小到可以忽略不计,即对交流信号可视作短路;因此电容值要取得较大,对交流信号频率其容抗近似为零。

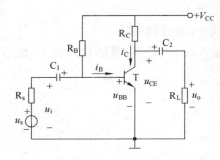

图 8.13　共发射极基本交流放大电路

C₁ 和 C₂ 的电容值一般为几微法到几十微法,用的是电解电容器,连接时要注意其极性。

在图 8.1 的放大电路中,用了两个直流电源 V_{CC} 和 V_{BB},为了减少电源的数目,使用方便,实际上可将 R_B 的一端改接到 V_{CC} 的正极上,这样 V_{BB} 可以省去,只用 V_{CC} 供电,由它来兼管 V_{BB} 的任务。此外,在放大电路中,通常把公共端接"地",设其电位为零,作为电路中其他各点电位的参考点。为了简化电路,通常的画法如图 8.13 所示。

3. 放大电路的性能指标

图 8.14 是扩音机示意图。话筒是信号源,它将语音转换为电信号,可用一电压源($\dot{U}_S$,R_S)表示。扬声器是负载,它将电信号还原为语音,用等效电阻 R_L 表示。图 8.15 是放大电路示意图。

图 8.14　扩音机示意图

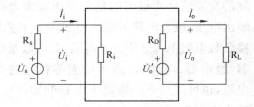

图 8.15　放大电路示意图

图 8.15 放大电路的左边是输入回路,右边是输出回路。放大电路的输出电压 $\dot{U}_o$ 与输入电压 $\dot{U}_i$ 之比,即:

$$A_u = \frac{\dot{U}_o}{\dot{U}_i}$$

称为放大电路的电压放大倍数。

放大电路的输入端用一个等效电阻 R_i 表示,它称为放大电路的输入电阻,是信号源的负载,即:

$$R_i = \frac{\dot{U}_i}{\dot{I}_i}$$

放大电路的输出端也可用一电压源($\dot{U}_o'$,R_o)表示,它是负载电阻 R_L 的电源,其内阻 R_o 称为放大电路的输出电阻。

放大的前提是不失真,即只有在不失真的情况下放大才有意义。最大不失真输出电压定义为当输入电压再增大就会使输出波形产生非线性失真时的输出电压 U_{om}。

以上参数是放大电路主要的性能指标,将在以后的章节中进行分析计算。

8.3.1.2　放大电路的静态分析

对放大电路可分静态和动态两种工作状态,当放大电路没有输入信号,即 $u_i = 0$ 时的工作状态称为静态;当放大电路有输入信号,交流量与直流量共存时,即 $u_i \neq 0$ 时的工作状态称为动态。静态分析是要确定放大电路的静态值(直流值) I_B、I_C、U_{BE} 和 U_{CE},放大电路的质量与其静态值的关系甚大。动态分析是要确定放大电路的电压放大倍数 A_u、输入电阻 R_i 和输出电阻 R_o 等。首先讨论放大电路静态分析的基本方法。

为了便于分析,对放大电路中各个电压和电流的符号作一规定列于表 8.1。

表 8.1　放大电路中电压和电流的符号

名　称	静态值	交　流　分　量		总电压或总电流
		瞬时值	有效值	瞬时值
基极电流	I_B	i_b	I_b	i_B
集电极电流	I_C	i_c	I_c	i_C
发射极电流	I_E	i_e	I_e	i_E
集-射极电压	U_{CE}	u_{ce}	U_{ce}	u_{CE}
基-射极电压	U_{BE}	u_{be}	U_{be}	u_{BE}

1. 估算法确定静态值

静态值既然是直流,故可用放大电路的直流通路来分析计算。画直流通路时,由于电容的隔直作用,C_1 和 C_2 可视作开路。图 8.13 所示放大电路的直流通路如图 8.16 所示。由直流通路基极回路电压方程:

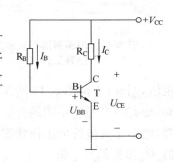

$$V_{CC} = I_B R_B + U_{BE}$$

可得出静态时的基极电流:

$$I_B = \frac{V_{CC} - U_{BE}}{R_B} \tag{8.1}$$

图 8.16　图 8.13 所示放大电路的直流通路

式中 U_{BE} 为三极管发射结的正向压降,三极管导通时硅管取 0.7 V,锗管取 -0.3 V。

由电流控制方程求得:

$$I_C = \beta I_B \tag{8.2}$$

由集电极回路方程求得:

$$U_{CE} = V_{CC} - I_C R_C \tag{8.3}$$

2. 图解法确定静态值

静态值也可以用图解法来确定,它能直观地分析和了解静态值的变化对放大电路工作的影响。

三极管是一种非线性元件,集电极电流 I_C 与集电极—发射极电压 U_{CE} 之间不是直线关系,它的伏安特性曲线即为输出特性曲线(图8.8)。所谓图解法,即电路的工作情况由负载线与非线性元件的伏安特性曲线的交点确定。这个交点就是静态工作点,它既符合三极管输出特性曲线,同时也符合电路中电压与电流的方程。

在图8.16的直流通路中,由式(8.3)可得:

$$I_C = \frac{1}{R_C}U_{CE} + \frac{V_{CC}}{R_C} \tag{8.4}$$

这是一个直线方程,其斜率为 $\tan\alpha = -\dfrac{1}{R_C}$,在横轴上的截距为 V_{CC},在纵轴上的截距为 $\dfrac{V_{CC}}{R_C}$。

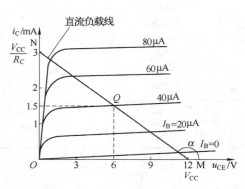

图 8.17   用图解法确定放大电路的静态工作点

这一直线很容易在图8.17上作出。因为它是由直流通路得出的,且与集电极负载电阻 R_C 有关,故称为直流负载线。基极电流 I_B 是需要求的,它可以通过式(8.1)求得。负载线与三极管的某条(由求得的 I_B 确定)输出特性曲线的交点 Q,称为放大电路的静态工作点。Q 点所对应的电流、电压值即为三极管静态工作时的电流 I_B、I_C 和电压 U_{CE}。

由图8.17可见,基极电流 I_B 的大小不同,静态工作点在负载线上的位置也就不同。根据式(8.1)可知,V_{CC} 和 R_B 确定后,I_B 就近似为一个固定值,因此,常把图8.13所示电路称为固定式偏置放大电路,对三极管工作状态的要求不同,要有一个相应不同的合适的静态工作点;可以通过改变 I_B 的大小来获得。因此,I_B 很重要,它确定三极管的工作状态,通常称它为偏置电流。要改变 I_B 的大小,只要调节电阻 R_B 的值,R_B 称为偏置电阻。

如 $R_B \uparrow \rightarrow I_B \downarrow \rightarrow Q$ 点沿着直流负载线下移,$R_B \downarrow \rightarrow I_B \uparrow \rightarrow Q$ 点沿着直流负载线上移。

【例8.2】   在图8.13所示的放大电路中,已知 $V_{CC} = 12\ \text{V}, R_C = 4\ \text{k}\Omega, R_B = 300\ \text{k}\Omega$,$\beta = 37.5$,三极管的输出特性曲线如图8.17所示。试求静态值。

(1)用估算法确定静态值。

(2)用图解法确定静态值。

解:(1)根据图8.16的直流通路可得出:

$$I_B = \frac{V_{CC} - U_{BE}}{R_B} = \frac{12 - 0.7}{300 \times 10^3}\ \text{A} \approx 0.04 \times 10^{-3}\ \text{A} = 0.04\ \text{mA} = 40\ \mu\text{A}$$

$$I_C = \beta I_B = 37.5 \times 0.04\ \text{mA} = 1.5\ \text{mA}$$

$$U_{CE} = V_{CC} - I_C R_C = [12 - (4 \times 10^3) \times (1.5 \times 10^{-3})]\ \text{V} = 6\ \text{V}$$

(2)先在三极管的输出特性曲线上作出直流负载线,根据式(8.4)在三极管的输出特性曲线上找出 M(12 V，0 mA)和 N(0 V，3 mA)两点，连接两点得到一直线，这直线就是直流负载线。如图 8.17 所示。

根据式(8.1)可算出：

$$I_B = \frac{V_{CC} - U_{BE}}{R_B} = \frac{12 - 0.7}{300 \times 10^3}\,A \approx 0.04 \times 10^{-3}\,A = 0.04\,mA = 40\,\mu A$$

在三极管的输出特性曲线组上找出 $I_B = 40\,\mu A$ 的这根输出特性曲线，它和直流负载线的交点 Q 就是静态工作点。Q 点所对应的电流、电压值就是要求的静态值。

即：

$$I_B = 40\,\mu A$$

$$I_C = 1.5\,mA$$

$$U_{CE} = 6\,V$$

8.3.1.3　放大电路的动态分析

当放大电路的静态工作点调节合适以后，放大电路中接入交流输入信号 u_i，这时放大电路的工作状态称为动态。动态分析首先分析信号在电路中的传输情况，即分析各个电压、电流随输入信号变化的情况，其次求解放大电路的性能指标 A_u、R_i、R_o，另外我们还要讨论失真与工作点的关系。图解法和微变等效电路法是动态分析的两种基本方法。

1. 交流信号的放大传输过程

动态时，三极管的各个电流和电压都含有直流分量和交流分量，即交、直流共存。电路中的电流和电压是交流分量和直流分量的叠加。电路中的电容 C_1 和 C_2，由于电容值很大，容抗值很小，对直流分量可视作开路，对交流分量可视作短路。

设输入信号电压 $u_i = U_{im} \sin \omega t$ 是正弦交流电压，这时放大电路各极电压、电流如图 8.18 所示。

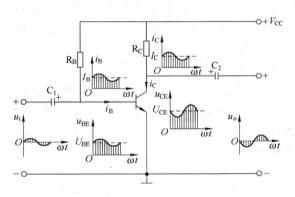

图 8.18　交流信号的放大传输过程

$$u_{BE} = U_{BE} + u_{be} = U_{BE} + U_{im} \sin \omega t$$

$$i_B = I_B + i_b = I_B + I_{Bm} \sin \omega t$$

$$i_C = I_C + i_c = I_C + I_{Cm} \sin \omega t$$

$$u_{CE} = U_{CE} + u_{ce} = U_{CE} + U_{cem} \sin(\omega t + \pi)$$

$$u_o = u_{ce} = U_{cem} \sin(\omega t + \pi)$$

当三极管工作在线性放大状态时，通过上面分析，可得出以下结论：

电路中的 u_{be}、i_b、i_c 与 u_i 同相位，而 u_{ce} 的波形与 i_c 的波形相位差 $180°$，是反相的，所以 u_{ce} 与 u_i 反相。输出电压 u_o 与输入电压 u_i 反相，但输出电压 u_o 的幅度比输入电压 u_i 的幅度放大了很多。这就是共发射极放大电路对交流电压的放大作用。

2. 图解法分析动态

利用三极管的特性曲线在静态分析的基础上,用作图的方法来分析各个电压和电流交流分量之间的传输情况和相互关系。

(1)交流负载线。交流负载线反映动态时电流 i_C 和电压 u_{CE} 的变化关系,由于对交流信号 C_2 可视作短路,R_L 与 R_C 并联,故其斜率为 $\tan\alpha' = -\dfrac{1}{R_C /\!/ R_L} = -\dfrac{1}{R_L'}$。因为 $R_L' < R_C$,所以交流负载线比直流负载线要陡些。当输入电压 $u_i = 0$ 时,三极管的集电极电流应为 I_{CQ},集电极-发射极电压应为 U_{CEQ},放大电路应工作在静态工作点 Q,所以交流负载线必通过静态工作点 Q。根据上述特征,只要过 Q 点做一条斜率为 $-\dfrac{1}{R_L'}$ 的直线就是交流负载线。如图 8.19 所示。

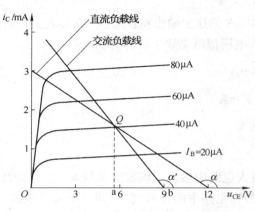

图 8.19　直流负载线和交流负载线

实际上,我们也可以通过另一种方法画出交流负载线,已知交流负载线上的一点为 Q,再寻找另一点,连接两点即可。在图 8.19 中,作 Q 点的垂线与横轴相交 a 点,构成直角 $\triangle Qab$,已知直角边 Qa 为 I_{CQ},斜率为 $-\dfrac{1}{R_C /\!/ R_L}$,因而另一直角边 ab 为 $I_{CQ}(R_C /\!/ R_L)$,所以交流负载线与横轴的交点坐标为 $[U_{CEQ} + I_{CEQ}(R_C /\!/ R_L), 0]$,通过该点与 Q 点所做的直线就是交流负载线。

(2)图解分析。由图 8.20 可清晰地看到放大的交流信号,也可从图上计算电压放大倍数,由图可见输出与输入的电压相位相反。R_L 的阻值愈小,交流负载线愈陡,电压放大倍数下降得就愈多。

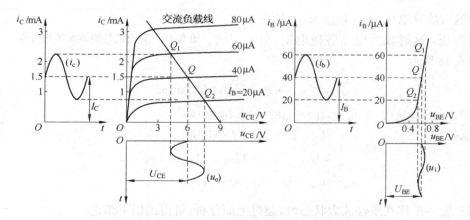

图 8.20　交流放大电路有输入信号时的图解分析

(3)非线性失真。放大电路的基本要求是在满足一定的放大能力同时输出信号尽可能不产生失真。引起失真的原因有很多,但其中最基本的一条是由于静态工作点不合适或者信号太大,使放大电路的工作范围超出了三极管特性曲线上的线性范围而工作在截止区或饱和区,出现了输出信号不再是完整的正弦波,造成了正半周或负半周削顶,这种现象通常称为非线性失真。

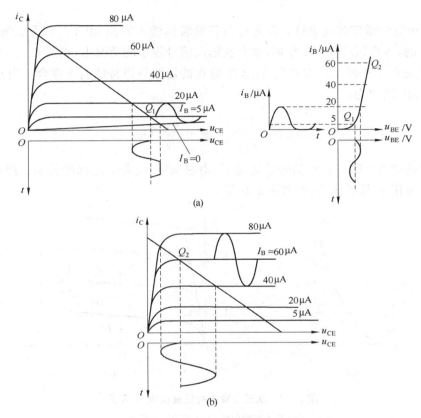

图 8.21　工作点不合适引起输出电压波形失真

(a) 截止失真;(b) 饱和失真

在图 8.21a 中,静态工作点 Q_1 的位置太低,即使输入的是正弦电压,但在它的负半周,三极管进入截止区工作,i_B,u_{CE} 和 i_C(i_C图中未画出)都严重失真了,i_B 的负半周和 u_{CE} 的正半周被削平。这是由于三极管的截止而引起的,故称为截止失真。对于截止失真常用的解决办法是通过减小偏置电阻 R_B,使 I_B 增大,实现静态工作点 Q_1 向上移。

在图 8.21b 中,静态工作点 Q_2 太高,在输入电压的正半周,三极管进入饱和区工作,这时 i_B 可以不失真,但是 u_{CE} 和 i_C 都严重失真了。这是由于三极管的饱和而引起的,故称为饱和失真。对于饱和失真常用的解决办法是,增大偏置电阻 R_B,使 I_B 降低,实现静态工作点 Q_2 下移。

由此看出要使放大电路不产生非线性失真,必须要有一个合适的静态工作点,工作点 Q 应大致选在交流负载线的中间。此外,输入信号 u_i 的幅值不能太大,以避免放大电路的工作范围超过特性曲线的线性范围。在小信号放大电路中,此条件一般都能满足。

3. 微变等效电路法

所谓放大电路的微变等效电路，就是把非线性元件三极管所组成的放大电路等效为一个线性电路，也就是把三极管等效为一个线性元件。线性化的条件，是三极管在小信号（微变量）情况下工作。这才能在静态工作点附近的小范围内用直线段近似地代替三极管的特性曲线。

（1）三极管的微变等效电路。首先分析三极管的输入回路，由于三极管的输入特性曲线是非线性的，各点切线斜率不相同，如果在输入信号很小的情况下，在图 8.22a 中，则静态工作点 Q 附近的工作段可认为是直线，这样 Q 点的切线与原特性曲线重合。当 U_{CE} 为常数时，ΔU_{BE} 与 ΔI_B 之比为：

$$r_{be} = \frac{\Delta U_{BE}}{\Delta I_B}\bigg|U_{CE} = \frac{u_{be}}{i_b}\bigg|U_{CE} \tag{8.5}$$

称为三极管的输入电阻。在小信号的情况下，由它确定 u_{be} 和 i_b 之间的关系。因此，三极管的输入电路可用 r_{be} 等效代替，如图 8.23b 所示。

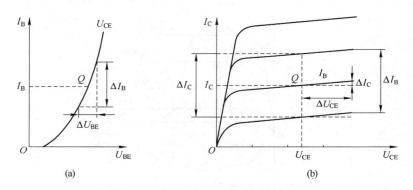

图 8.22　从三极管的特性曲线求 r_{be} 和 β

（a）输入特性曲线；（b）输出特性曲线

低频小功率三极管的输入电阻常用下式估算：

$$r_{be} \approx 200(\Omega) + (1+\beta)\frac{26(mV)}{I_E(mA)} = 200(\Omega) + \frac{26(mV)}{I_B(mA)} \tag{8.6}$$

式中 I_E 和 I_B 分别是发射极和基极电流的静态值，右边第一项常取 $100 \sim 300(\Omega)$。r_{be} 一般为几百欧到几千欧。它是对交流而言的一个动态电阻，在手册中常用 h_{ie} 代表。

下面分析三极管的输出回路，图 8.22b 是三极管的输出特性曲线组，在线性工作区是一组近似等距离的平行直线。I_B 一定时，I_C 在放大区内近似恒定。当 U_{CE} 为常数时，ΔI_C 与 ΔI_B 之比为：

$$\beta = \frac{\Delta I_C}{\Delta I_B}\bigg|U_{CE} = \frac{i_c}{i_b}\bigg|U_{CE} \tag{8.7}$$

即为三极管的电流放大系数。在小信号的条件下，β 是一常数，由它确定 i_c 受 i_b 控制的关系。

因此，三极管的输出回路可用一受控电流源 $i_c = \beta i_b$ 等效代替。图 8.23b 就是三极管微变等效电路。

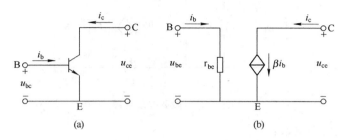

图 8.23　三极管及其微变等效电路

（a）三极管；（b）简化的三极管微变等效电路

（2）放大电路的微变等效电路。只研究放大电路中的交流分量时的电路，也就是信号源单独作用时的电路称为放大电路的交流通路。作交流通路的原则是将放大电路中直流电源（一般直流电源的内阻很小）和所有电容短路。图 8.24a 是图 8.13 所示交流放大电路的交流通路。

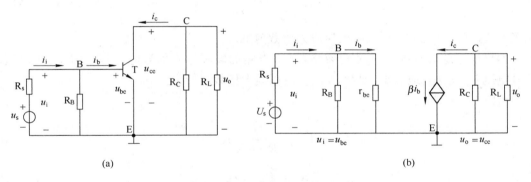

图 8.24　图 8.13 所示交流放大电路的交流通路及其微变等效电路

（a）图 8.13 所示交流放大电路的交流通路；（b）图 8.13 所示交流放大电路的微变等效电路

将交流通路中的三极管用三极管微变等效电路代替，便得到在小信号（即微变信号）情况下对放大电路进行动态分析的等效电路，称为放大电路的微变等效电路。如图 8.24b 所示。电路中的电压和电流都是交流分量，标出的是参考方向。

（3）电压放大倍数的计算。设输入信号是正弦量，图 8.24b 中的电压和电流都可用向量表示，如图 8.25 所示。下面用图 8.25 的微变等效电路来计算图 8.13 所示交流放大电路的电压放大倍数。

根据图 8.25 可列出：

$$\dot{U}_i = \dot{I}_b r_{be}$$

$$\dot{U}_o = - \dot{I}_c R'_L = - \beta \dot{I}_b R'_L$$

式中：
$$R'_L = R_C \ /\!/ \ R_L$$

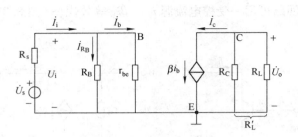

图 8.25　微变等效电路

故放大电路的电压放大倍数：

$$A_u = \frac{\dot{U}_o}{\dot{U}_i} = \frac{-\beta \dot{I}_b R'_L}{\dot{I}_b r_{be}} = -\beta \frac{R'_L}{r_{be}} \tag{8.8}$$

上式中的负号表示输出电压 $\dot{U}_o$ 与输入电压 $\dot{U}_i$ 的相位相反。

当放大电路输出端开路即 $R_L = \infty$ 时，

$$A_u = -\beta \frac{R_C}{r_{be}} \tag{8.9}$$

比接 R_L 时高。可见 R_L 愈小，则电压放大倍数愈低。

如果信号源含有内阻 R_S 不可忽略，放大电路的实际输入信号电压 $\dot{U}_i < \dot{U}_S$，所以输出信号电压 $\dot{U}_o$ 也相应地减小，即对 $\dot{U}_S$ 而言电压放大倍数降低了。

由图 8.25 可知：

$$\dot{U}_i = \frac{\dot{U}_S}{R_S + R_i} R_i \tag{8.10}$$

式中：

$$R_i = R_B \; // \; r_{be}$$

R_i 为放大电路的输入电阻，后面会讲到。

因此对信号源 $\dot{U}_S$ 的电压放大倍数为：

$$A_{us} = \frac{\dot{U}_o}{\dot{U}_S} = \frac{\dot{U}_o}{\dot{U}_i} \cdot \frac{\dot{U}_i}{\dot{U}_S} = -\beta \frac{R'_L}{r_{be}} \cdot \frac{R_i}{R_S + R_i} \tag{8.11}$$

可见考虑信号源内阻 R_S 的影响时，放大电路的电压放大倍数降低了，R_S 愈大，A_{us} 愈小。

（4）放大电路输入电阻的计算。放大电路总是和其他电路连接在一起的，它的输入端接信号源或前级放大电路，而它的输出端常与负载或后级放大电路相连接。因此，放大电路与信号源、负载之间，以及放大电路级与级之间都是互相联系，互相影响的。

如图 8.25 所示，从放大电路的输入端看进去所呈现的交流等效电阻定义为放大电路的输入电阻 R_i。放大电路对信号源或对前级放大电路来说，是一个负载，可用一个电阻来等效代替。这个电阻是信号源的负载电阻，也就是放大电路本身的输入电阻 R_i，它是一个动态电阻。从图 8.25 可得：

$$R_i = \frac{\dot{U}_i}{\dot{I}_i} = \frac{\dot{U}_i}{\dot{I}_{RB} + \dot{I}_b} = \frac{\dot{U}_i}{\left(\frac{1}{R_B} + \frac{1}{r_{be}}\right)\dot{U}_i} = \frac{1}{\frac{1}{R_B} + \frac{1}{r_{be}}}$$

所以：

$$R_i = R_B \mathbin{/\mkern-5mu/} r_{be} = \frac{R_B \cdot r_{be}}{R_B + r_{be}} \tag{8.12}$$

由于 $R_B \gg r_{be}$，所以 $R_i \approx r_{be}$，可见 R_i 的值较低。当信号源为电压源时希望放大电路的输入电阻高一些好，如果放大电路的输入电阻较小，第一，将从信号源取用较大的电流，从而增加信号源的负担。第二，经过信号源内阻 R_S 和 R_i 的分压，使实际加到放大电路的输入电压 $\dot{U}_i$ 减小，从而减小输出电压。第三，后级放大电路的输入电阻，就是前级放大电路的负载电阻，从而将会降低前级放大电路的电压放大倍数。注意：R_i 和 r_{be} 意义不同，不能混淆。

（5）放大电路输出电阻的计算。从放大电路的输出端看进去所呈现的交流等效电阻，定义为放大电路的输出电阻 R_o。此时放大电路对负载或对后级放大电路来说，是一个信号源，其内阻即为放大电路本身的输出电阻 R_o，它也是一个动态电阻。放大电路的输出电阻 R_o 是在输入信号源短路（$\dot{U}_i = 0$，但要保留信号源内阻）将负载电阻 R_L 取去的情况下求得的。如图 8.26 所示。

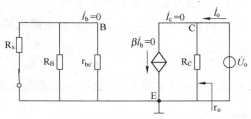

图 8.26 求输出电阻 R_o

当 $\dot{U}_S = 0, \dot{I}_b = 0$ 时，$\beta\dot{I}_b$ 和 $\dot{I}_c$ 也为零，这样在输出端加电源 $\dot{U}_o$，即产生电流 $\dot{I}_o$，于是电路的输出电阻为：

$$R_o = \frac{\dot{U}_o}{\dot{I}_o} \approx R_C \tag{8.13}$$

R_C 一般为几千欧，因此共发射极放大电路的输出电阻较高。

如果放大电路的输出电阻较大，相当于信号源的内阻较大，当负载变化时输出电压的变化较大，也就是放大电路带负载的能力较差。因此，通常希望放大电路输出级的输出电阻低一些。

【例 8.3】 在图 8.13 所示的放大电路中，已知 $V_{CC} = 12\text{ V}, R_C = 4\text{ k}\Omega, R_B = 300\text{ k}\Omega$，$\beta = 37.5, R_L = 4\text{ k}\Omega$。试求：（1）电压放大倍数 A_u。（2）输入电阻 R_i。（3）输出电阻 R_o。

解：图 8.13 所示交流放大电路的微变等效电路如图 8.25 所示。

（1）在例 8.2 中已求出：

$$I_C = 1.5\text{ mA} \approx I_E$$

由式(8.6)得：

$$r_{be} = 200\text{ }\Omega + (1+\beta)\frac{26(\text{mV})}{I_E(\text{mA})} \approx 200\text{ }\Omega + (1+37.5)\frac{26(\text{mV})}{1.5(\text{mA})} = 0.867\text{ k}\Omega$$

故：

$$A_u = \frac{\dot{U}_o}{\dot{U}_i} = -\beta\frac{R_L'}{r_{be}} = -37.5 \times \frac{2}{0.867} = -86.5$$

式中：
$$R'_{L} = R_{C} \ // \ R_{L} = 2 \ \text{k}\Omega$$

（2）由式（8.12）得：
$$R_{i} = R_{B} \ // \ r_{be} = \frac{R_{B} \cdot r_{be}}{R_{B} + r_{be}} \approx r_{be} = 0.867 \ \text{k}\Omega$$

（3）由式（8.13）得：
$$R_{o} \approx R_{C} = 4 \ \text{k}\Omega$$

8.3.1.4　静态工作点的稳定

从上节分析可知，合理地设置静态工作点是保证放大电路正常工作、不引起非线性失真的先决条件。固定偏置放大电路的优点是：电路简单，容易调整。但也有它的不足之处，当它受到外部因素（如温度变化、电源电压的波动、三极管老化等）影响时，均会引起静态工作点的变化。严重时可导致放大电路无法正常工作。在这些因素中，影响最大的是温度变化。

1. 温度对静态工作点的影响

从前面的分析可知，固定偏置电路的静态工作点是由基极偏流 I_{B} 和直流负载线共同确定的。显然偏流 $\left(I_{B} = \dfrac{V_{CC} - U_{BE}}{R_{B}} \approx \dfrac{V_{CC}}{R_{B}} \right)$ 与直流负载线的斜率 $\left(-\dfrac{1}{R_{C}} \right)$ 受温度的影响很小，可略去不计，但是集电极电流 I_{C} 是随温度而变化的，当温度升高时，三极管的 I_{CBO} 和 β 等参

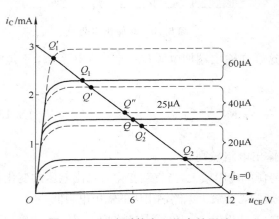

数随着增大，这就导致集电极电流的静态值 I_{C} 增大，因而三极管的整个输出特性曲线向上平移，在图 8.27 中如虚线所示。设偏流 I_{B} 受温度的影响略去不计，仍为 $40 \ \mu A$，那么静态工作点就从 Q 移动到 Q'，使工作范围从 $Q_{1}Q_{2}$ 移动到 $Q'_{1}Q'_{2}$ 而进入饱和区，对放大电路的工作显然会有影响。为此，需要改进偏置电路，以使工作点稳定。从图 8.27 可见，要采用这样的偏置电路：当温度升高后，偏流能自动减小，工作点仍在原工作点 Q 的附近，如 Q'' 点，这样保持静态工作点基本稳定。

图 8.27　温度对静态工作点的影响

2. 分压式偏置放大电路

当温度变化时，要使 I_{C} 近似维持不变以稳定静态工作点，常采用图 8.28a 所示的分压式偏置放大电路。由图 8.28b 所示的直流通路可列出：

$$I_{1} = I_{2} + I_{B}$$

若使

$$I_{2} \gg I_{B} \tag{8.14}$$

则：

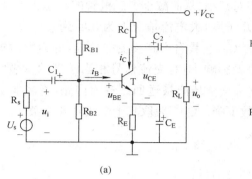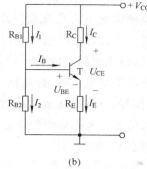

图 8.28　分压式偏置放大电路

(a) 放大电路；(b) 直流通路

$$I_1 \approx I_2 \approx \frac{V_{CC}}{R_{B1} + R_{B2}}$$

基极电位：

$$V_B \approx \frac{R_{B2}}{R_{B1} + R_{B2}} V_{CC} \tag{8.15}$$

可认为 V_B 与三极管的参数无关，不受温度影响，而仅由 R_{B1} 和 R_{B2} 的阻值决定。

　　引入发射极电阻 R_E 后，由图 8.28b 可列出：

$$U_{BE} = V_B - V_E = V_B - I_E R_E \tag{8.16}$$

若使

$$V_B \gg U_{BE} \tag{8.17}$$

则：

$$I_C \approx I_E = \frac{V_B - U_{BE}}{R_E} \approx \frac{V_B}{R_E} \tag{8.18}$$

当 R_E 固定不变时，I_C、I_E 也稳定不变，不受温度影响。

　　因此，只要满足式(8.14)和式(8.17)两个条件，V_B 和 I_E 或 I_C 就与三极管的参数几乎无关，不受温度变化的影响，从而静态工作点能得以保持不变。在估算时，一般可选取：

$$I_2 = (5 \sim 10) I_B$$

$$V_B \doteq (5 \sim 10) U_{BE}$$

分压式偏置电路能稳定静态工作点的物理过程可表示如下：

$$温度升高 \rightarrow I_C \uparrow \rightarrow I_E \uparrow \rightarrow I_E R_E \uparrow \rightarrow V_E \uparrow \rightarrow U_{BE} \downarrow \rightarrow I_B \downarrow \rightarrow I_C \downarrow$$

从上面的分析可见，R_E 愈大，静态工作点的稳定性愈好。但是，R_E 太大，必然使 V_E 增大，

当 V_{CC} 一定时,将使静态管压降 U_{CE} 相对减小,从而减小了三极管的动态工作范围。因此 R_E 不宜太大,小电流情况下为几百欧到几千欧,大电流情况下为几欧到几十欧。实际使用时,常在 R_E 上并联一个大容量的极性电容 C_E,它具有旁路交流的功能,称为发射极交流旁路电容。它的存在对放大电路直流分量并无影响,但对交流信号相当于把 R_E 短接,避免了在发射极电阻 R_E 上产生交流压降,否则这种交流压降被送回到输入回路,将减弱加到基极—发射极间的输入信号,导致电压放大倍数下降。C_E 一般取几十微法到几百微法。

3. 分压式偏置放大电路的静态分析

用估算法近似计算静态值

根据图 8.28b 的直流通路,由式(8.15)得:

$$V_B \approx \frac{R_{B2}}{R_{B1} + R_{B2}} V_{CC}$$

发射极电流的静态值为:

$$I_E = \frac{V_B - U_{BE}}{R_E}$$

集电极电流的静态值为:

$$I_C = \frac{\beta}{1+\beta} I_E \approx I_E \tag{8.19}$$

基极电流的静态值为:

$$I_B = \frac{I_C}{\beta} \tag{8.20}$$

集电极-发射极电压的静态值为:

$$U_{CE} = V_{CC} - I_C R_C - I_E R_E \approx V_{CC} - I_C(R_C + R_E) \tag{8.21}$$

4. 分压式偏置放大电路的动态分析

(1) R_E 上并联旁路电容 C_E。图 8.28 分压式偏置放大电路的微变等效电路如图 8.29 所示。

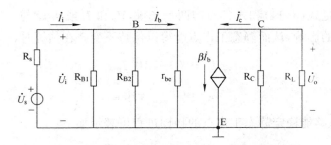

图 8.29　图 8.28 分压式偏置放大电路的微变等效电路

从图中可得出,电压放大倍数为:

$$A_u = \frac{\dot{U}_o}{\dot{U}_i} = -\frac{\dot{I}_C R'_L}{\dot{I}_b r_{be}} = -\frac{\beta \dot{I}_b R'_L}{\dot{I}_b r_{be}} = -\beta \frac{R'_L}{r_{be}} \tag{8.22}$$

式中：
$$R'_L = R_C /\!/ R_L$$

输入电阻为：
$$R_i = R_{B1} /\!/ R_{B2} /\!/ r_{be} \tag{8.23}$$

输出电阻为：
$$R_o \approx R_C \tag{8.24}$$

（2）R_E 上无并联旁路电容 C_E。电路如图 8.30 所示。

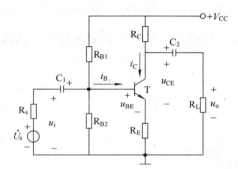
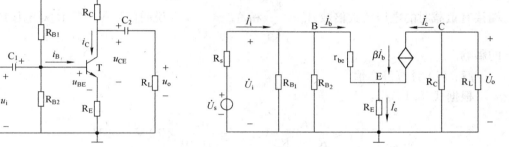

图 8.30 R_E 上无并联旁路电容 C_E 的放大电路   **图 8.31 图 8.30 所示电路的微变等效电路**

图 8.30 所示电路的微变等效电路如图 8.31 所示。

由图 8.31 可写出：
$$\dot{U}_i = \dot{I}_b r_{be} + \dot{I}_e R_E = \dot{I}_b r_{be} + (1+\beta)\dot{I}_b R_E = \dot{I}_b [r_{be} + (1+\beta)R_E]$$

$$\dot{U}_o = -\dot{I}_C (R_C /\!/ R_L) = -\beta \dot{I}_b R'_L$$

故电压放大倍数为：
$$A_u = \frac{\dot{U}_o}{\dot{U}_i} = -\frac{\beta R'_L}{r_{be} + (1+\beta)R_E} \tag{8.25}$$

式中：
$$R'_L = R_C /\!/ R_L$$

从图中得：
$$\dot{I}_i = \dot{U}_i \left[\frac{1}{R_{B1}} + \frac{1}{R_{B2}} + \frac{1}{r_{be} + (1+\beta)R_E} \right]$$

输入电阻为：
$$R_i = \frac{\dot{U}_i}{\dot{I}_i} = \left[\frac{1}{R_{B1}} + \frac{1}{R_{B2}} + \frac{1}{r_{be} + (1+\beta)R_E} \right]$$
$$= R_{B1} /\!/ R_{B2} /\!/ [r_{be} + (1+\beta)R_E] \tag{8.26}$$

因为放大电路的输出电阻 R_o 是在输入信号源短路,当 $\dot{U}_s = 0, \dot{I}_b = 0, \beta\dot{I}_b$ 和 $\dot{I}_c$ 也为零,将负载电阻 R_L 去掉的情况下求得的。所以从输出端看进去的输出电阻为:

$$R_o \approx R_C \tag{8.27}$$

从以上分析可看出,R_E 上无并联旁路电容 C_E,虽然电压放大倍数降低了很多,但是改善了放大电路的工作性能,也提高了放大电路的输入电阻。

【例 8.4】 在图 8.28 所示的分压式偏置放大电路中,已知 $V_{CC} = 12\text{ V}, R_C = 2\text{ k}\Omega$, $R_E = 2\text{ k}\Omega, R_{B1} = 20\text{ k}\Omega, R_{B2} = 10\text{ k}\Omega, R_L = 6\text{ k}\Omega$,三极管的 $\beta = 37.5$,(1) 试求静态值 I_B, I_C 和 U_{BE}。(2) 画出微变等效电路。(3) 计算三极管的输入电阻 r_{be}。(4) 计算电压放大倍数 A_u。(5) 计算放大电路输出端开路时的电压放大倍数,并说明负载电阻 R_L 对电压放大倍数的影响。(6) 估算放大电路的输入电阻 R_i 和输出电阻 R_o。(7) 设 $R_S = 1\text{ k}\Omega$,试计算输出端接有负载时的电压放大倍数 $A_u = \dfrac{\dot{U}_o}{\dot{U}_i}$ 和 $A_{us} = \dfrac{\dot{U}_o}{\dot{U}_s}$,并说明信号源内阻 R_S 对电压放大倍数的影响。

解:(1) 计算静态值。

根据式(8.15)得:

$$V_B \approx \frac{R_{B2}}{R_{B1} + R_{B2}} V_{CC} = \frac{10}{20 + 10} \times 12\text{ V} = 4\text{ V}$$

根据式(8.18)得:

$$I_C \approx I_E = \frac{V_B - U_{BE}}{R_E} = \frac{4 - 0.7}{2}\text{ mA} = 1.7\text{ mA}$$

$$I_B = \frac{I_C}{\beta} = \frac{1.7}{37.5}\text{ mA} = 0.045\text{ mA}$$

根据式(8.21)得: $U_{CE} \approx V_{CC} - I_C(R_C + R_E) = [12 - (2 + 2) \times 1.7]\text{ V} = 5.2\text{ V}$

(2) 微变等效电路如图 8.29 所示。

(3) 输入电阻为: $r_{be} = 200(\Omega) + \dfrac{26(\text{mV})}{I_B(\text{mA})} = \left(200 + \dfrac{26}{0.045}\right)\Omega = 0.78\text{ k}\Omega$

(4) 根据式(8.22)得:

$$A_u = -\beta\frac{R'_L}{r_{be}} = -37.5 \times \frac{2 \times 6}{2 + 6} \times \frac{1}{0.78} = -72.1$$

(5) 负载开路时,$R_L \to \infty, R'_L = R_C /\!/ R_L$ 最大,电压放大倍数具有最大值:

$$A_u = -\beta\frac{R_C}{r_{be}} = -37.5 \times \frac{2}{0.78} = -96.2$$

由此可见,随着负载电阻 R_L 减小,电压放大倍数也减小。

（6）根据式(8.23)、(8.24)得输入电阻：

$$R_i = R_{B1} /\!/ R_{B2} /\!/ r_{be} = (20 /\!/ 10 /\!/ 0.78)\text{k}\Omega \approx 0.7\,\text{k}\Omega$$

输出电阻：

$$R_o \approx R_C = 2\,\text{k}\Omega$$

（7）由(4)得，输出端带有负载时的电压放大倍数为 -72.1，而输出电压对信号源电动势的放大倍数：

$$A_{us} = \frac{\dot{U}_o}{\dot{U}_S} = \frac{\dot{U}_o}{\dot{U}_i} \cdot \frac{\dot{U}_i}{\dot{U}_S} = A_u \frac{R_i}{R_S + R_i} = -72.1 \times \frac{0.7}{0.7 + 1} = -29.7$$

信号源内阻 R_S 不影响放大电路的电压放大倍数 $A_u = \dfrac{\dot{U}_o}{\dot{U}_i}$，但是 R_S 越大，信号源在放大电路输入电阻上的压降，即放大电路的输入电压越小，输出也越小。

【例 8.5】　在上例中如图 8.28a 中的 R_E 未全被 C_E 旁路，而尚留一段 R_E''，$R_E'' = 0.2\,\text{k}\Omega$，$R_E' = 1.8\,\text{k}\Omega$，如图 8.32 所示，求：(1) 静态值 I_B，I_C 和 U_{BE}。(2) 画出微变等效电路。(3) 计算该电路的电压放大倍数 A_u，输入电阻 R_i 和输出电阻 R_o。

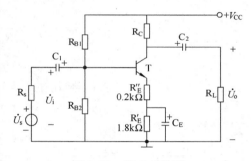

图 8.32　例 8.5 的图

解：(1) 静态值和 r_{be} 与例 8.4 相同。

（2）微变等效电路如图 8.31 所示，只要把图 8.31 中的 R_E 改成 R_E'' 即可。

（3）根据式(8.25)得，电压放大倍数：

$$A_u = \frac{\dot{U}_o}{\dot{U}_i} = -\frac{\beta R_L'}{r_{be} + (1+\beta)R_E''} = -\frac{37.5 \times \dfrac{2 \times 6}{2+6}}{0.7 + (1+37.5) \times 0.2} = -6.7$$

根据式(8.26)得，输入电阻：

$$\begin{aligned} R_i &= R_{B1} /\!/ R_{B2} /\!/ [r_{be} + (1+\beta)R_E''] \\ &= 20 /\!/ 10 /\!/ [0.7 + (1+37.5) \times 0.2] = 3.72\,\text{k}\Omega \end{aligned}$$

根据式(8.27)得，输出电阻：

$$R_o \approx R_C = 2\,\text{k}\Omega$$

8.3.2　共集电极放大电路

前面所讲的放大电路都是从集电极输出，共发射极接法。射极输出器是从发射极输出，如图 8.33 所示，在接法上是一个共集电极电路；因为电源 V_{CC} 对交流信号相当于短路，故集电极成为输入与输出电路的公共端。

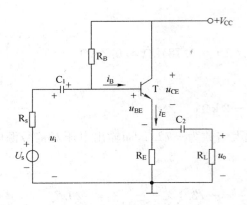

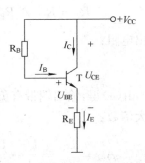

图 8.33　射极输出器　　　　　　　　　　图 8.34　射极输出器的直流通路

8.3.2.1　静态分析

由图 8.34 所示的射极输出器的直流通路可确定静态值。

$$V_{CC} = I_B R_B + U_{BE} + I_E R_E = I_B R_B + U_{BE} + (1+\beta) I_B R_E$$

$$I_B = \frac{V_{CC} - U_{BE}}{R_B + (1+\beta) R_E} \tag{8.28}$$

$$I_C = \beta I_B \tag{8.29}$$

$$I_E = I_B + I_C = I_B + \beta I_B = (1+\beta) I_B \tag{8.30}$$

$$U_{CE} = V_{CC} - I_E R_E \tag{8.31}$$

8.3.2.2　动态分析

1. 电压放大倍数

由图 8.35 所示的射极输出器的微变等效电路可得出：

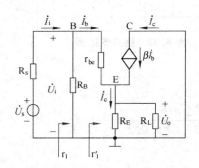

图 8.35　射极输出器的
微变等效电路

$$\dot{U}_o = \dot{I}_e R'_L = (1+\beta) \dot{I}_b R'_L$$

式中　　　　　　$R'_L = R_E \mathbin{/\mkern-5mu/} R_L$

$$\dot{U}_i = \dot{I}_b r_{be} + \dot{I}_e R'_L = \dot{I}_b r_{be} + (1+\beta) \dot{I}_b R'_L$$

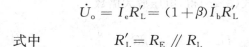

$$A_u = \frac{\dot{U}_o}{\dot{U}_i} = \frac{(1+\beta) \dot{I}_b R'_L}{\dot{I}_b r_{be} + (1+\beta) \dot{I}_b R'_L} = \frac{(1+\beta) R'_L}{r_{be} + (1+\beta) R'_L} \tag{8.32}$$

因为 $r_{be} \ll (1+\beta) R'_L$，射极输出器的电压放大倍数近似等于 1，但略小于 1。可见，输出电压 $\dot{U}_o$ 跟随着输入信号电压 $\dot{U}_i$ 变化而变化，大小基本相等，且相位相同，所以射极输出器又称为射极跟随器或电压跟随器。

应当指出，虽然电压放大倍数 $A_u \approx 1$，没有电压放大作用，但因 $i_e = (1+\beta) i_b$，故仍具有一定的电流放大和功率放大作用。

2. 输入电阻

射极输出器的输入电阻 R_i 也可从图 8.35 所示的微变等效电路经过计算得出，即：

$$R_i = R_B \mathbin{/\!/} R_i'$$

$$R_i' = \frac{\dot{U}_i}{\dot{I}_b} = \frac{\dot{I}_b [r_{be} + (1+\beta) R_L']}{\dot{I}_b} = r_{be} + (1+\beta) R_L'$$

$$R_i = R_B \mathbin{/\!/} [r_{be} + (1+\beta) R_L'] \tag{8.33}$$

式中 $(1+\beta) R_L'$ 是折算到基极回路的射极电阻。因此,射极输出器的输入电阻很高,可达几十千欧到几百千欧。

3. 输出电阻

射极输出器的输出电阻 R_o 可由图 8.36 所示的电路求得。

将信号源短路,保留其内阻 R_S,R_S 与 R_B 并联后的等效电阻为 R_S'。在输出端将 R_L 拿掉,加一交流电压 $\dot{U}_o$,产生电流 $\dot{I}_o$。

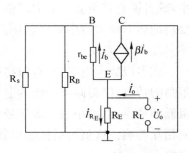

图 8.36　计算 R_o 的等效电路

$$\dot{I}_o = \dot{I}_b + \beta \dot{I}_b + \dot{I}_{R_E} = \frac{\dot{U}_o}{r_{be} + R_S'} + \beta \frac{\dot{U}_o}{r_{be} + R_S'} + \frac{\dot{U}_o}{R_E}$$

$$R_o = \frac{\dot{U}_o}{\dot{I}_o} = \frac{1}{\dfrac{1+\beta}{r_{be} + R_S'} + \dfrac{1}{R_E}} = \frac{R_E (r_{be} + R_S')}{(1+\beta) R_E + (r_{be} + R_S')}$$

通常:

$$(1+\beta) R_E \gg (r_{be} + R_S'), \ \beta \gg 1$$

故:

$$R_o \approx \frac{r_{be} + R_s'}{\beta} \tag{8.34}$$

从图 8.36 的输出端看进去,把输入回路的电阻折算到输出回路,同样可以得:

$$R_o = \frac{(R_S \mathbin{/\!/} R_B) + r_{be}}{1+\beta} \mathbin{/\!/} R_E \tag{8.35}$$

可见射极输出器的输出电阻是很低的(比共发射极放大电路的输出电阻低得多),由前面分析知,只有放大电路输出电阻很小时,其带负载能力强,才能具有稳定的输出电压。射极输出器的输出电阻一般为几十欧至几百欧。

8.3.2.3　射极输出器的应用

综上所述,射极输出器的主要特点是:电压放大倍数接近1、输入电阻高、输出电阻低。因此射极输出器的应用十分广泛。

1. 作输入级

因为输入电阻高,它常被用作多级放大电路的输入级,这对高内阻的信号源更为有意义。如果信号源的内阻较高,而它接一个低输入电阻的共发射极放大电路,那么,信号电压主要降在信号源本身的内阻上,分到放大电路输入端的电压就很小。又如测量仪器里的放大电路要求有高的输入电阻,以减小仪器接入时对被测电路产生的影响,也常用射极输出器作为输入级。

2. 作输出级

如果放大电路的输出电阻较低,则当负载接入后或当负载增大时,输出电压的下降就较小,或者说它带负载的能力较强。所以射极输出器也常用作多级放大电路的输出级,在后面要讲的运算放大器中就是这样。

3. 作中间级

在多级放大电路中,有时将射极输出器接在两级共发射极放大电路之间,利用其输入电阻高的特点,以提高前一级的电压放大倍数,对前级放大电路而言影响甚小;利用其输出电阻低的特点,以减小后一级信号源内阻,从而提高了前后两级的电压放大倍数,隔离了级间的相互影响。这就是射极输出器的阻抗变换作用。这一级射极输出器称为缓冲级或中间隔离级。

8.4　多级放大电路

前面分析的放大电路,都是由一个三极管组成的单级放大电路,它们的放大倍数是极有限的。几乎在所有情况下,放大器的输入信号都很微弱,一般为毫伏或微伏级,输入功率常在 1 mW 以下。为推动负载工作,必须由多级放大电路对微弱信号进行连续放大,方可在输出端获得必要的电压幅值或足够的功率。实用的放大电路都是由多个单级放大电路组成的多级放大电路,其中前几级为电压放大级,末级为功率放大级。多级放大电路的方框图如图

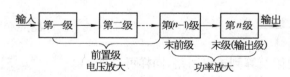

图 8.37　多级放大电路的方框图

8.37 所示,第一级称作输入级,它的任务是将小信号进行放大;最末一级(有时也包括末前级)称作输出级,它们担负着电路功率放大任务;其余各级称作中间级,它们担负着电压放大任务。

在多级放大电路中,每两个单级放大电路之间的连接方式称为耦合。耦合方式有阻容耦合、变压器耦合和直接耦合三种。前两种只能放大交流信号,后一种既能放大交流信号又能放大直流信号。由于变压器耦合在放大电路中的应用已经逐渐减少,所以本书只讨论两种耦合方式。

将放大电路的前级输出端通过电容接到后级输入端,称为阻容耦合方式,图 8.38所示为两级阻容耦合放大电路,第一级为分压式偏置放大电路,第二级为射极输出器。

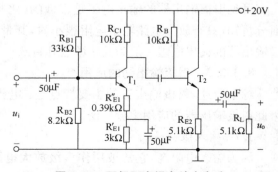

图 8.38　两级阻容耦合放大电路

　　由于电容对直流量的电抗为无穷大,因而阻容耦合放大电路各级之间的直流通路各不相通,各级的静态工作点相互独立;在求解或实际调试 Q 点时可按单级处理,所以电路的分析、设计和调试简单易行。而且,只要输入信号频率较高,耦合电容容量较大,前级的输出信号就可以几乎没有衰减地传递到后级的输入端,因此,在分立元件电路中阻容耦合方式得到非常广泛的应用。

　　阻容耦合放大电路的低频特性差,不能放大变化缓慢的信号。这是因为电容对这类信号呈现出很大的容抗,信号的一部分甚至全部都衰减在耦合电容上,而根本不向后级传递。此外,在集成电路中制造大容量电容很困难,甚至不可能,所以这种耦合方式不便于集成化。在集成电路中都采用直接耦合。

　　【例 8.6】 已知图 8.38 所示电路中,三极管的 β 均为 40, $r_{\mathrm{be1}} = 1.37\ \mathrm{k\Omega}$, $r_{\mathrm{be2}} = 0.89\ \mathrm{k\Omega}$, $U_{\mathrm{BE1}} = U_{\mathrm{BE2}} = 0.6\ \mathrm{V}$ 。试求:(1) 画出直流通路,并估算前后级放大电路的静态值。(2) 画出微变等效电路,并计算各级电压放大倍数 A_{u1} , A_{u2} 及两级电压放大倍数 A_{u} 。(3) 放大电路的输入电阻 R_{i} 和输出电阻 R_{o} 。

　　解:(1) 根据式(8.15)(8.18)(8.21)得,前级静态值为:

$$V_{\mathrm{B1}} \approx \frac{R_{\mathrm{B2}}}{R_{\mathrm{B1}} + R_{\mathrm{B2}}} V_{\mathrm{CC}} = \frac{8.2}{33 + 8.2} \times 20\ \mathrm{V} = 4\ \mathrm{V}$$

$$I_{\mathrm{E1}} = \frac{V_{\mathrm{B1}} - U_{\mathrm{BE1}}}{R'_{\mathrm{E1}} + R''_{\mathrm{E1}}} = \frac{4 - 0.6}{3 + 0.39}\ \mathrm{mA} = 1\ \mathrm{mA}$$

$$I_{\mathrm{B1}} = \frac{I_{\mathrm{E1}}}{1 + \beta} = \frac{1}{1 + 40}\ \mathrm{mA} \approx 0.024\ \mathrm{mA} = 24\ \mu\mathrm{A}$$

$$I_{\mathrm{C1}} \approx I_{\mathrm{E1}} = 1\ \mathrm{mA}$$

$$U_{\mathrm{CE1}} \approx V_{\mathrm{CC}} - I_{\mathrm{C1}}(R_{\mathrm{C1}} + R'_{\mathrm{E1}} + R''_{\mathrm{E1}}) = [20 - 1 \times (10 + 3 + 0.39)]\ \mathrm{V} = 6.6\ \mathrm{V}$$

根据式(8.28)~(8.31)得,后级静态值为:

$$I_{\mathrm{B2}} = \frac{V_{\mathrm{CC}} - U_{\mathrm{BE2}}}{R_{\mathrm{B}} + (1 + \beta_2)R_{\mathrm{E2}}} = \frac{20 - 0.6}{10 + (1 + 40) \times 5.1} = 0.089(\mathrm{mA})$$

$$I_{\mathrm{C2}} = \beta_2 I_{\mathrm{B2}} = 40 \times 0.089\ \mathrm{mA} = 3.56\ \mathrm{mA}$$

$$I_{\mathrm{E2}} = (1 + \beta_2)I_{\mathrm{B2}} = (1 + 40) \times 0.089 = 3.65\ \mathrm{mA}$$

$$U_{\mathrm{CE2}} = V_{\mathrm{CC}} - I_{\mathrm{E2}}R_{\mathrm{E2}} = (20 - 3.65 \times 5.1)\mathrm{V} = 1.39\ \mathrm{V}$$

　　(2) 要求出 A_{u} 、 R_{i} 和 R_{o} ,先画出两级放大电路的微变等效电路,如图 8.39 所示。放大电路中前级的输出电压就是后级的输入电压,即 $\dot{U}_{\mathrm{o1}} = \dot{U}_{\mathrm{i2}}$,所以两级放大电路的电压放大倍数为:

$$A_{\mathrm{u}} = \frac{\dot{U}_{\mathrm{o}}}{\dot{U}_{\mathrm{i}}} = \frac{\dot{U}_{\mathrm{o1}}}{\dot{U}_{\mathrm{i}}} \cdot \frac{\dot{U}_{\mathrm{o}}}{\dot{U}_{\mathrm{i2}}} = A_{\mathrm{u1}} \cdot A_{\mathrm{u2}} \tag{8.36}$$

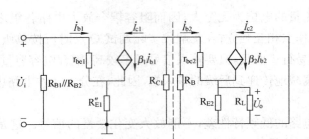

图 8.39　图 8.38 所示电路的微变等效电路

为了求出第一级的电压放大倍数 A_{u1}，首先应求出其负载电阻，即第二级的输入电阻。这里特别要注意第一极的负载电阻就是第二级的输入电阻。

根据式(8.33)得：

$$R_{i2} = R_B /\!/ [r_{be2} + (1+\beta_2)(R_{E2} /\!/ R_L)]$$
$$= 10 /\!/ [0.89 + (1+40)(5.1 /\!/ 5.1)] \approx 9.13\,\text{k}\Omega$$

根据式(8.25)得：

$$A_{u1} = -\frac{\beta_1(R_{C1} /\!/ R_{i2})}{r_{be1} + (1+\beta_1)R''_{E1}} = -\frac{40 \times \dfrac{10 \times 9.13}{10 + 9.13}}{1.37 + (1+40) \times 0.39} \approx -11$$

第二级的电压放大倍数应接近 1，根据式(8.32)得：

$$A_{u2} = \frac{(1+\beta_2)(R_{E2} /\!/ R_L)}{r_{be2} + (1+\beta_2)(R_{E2} /\!/ R_L)} = \frac{(1+40)\left(\dfrac{5.1 \times 5.1}{5.1 + 5.1}\right)}{0.89 + (1+40)\left(\dfrac{5.1 \times 5.1}{5.1 + 5.1}\right)} \approx 0.99$$

根据式(8.36)得，整个电路的电压放大倍数为：

$$A_u = A_{u1} \cdot A_{u2} = -11 \times 0.99 \approx -10.9$$

(3) 根据放大电路输入电阻的定义，多级放大电路的输入电阻就是其第一级的输入电阻，即：

$$R_i = R_{i1} \tag{8.37}$$

根据式(8.26)得：

$$R_i = R_{B1} /\!/ R_{B2} /\!/ [r_{be1} + (1+\beta_1)R''_{E1}]$$
$$= 33 /\!/ 8.2 /\!/ [1.37 + (1+40) \times 0.39]\,\text{k}\Omega \approx 4.77\,\text{k}\Omega$$

根据放大电路输出电阻的定义，多级放大电路的输出电阻等于最后一级的输出电阻，如有 n 级，即：

$$R_o = R_{on} \tag{8.38}$$

根据式(8.35)得:

$$R_o = \frac{(R_{C1} /\!/ R_B) + r_{be2}}{1 + \beta_2} /\!/ R_{E2} = \frac{(10 /\!/ 10) + 0.89}{1 + 40} /\!/ 5.1 \text{ k}\Omega \approx 0.14 \text{ k}\Omega = 140 \text{ }\Omega$$

应当注意,当射极输出器作为输入级(即第一级)时,它的输入电阻与第二级的输入电阻有关;而当射极输出器作为输出级(即最后一级)时,它的输出电阻与倒数第二级的输出电阻有关。

习 题

8.1 三极管放大电路如图 8.40a 所示,已知 $V_{CC} = 12 \text{ V}, R_B = 200 \text{ k}\Omega, R_C = 5 \text{ k}\Omega$,三极管的 $\beta = 25$。(1)试用直流通路估算各静态值 I_B, I_C, U_{CE}。(2)三极管的输出特性如图 8.40b所示,试用图解法作放大电路的静态工作点。

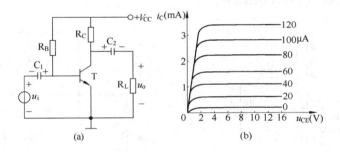

图 8.40 习题 8.1 的图

8.2 在图 8.40a 所示的电路中,如果 $V_{CC} = 12 \text{ V}, R_C = 5 \text{ k}\Omega$,三极管的 $\beta = 60$,现要把 I_C 调到 1 mA,问 R_B 应取多大? 此时 U_{CE} 又为多大?

8.3 在图 8.40a 所示的电路中,已知 $V_{CC} = 6 \text{ V}, R_B = 130 \text{ k}\Omega, R_C = 1 \text{ k}\Omega$。原来所使用的三极管 $\beta = 50$。后因该管损坏,换用 $\beta = 100$ 的同类型管。问静态电流 I_C 变动多少?

8.4 三极管放大电路如图 8.40a 所示,已知 $V_{CC} = 12 \text{ V}, R_B = 200 \text{ k}\Omega, R_C = 5 \text{ k}\Omega$,三极管的 $\beta = 25$,求:(1)画出放大电路的微变等效电路。(2)放大电路空载时的电压放大倍数 A_u。(3)接负载电阻 $R_L = 5 \text{ k}\Omega$ 后的电压放大倍数 A_u。(4)放大电路的输入电阻 R_i 和输出电阻 R_o。

8.5 有一放大电路如图 8.41a 所示,其三极管的输出特性以及放大电路的交、直流负载线如图 8.41b 所示。试问:(1) R_B, R_C, R_L 各为多少? (2)不产生失真的最大输入电压 U_{iM} 为多少? (3)若不断加大输入电压的幅值,该电路首先出现何种性质的失真? 调节电路中的哪个电阻能消除失真? 将阻值调大还是调小? (4)将 R_L 电阻调大,对交、直流负载线会产生什么影响? (5)若电路中其他参数不变,只将三极管换一只 β 值小一半的管子,这时的 I_B, I_C, U_{CE} 及 $|A_u|$ 将如何变化?

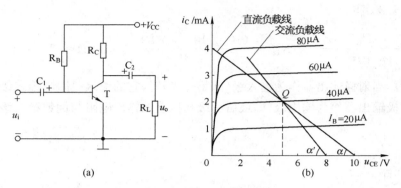

图 8.41   习题 8.5 的图

8.6   在图 8.42 所示电路中,已知晶体管的 $\beta = 40, r_{be} = 1\ \text{k}\Omega$

(1) 画出微变等效电路。

(2) 求电压放大倍数 $A_u = \dot{U}_o / \dot{U}_i$ 的值。

(3) 求输入电阻 R_i 和输出电阻 R_o。

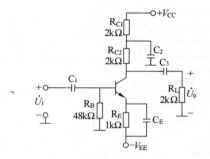

图 8.42   习题 8.6 的图

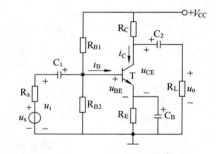

图 8.43   习题 8.7 的图

8.7   在图 8.43 的分压式偏置放大电路中,已知 $V_{CC} = 12\ \text{V}, R_{B1} = 22\ \text{k}\Omega, R_{B2} = 4.7\ \text{k}\Omega, R_E = 1\ \text{k}\Omega, R_C = 2.5\ \text{k}\Omega, R_L = 4\ \text{k}\Omega$,三极管的 $\beta = 50$,并设 $R_S \approx 0$。试求:(1) 静态值 I_B, I_C 和 U_{CE}。(2) 画出放大电路的微变等效电路。(3) 三极管的输入电阻 r_{be}。(4) 放大电路空载时的电压放大倍数 A_u。(5) 接负载电阻后的电压放大倍数 A_u。(6) 放大电路的输入电阻 R_i 和输出电阻 R_o。(7) 如果设 $R_S = 1\ \text{k}\Omega$,试计算输出端接有负载时的 $A_{uS} = \dfrac{\dot{U}_o}{\dot{U}_S}$,并说明信号源内阻 R_S 对电压放大倍数的影响。

8.8   在题 8.7 中,如将图 8.43 中的发射极交流旁路电容 C_E 除去,(1) 试问静态值有无变化。(2) 画出放大电路的微变等效电路。(3) 接负载电阻后的电压放大倍数 A_u,并说明发射极电阻 R_E 对电压放大倍数的影响。(4) 放大电路的输入电阻 R_i 和输出电阻 R_o。

8.9   在图 8.44 的射极输出器中,三极管的 $\beta = 80, r_{be} = 1\ \text{k}\Omega$,其他数据如图所示。试求:(1) 静态值 I_B, I_C 和 U_{CE}。(2) 画出放大电路的微变等效电路。(3) 分别求出 $R_L = \infty$ 和 $R_L = 3\ \text{k}\Omega$ 时电压放大倍数 A_u,输入电阻 R_i。(4) 输出电阻 R_o。

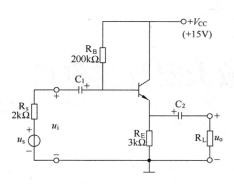

图 8.44　习题 8.9 的图

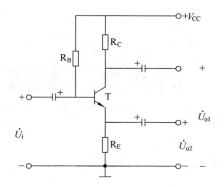

图 8.45　习题 8.10 的图

8.10　在图 8.45 中，$V_{CC} = 12\ \mathrm{V}$，$R_C = 2\ \mathrm{k\Omega}$，$R_E = 2\ \mathrm{k\Omega}$，$R_B = 300\ \mathrm{k\Omega}$，三极管的 $\beta =$ 50。电路有两个输出端。试求：（1）电压放大倍数 $A_{u1} = \dfrac{\dot{U}_{o1}}{\dot{U}_i}$ 和 $A_{u2} = \dfrac{\dot{U}_{o2}}{\dot{U}_i}$。（2）输出电阻 R_{o1} 和 R_{o2}。

8.11　图 8.46 为一两级放大电路，已知三极管的 $\beta_1 = 40$，$\beta_2 = 50$，$r_{be1} = 1.7\ \mathrm{k\Omega}$，$r_{be2} =$ 1.1 kΩ，$R_{B1} = 56\ \mathrm{k\Omega}$，$R_{E1} = 5.6\ \mathrm{k\Omega}$，$R_{B2} = 20\ \mathrm{k\Omega}$，$R_{B3} = 10\ \mathrm{k\Omega}$，$R_C = 3\ \mathrm{k\Omega}$，$R_{E2} = 1.5\ \mathrm{k\Omega}$，求该放大电路的总电压放大倍数 A_u，输入电阻 R_i 和输出电阻 R_o。

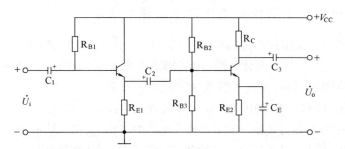

图 8.46　习题 8.11 的图

第9章　集成运算放大器及其应用

9.1　差分放大电路

9.1.1　直接耦合多级放大电路的零点漂移现象

工业控制中的很多物理量均为模拟量,如温度、流量、压力、液面和长度等,它们通过不同的传感器转化成的电量也均为变化缓慢的非周期性连续信号,这些信号具有以下两个特点:

（1）信号比较微弱,只有通过多级放大才能驱动负载。

（2）信号变化缓慢,一般采用直接耦合多级放大电路将其放大。

人们在试验中发现,在直接耦合的多级放大电路中,即使将输入端短路(即 $u_i = 0$ 时),输出端还会产生缓慢变化的电压(即 $u_o \neq 0$),这种现象称为零点漂移(简称为零漂),如图9.1所示。

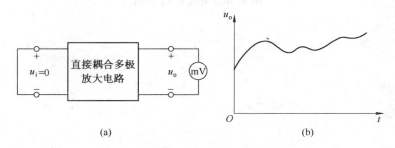

（a）　　　　　　　　　　　　　　（b）

图 9.1　零点漂移现象

（a）测试电路；（b）输出电压 u_o 的漂移

9.1.2　零漂产生的主要原因

在放大电路中,任何参数的变化,如电源电压的波动、元件的老化以及半导体元器件参数随温度变化而产生的变化,都将产生输出电压的漂移,在阻容耦合放大电路中,耦合电容对这种缓慢变化的漂移电压相当于开路,所以漂移电压将不会传递到下一级电路进一步放大。但是,在直接耦合的多级放大电路中,前一级产生的漂移电压会和有用的信号(即要求放大的输入信号)一起被送到下一级进一步放大,当漂移电压的大小可以和有用信号相当时,在负载上就无法分辨是有效信号电压还是漂移电压,严重时漂移电压甚至把有效信号电压淹没了,使放大电路无法正常工作。

采用高质量的稳压电源和使用经过老化实验的元件就可以大大减小由此而产生的漂移,所以由温度变化所引起的半导体器件参数的变化是产生零点漂移现象的主要原因,因而也称零点漂移为温度漂移,简称温漂,从某种意义上讲零点漂移就是静态工作点随温度的漂移。

9.1.3　抑制温漂的方法

对于直接耦合多级放大电路,如果不采取措施来抑制温度漂移,其他方面的性能再优良,也不能成为实用电路。抑制温漂的方法主要由以下几种:

(1) 采用稳定静态工作的分压式偏置放大电路中 R_e 的负反馈作用。

(2) 采用温度补偿的方法,利用热敏元件来抵消放大管的变化。

(3) 采用特性完全相同的三极管构成"差分放大电路"。

9.1.4　差分放大电路

差分放大电路是构成多级直接耦合放大电路的基本单元电路。直接耦合的多级放大电路的组成框图如图 9.2 所示。

图 9.2　多级放大的组成框图

从上图可知输入级一旦产生了温漂,会经中间级放大 A_u 倍后传送到负载上,对电路造成严重的影响,而中间级产生的温漂,由于直接到达功放级而功放的 $A_u \approx 1$,对电路造成的影响跟输入级相比少得多,所以,主要应设法抑制输入级产生的温漂,故在直接耦合的多级放大电路中只有输入级常采用差分放大电路的形式来抑制温漂。

9.1.4.1　差分放大电路的组成及结构特点

1. 电路组成

差分放大电路如图 9.3 所示。

图 9.3 中的差分放大电路由两个特性相同的晶体管 T_1 和 T_2 组成对称电路,$\beta_1 = \beta_2 = \beta, r_{be1} =$

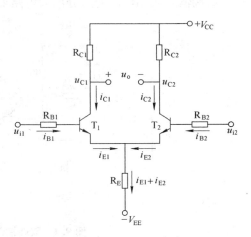

图 9.3　差分放大电路

$r_{be2} = r_{be}$，电路参数也对称，$R_{B1} = R_{B2} = R_B$，$R_{C1} = R_{C2} = R_C$。T_1 和 T_2 的发射极连接在一起通过 R_E 接负电源 $-V_{EE}$，像拖了一个长长的尾巴，故称为长尾式差分放大电路。

2. 结构特点

图 9.3 中的差分放大电路具有以下特点：

（1）电路结构对称。

（2）用了正负两组直流电源 V_{CC} 和 $-V_{EE}$。

（3）由于电路中无耦合电容，所以差分放大电路既可以放大直流信号也可以放大交流信号。

（4）因为有两个输入端，两个输出端，所以差分放大电路构成了四种接法：双端输入双端输出、双端输入单端输出、单端输入双端输出、单端输入单端输出。

（5）差分放大电路的功能：一方面将两个输入信号 u_{i1} 与 u_{i2} 的差值进行放大，另一方面抑制放大电路的温度漂移。

9.1.4.2　抑制温漂的原理

对于差分放大电路的分析，多是假设在理想情况下，即电路参数理想对称的情况下进行的。所谓电路参数理想对称，是指在对称位置的电阻阻值绝对相等，两只晶体管在任何温度下的特性曲线完全相同。应当指出，实际的电路参数不可能理想对称，在以后的学习中，如没有特别说明，均指电路参数理想对称。

1. 双端输出的差分放大电路能完全抑制温漂

当图 9.3 所示电路中的 $u_{i1} = u_{i2} = 0$ 时，即使温度发生变化，由于电路参数理想对称，所以 T_1 管的集电极的电位总是等于 T_2 管的集电极电位，此时，差分放大电路的输出 $u_o = u_{C1} - u_{C2} = 0$，电路不会产生漂移电压。

2. 单端输出的差分放大电路不能完全抑制温漂，但可以大大减少温漂

有关这方面内容的探讨将在 9.1.4.4 节单端输出的差分放大电路的分析和计算共模电压放大倍数时再进行讲解。

9.1.4.3　双端输入双端输出的差分放大电路

双端输入双端输出的差分放大电路如图 9.4a 所示。

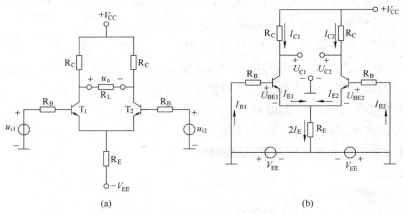

(a)　　　　　　　　　　　　(b)

图 9.4　双端输入双端输出的差分放大电路

（a）电路图；（b）直流通路

1. 静态分析

当输入信号 $u_{i1} = u_{i2} = 0$ 时，直流通路如图 9.4b 所示，由于电路理想对称，则 $I_{B1} = I_{B2} = I_{BQ}$，$I_{C1} = I_{C2} = I_{CQ}$，$I_{E1} = I_{E2} = I_{EQ}$，$U_{CE1} = U_{CE2} = U_{CEQ}$，静态工作点估算如下，列出三个方程。

（1）基极回路电压方程：

$$V_{EE} = I_{BQ}R_B + U_{BEQ} + 2I_{EQ}R_E \tag{9.1}$$

求出：
$$I_{BQ} = \frac{V_{EE} - V_{BEQ}}{R_B + 2(1+\beta)R_E}$$

（2）电流控制方程：

$$I_{CQ} = \beta I_{BQ} \tag{9.2}$$

（3）集电极回路电压方程：

$$U_{CEQ} = V_{CQ} - V_{EQ} = V_{CC} - I_{CQ}R_C - 2I_{EQ}R_E + V_{EE} \tag{9.3}$$

只要合理地选择 R_E 的阻值，并与电源 V_{EE} 相配合，就可以设置 T_1、T_2 管合适的静态工作点。

2. 动态分析

在对差分放大电路进行动态分析时，需要把输入信号 u_{i1} 和 u_{i2} 分解成差模输入信号和共模输入信号。差模输入信号（用 u_{id} 表示）指的是两个输入信号的差值，即 $u_{id} = u_{i1} - u_{i2}$；共模输入信号（用 u_{ic} 表示）指的是两个输入信号的算术平均值，即 $u_{ic} = \frac{1}{2}(u_{i1} + u_{i2})$。

当两个输入信号 u_{i1} 与 u_{i2} 之间的关系不同时，负载上所获得的输出电压 u_o 也不一样。下面就 u_{i1} 与 u_{i2} 之间的关系分以下三种情况进行讨论。

（1）差模信号输入（$u_{i1} = -u_{i2}$ 的情况）。

① 差模信号输入时交流电压和交流电流的特点。当 u_{i1} 与 u_{i2} 为一对大小相等，极性相反的输入信号时，即 $u_{i1} = -u_{i2}$，则 $u_{id} = u_{i1} - u_{i2} = 2u_{i1} = -2u_{i2}$，$u_{ic} = \frac{1}{2}(u_{i1} + u_{i2}) = 0$，此时电路中只有差模信号输入而没有共模信号输入。图 9.4a 电路差模信号输入时的交流通路如图 9.5a 所示。

如图 9.5a 所示，设 u_{i1} 为正电压时，则 u_{i2} 为大小相等的负电压，则 i_{B1} 是在原来的 I_{BQ} 上线性增加交流 i_{b1}，而 i_{B2} 是在原来的 I_{BQ} 上线性减小交流 i_{b2}，又因为电路理想对称，$|u_{i1}| = |u_{i2}|$，所以 $|i_{b1}| = |i_{b2}|$。同理 $|i_{c1}| = |i_{c2}|$，$|i_{e1}| = |i_{e2}|$，方向如图中所示。当差模信号输入时，可以得出以下重要结论：

a）流过 R_E 上的交流电流 $i_{RE} = 0$。

b）$u_E = 0$，即发射极在差模信号输入时，相当于交流接地。

c）$u_{o1} = -u_{o2}$，所以 $u_{od} = u_{o1} - u_{o2} = 2u_{o1} \neq 0$，且 $\frac{R_L}{2}$ 处为交流零电位。

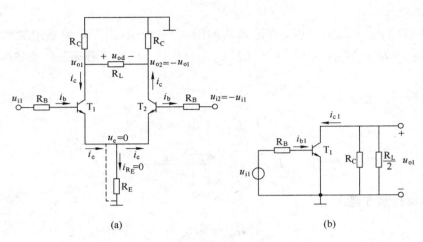

图 9.5　差模信号输入时的交流通路

(a) 交流通路；(b) 求 A_{ud} 的交流等效电路

② 差模电压放大倍数 A_{ud}。A_{ud} 表示电路中只有差模信号输入时，负载上得到的输出电压（用 u_{od} 来表示）与两个输入信号之差（即差模信号用 u_{id} 表示）的比值，它表示了差分放大电路对两个输入信号之差的放大能力。

求差模电压放大倍数 A_{ud} 的交流等效电路如图 9.5b 所示。

$$A_{ud} = \frac{u_{od}}{u_{id}} = \frac{u_{o1} - u_{o2}}{u_{i1} - u_{i2}} = \frac{2u_{o1}}{2u_{i1}} = \frac{u_{o1}}{u_{i1}} = \frac{-i_{c1}\left(R_C \mathbin{/\!/} \dfrac{R_L}{2}\right)}{i_{b1}(R_{B1} + r_{be1})} = \frac{-\beta\left(R_C \mathbin{/\!/} \dfrac{R_L}{2}\right)}{R_B + r_{be}} \quad (9.4)$$

从式(9.4)得知，差分放大电路对两个输入信号的差能进行放大，放大能力和共发射极基本放大电路一样。负载上得到的输出电压 u_{od} 为：

$$u_{od} = A_{ud}u_{id} = 2A_{ud}u_{i1} \quad (9.5)$$

（2）共模信号输入（$u_{i1} = u_{i2}$ 情况）。

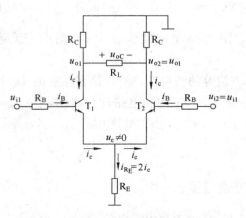

图 9.6　共模信号输入时的交流通路

① 共模信号输入时交流电压和交流电流的特点。当 u_{i1} 完全等于 u_{i2} 时，则 $u_{ic} = \dfrac{u_{i1} + u_{i2}}{2} = u_{i1} = u_{i2}$，$u_{id} = u_{i1} - u_{i2} = 0$。此时电路中只有共模信号输入而没有差模信号输入。图 9.4a 电路共模信号输入时的交流通路如图 9.6 所示。

由于 $u_{i1} = u_{i2}$，电路参数理想对称，所以 $i_{b1} = i_{b2} = i_b$，$i_{c1} = i_{c2} = i_c$，$i_{e1} = i_{e2} = i_e$，$i_{RE} = 2i_e$，方向如图 9.6 所示。共模信号输入时可以得出以下结论：

a）发射极不再交流接地，$u_E = 2R_E i_e$。

b) $u_{o1} = u_{o2}$，所以 $u_{oc} = u_{o1} - u_{o2} = 0$，负载上没有信号输出。

② 共模电压放大倍数 A_{uc}。A_{uc} 表示共模信号输入时，负载上得到的输出电压(用 u_{oc} 来表示)与共模信号 u_{ic} 的比值。

$$A_{uc} = \frac{u_{oc}}{u_{ic}} = \frac{u_{o1} - u_{o2}}{u_{ic}} = 0 \tag{9.6}$$

从式(9.6)得知，差分放大电路对共模信号不能进行放大，负载上得到的输出电压 u_{oc} 为：

$$u_{oc} = A_{uc} u_{ic} = A_{uc} u_{i1} = A_{uc} u_{i2} = 0 \tag{9.7}$$

从图 9.6 可以看出，当输入共模信号时，基极电流的变化量相等，即 $\Delta i_{B1} = \Delta i_{B2}$，集电极电流的变化量也相等，即 $\Delta i_{C1} = \Delta i_{C2}$，因此集电极电位的变化量也相等，即 $\Delta u_{c1} = \Delta u_{c2}$，从而使得输出电压 $u_0 = u_{o1} - u_{o2} = 0$。由于电路参数的理想对称性，温度变化时，管子的电流变化完全相同，故可以将温度漂移等效成共模信号输入的情况。所以，差分放大电路对共模信号有很强的抑制作用，正如 9.1.4.2 节所讨论的双端输出的差分放大电路在理想情况下能完全抑制温漂。

在实际电路中，两管电路不可能完全相同，因此，对于共模输入信号，u_{oc} 不可能等于零，但要求 u_{oc} 越小越好。

(3) u_{i1} 与 u_{i2} 既不是一对差模信号也不是一对共模信号时的输入情况。当 u_{i1} 与 u_{i2} 既不是一对差模信号也不是一对共模信号时，可以通过数学计算的方法用一对差模信号和一对共模信号叠加来表示两个输入信号电压。

因为

$$u_{id} = u_{i1} - u_{i2} \tag{9.8}$$

$$u_{ic} = \frac{1}{2}(u_{i1} + u_{i2}) \tag{9.9}$$

解上面的方程组可得：

$$u_{i1} = u_{ic} + \frac{u_{id}}{2} \tag{9.10}$$

$$u_{i2} = u_{ic} - \frac{u_{id}}{2} \tag{9.11}$$

从式(9.10)和式(9.11)可以得出：输入信号 u_{i1} 可以用图 9.7 电路中的两个输入信号 u_{ic} 和 $\frac{u_{id}}{2}$ 来等效；输入信号 u_{i2} 可以用图 9.7 电路中的两个输入信号 u_{ic} 和 $-\frac{u_{id}}{2}$ 来等效。

u_{i1} 与 u_{i2} 既不是一对差模信号也不是一对共模信号

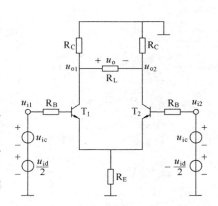

图 9.7　u_{i1} 与 u_{i2} 既不是一对差模信号也不是一对共模信号时等效的交流通路

时等效的交流通路如图 9.7 所示。

从图 9.7 中可得出电路中同时输入了一对差模信号和一对共模信号,根据信号叠加原理可得负载 R_L 上得到的输出电压 u_o 为:

$$u_o = u_{od} + u_{oc} = A_{ud} u_{id} + A_{uc} u_{ic}$$

$$= \frac{-\beta \left(R_C \mathbin{/\mkern-5mu/} \dfrac{R_L}{2} \right)}{R_B + r_{be}} (u_{i1} - u_{i2}) + 0 \times \frac{u_{i1} + u_{i2}}{2}$$

$$= \frac{-\beta \left(R_C \mathbin{/\mkern-5mu/} \dfrac{R_L}{2} \right)}{R_B + r_{be}} (u_{i1} - u_{i2}) \tag{9.12}$$

从式(9.12)中可知:双端输出的电压信号 u_o 中只包含了差模信号,不包含共模信号,即理想的双端输出的差放电路可以完全抑制温漂。

(4) 共模抑制比 K_{CMR}。为了综合考虑差分放大电路对差模信号的放大能力和对共模信号的抑制能力,特引入一个指标系数共模抑制比 K_{CMR},其值愈大,说明电路性能越好。

$$K_{CMR} = \left| \frac{A_{ud}}{A_{uc}} \right| \tag{9.13}$$

根据上面的分析,在电路参数理想对称的情况下,双端输出的差分放大的 K_{CMR} 为:

$$K_{CMR} = \left| \frac{A_{ud}}{A_{uc}} \right| = \left| \frac{A_{ud}}{0} \right| = \infty \tag{9.14}$$

9.1.4.4 双端输入单端输出的差分放大电路

双端输入单端输出的差分放大电路如图 9.8 所示。输出信号 u_o 可以取自 T_1 管的集电极和地之间,如图 9.8a 所示;也可以取自 T_2 管的集电极和地之间,如图 9.8b 所示。下面以图9.8a 的电路为例进行分析,分析方法与双端输入双端输出的差分放大电路的分析方法完全相同。

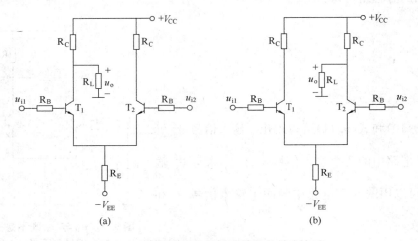

图 9.8 双端输入单端输出的差分放大电路

(a) u_o 取自 T_1 管的集电极和地之间;(b) u_o 取自 T_2 管的集电极和地之间

1. 差模信号输入（$u_{i1}=-u_{i2}$ 的情况）

图 9.8（a）所示的电路在差模信号输入时的交流通路如图 9.9 所示，则：

$$A_{ud}=\frac{u_{od(T_1\text{管})}}{u_{id}}=\frac{u_{o1}}{u_{i1}-u_{i2}}=\frac{u_{o1}}{2u_{i1}}$$

$$=-\frac{i_c(R_C \mathbin{/\mkern-5mu/} R_L)}{2i_b(R_B+r_{be})}=-\frac{\beta(R_C \mathbin{/\mkern-5mu/} R_L)}{2(R_B+r_{be})} \quad (9.15)$$

$$u_{od}=A_{ud}u_{id}=2A_{ud}u_{i1} \quad (9.16)$$

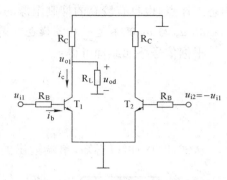

图 9.9 差模输入时的交流通路

2. 共模信号输入（即 $u_{i1}=u_{i2}$ 的情况）

图 9.8a 所示的电路在共模信号输入时的交流通路和求 A_{uc} 的交流等效电路如图 9.10 所示。

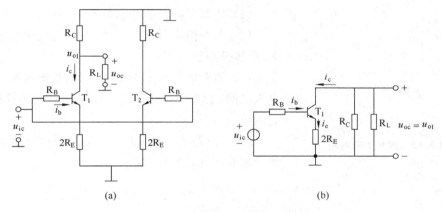

(a)   (b)

图 9.10 共模输入时的交流通路

（a）交流通路；（b）求 A_{uc} 的交流等效电路

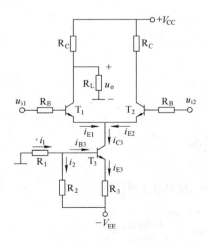

图 9.11 具有恒流源的差分放大电路

$$A_{uc}=\frac{u_{oc}}{u_{ic}}=\frac{u_{o1}}{u_{i1}}=\frac{-i_{c1}(R_C \mathbin{/\mkern-5mu/} R_L)}{i_bR_B+i_br_{be}+2(1+\beta)i_bR_E}$$

$$=\frac{-\beta(R_C \mathbin{/\mkern-5mu/} R_L)}{R_B+r_{be}+2(1+\beta)R_E}\approx\frac{-R'_L}{2R_E} \quad (9.17)$$

$$u_{oc}=A_{uc}u_{ic}\neq 0 \quad (9.18)$$

由式（9.18）可以看出，单端输出有共模信号输出，即单端输出的差分放大不能完全抑制温漂，但因为 $R_E\gg R'_L$，则 A_{uc} 很小，u_{oc} 也很少，也就是说单端输出的差动放大电路可以大大抑制温漂。由式（9.17）可以看出 R_E 越大，A_{uc} 越小，电路抑制温漂的能力越强，但 R_E 过大，会导致差动管 T_1 管和 T_2 管的工作不正常，所以长尾式差分放大电路不是一种很理想的差分放大电路。改进型差分放大电路是具有恒流源的差分放大电路，如图 9.11 所示。这种电路的特点，不仅具有稳定的静态工作点,也具有较高的抑制温漂的能力。

3. u_{i1} 与 u_{i2} 既不是一对差模也不是一对共模时的输入情况

根据信号叠加原理可得:

$$u_o = u_{od} + u_{oc}$$
$$= A_{ud}(u_{i1} - u_{i2}) + A_{uc} \frac{u_{i1} + u_{i2}}{2} \tag{9.19}$$

从式(9.19)可以得知,单端输出的差放电路的输出信号中包含了共模信号,一般情况下,共模信号可忽略不计。

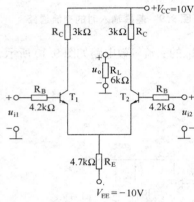

图 9.12 例 9.1 的电路

【例 9.1】 电路如图 9.12 所示,已知三极管 T_1 和 T_2 的电流放大系数均为 $\beta = 60$、$U_{BE} = 0.6$ V、$r'_{bb} = 200$ Ω,R_b 上的压降可忽略不计。

(1) 估算三极管的静态参数 I_{C1}、I_{C2}、V_{C1}、V_{C2}。

(2) 求差模电压放大倍数 A_{ud}、共模电压放大倍数 A_{uc} 及共模抑制比 K_{CMR}。

(3) 如果负载 R_L 改接在 T_1 管的集电极和 T_2 管的集电极之间,已知 $u_{i1} = 0.2$ V、$u_{i2} = 0.3$ V,估算输出电压 u_o 的值。

解:(1) 静态工作点($u_{i1} = u_{i2} = 0$),又因为 R_b 上的压降忽略不计,则:

$$V_{B1} = V_{B2} \approx 0, V_E = -U_{BE} = -0.7 \text{ V}$$

$$I_{C1} = I_{C2} \approx \frac{V_E - V_{EE}}{2R_E} = \frac{-0.7 + 10}{2 \times 4.7} \text{ mA} \approx 1 \text{ mA}$$

则:

$$V_{C1} = V_{CC} - I_{C1}R_C = (10 - 1 \times 3)\text{V} = 7 \text{ V}$$

对于 V_{C2},有:

$$\frac{V_{C2}}{R_L} + I_{C2} = \frac{V_{CC} - V_{C2}}{R_C}$$

所以: $$V_{C2} = \frac{R_L}{R_C + R_L}V_{CC} - I_{C2}(R_C /\!/ R_L) = \left(\frac{6 \times 10}{3 + 6} - 1 \times 2\right)\text{V} \approx 4.7 \text{ V}$$

(2) 计算差模电压放大倍数 A_{ud}、共模电压放大倍数 A_{uc} 及共模抑制比 K_{CMR}。

$$r_{be} = 200 + (1 + \beta)\frac{26}{I_E} = 200 + 61 \times \frac{26}{1} = 1.8 \text{ k}\Omega$$

$$A_{ud} = \frac{u_o}{u_{i1} - u_{i2}} = \frac{\beta(R_C /\!/ R_L)}{2(R_B + r_{be})} = \frac{60 \times 2}{2 \times (4.2 + 1.8)} = 10$$

$$A_{uc} = -\frac{\beta(R_C \mathbin{/\!/} R_L)}{R_B + r_{be} + 2(1+\beta)R_E} = -\frac{61 \times 2}{4.2 + 1.8 + 2 \times 61 \times 7} = -0.14$$

$$K_{CMR} = \left| \frac{A_{ud}}{A_{uc}} \right| \approx 71$$

（3）当电路变成双端输入双端输出的差放电路时，则：

$$A_{ud} = \frac{u_o}{u_{i1} - u_{i2}} = -\frac{\beta\left(R_C \mathbin{/\!/} \dfrac{R_L}{2}\right)}{R_B + r_{be}} = -\frac{60 \times 1.5}{4.2 + 1.8} = -15$$

$$u_{od} = A_{ud}u_{id} = A_{ud}(u_{i1} - u_{i2}) = -15 \times (0.2 - 0.3)\text{V} = 1.5\text{ V}$$

9.1.4.5　单端输入的差分放大电路

单端输入的工作情况只是双端输入中 $u_{i2} = 0$ 的一种特殊情况，分析方法与双端输入一样。单端输入、双端输出电路如图 9.13a 所示，输入信号的等效变换如图 9.13b 所示。

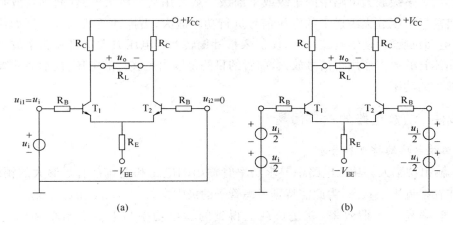

图 9.13　单端输入、双端输出差分放大电路

（a）电路图；（b）输入信号的等效变换

$$A_{ud} = \frac{u_{od}}{u_{id}} = -\frac{2i_c\left(R_C \mathbin{/\!/} \dfrac{R_L}{2}\right)}{2i_b(R_B + r_{be})} = -\frac{\beta\left(R_C \mathbin{/\!/} \dfrac{R_L}{2}\right)}{R_B + r_{be}} \tag{9.20}$$

$$A_{uc} = 0 \tag{9.21}$$

$$u_o = A_{ud}u_{id} = A_{ud}u_i \tag{9.22}$$

单端输入、单端输出电路如图 9.14 所示。

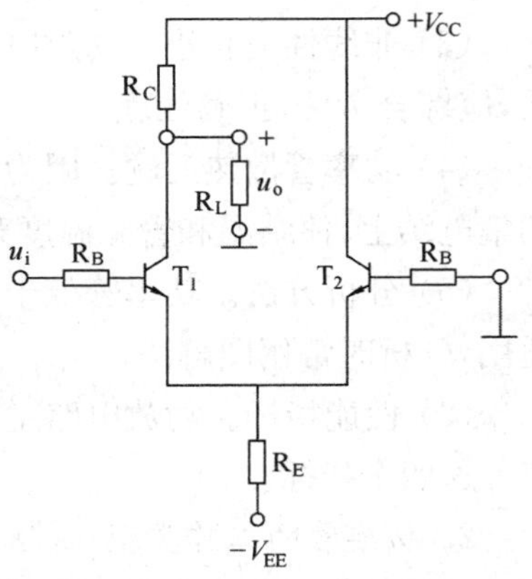

$$A_{ud1} = \frac{u_{od1}}{u_{id}} = \frac{u_{o1}}{u_i} = -\frac{i_c(R_C \mathbin{/\!/} R_L)}{2i_b(R_B + r_{be})} = -\frac{\beta(R_C \mathbin{/\!/} R_L)}{2(R_B + r_{be})} \tag{9.23}$$

图 9.14　单端输入、单端输出差分放大电路

$$A_{uc} = \frac{u_{oc}}{u_{ic}} = \frac{u_{o1}}{u_i} = \frac{-\beta(R_C \mathbin{/\mkern-5mu/} R_L)}{R_B + r_{be} + 2(1+\beta)R_E} \approx \frac{-R_L'}{2R_E} \tag{9.24}$$

利用信号叠加原理，输出电压 u_o 为：

$$u_o = u_{od} + u_{oc} = A_{ud}(u_i - 0) + A_{uc}\frac{u_i + 0}{2} \tag{9.25}$$

$$= A_{ud}u_i + A_{uc}\frac{u_i}{2}$$

9.2　互补对称功率放大电路

在图 9.2 多级放大电路中的末级或末前级一般都用功率放大电路（简称功放），它的功能就是将前置电压放大级送来的电压信号进行功率放大，去推动负载工作。例如使扬声器发声，使电动机旋转，使继电器动作，使仪表指针偏转等。电压放大电路和功率放大电路都是利用晶体管的放大作用将信号放大，前者的目的是输出足够大的电压，而后者主要是要求输出足够大的功率。

9.2.1　功放电路的一般问题

1. 功放电路的特点和要求

（1）输出功率大。功放电路中要求功率管输出的电压和电流都有足够大的幅度，管子常常工作在接近极限状态，为此需特别考虑管子的极限参数 P_{CM}、I_{CM} 和 $U_{(BR)CEO}$。

（2）效率高。所谓效率，就是负载上得到的输出功率与电源供给功率的比值。由于输出功率大，电路的能量损耗也大，因此要考虑直流电源提供能量的转换效率问题。

（3）非线性失真小。功放电路处于大信号工作状态，非线性失真与输出功率是一对矛盾，应综合考虑，正确处理。

（4）功率管散热问题。因为要输出尽可能大的输出功率，有相当大的功率消耗在管子的集电结上，使结温和管壳温度升高，所以就必须考虑加装散热器。

（5）分析方法。功率管处于大信号下工作，此时三极管的交流小信号等效模型已不再适用，分析时常用图解法。

（6）性能指标。功放电路主要是分析计算输出功率 P_0、管耗 P_T、电源供给功率 P_V 和效率 η 这四个指标。

2. 功率管的工作类型

按照静态工作点所处的位置不同，功率管的工作类型分为甲类、甲乙类和乙类三种，如图 9.15 所示，特点见表 9.1。

<<<< --

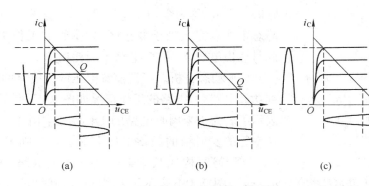

图 9.15　功率管的工作类型

（a）甲类；（b）甲乙类；（c）乙类

表 9.1　甲类、甲乙类和乙类三种工作类型的功放电路的比较

类　别	特　点	Q　点	波　形
甲　类	无失真效率低	I_{CQ}较大 静态工作点 较高	
甲乙类	有失真效率高	I_{CQ}小 静态工作点 较低	
乙　类	失真大效率最高	$I_{CQ}=0$ 静态工作点 最低	

9.2.2　乙类双电源互补对称功率放大电路

1. 电路组成

基本的乙类双电源互补对称功率放大电路如图 9.16 所示。这种电路称为乙类 OCL（Output Capacitorless）功放电路，即无输出电容的功率放大电路，要求图中的功率管 T_1（NPN）和 T_2（PNP）特性相同。

2. 工作原理

（1）静态分析。当 $u_i=0$ 时，图 9.16 电路的直流通路如图 9.17 所示，由于 T_1 和 T_2 的发射结均处于零偏置，所以，两

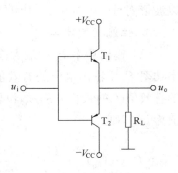

图 9.16　基本的乙类 OCL 功放电路

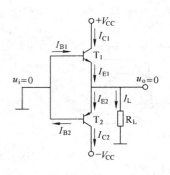

图 9.17　乙类 OCL 功放电路的直流通路

管的 I_{BQ}、I_{CQ} 均为零，$U_{CE1Q} = V_{CC}$，$U_{CE2Q} = -V_{CC}$。两管的静态工作点完全处于截止区，功率管的工作类型为乙类，此时输出电压 $u_o = 0$，电路不消耗功率。

（2）动态分析。当把前置电压放大电路的输出信号加到功放电路时，电路的工作情况如图 9.18 所示。图 9.18a 表示了 u_i 为正半周时电路的工作情况，由于 $u_i > 0$，假设功率管的发射结的门坎电压 U_{th} 为 0 V，则 PNP 管截止，NPN 管导通，构成共集电极基本放大电路，理想情况下 $u_o \approx u_i$。图 9.18b 表示了 u_i 为负半周时电路的工作情况，当 $u_i < 0$ 时，则 NPN 管截止，PNP 管导通，同样构成共集电极基本放大电路，理想情况下 $u_o \approx u_i$。

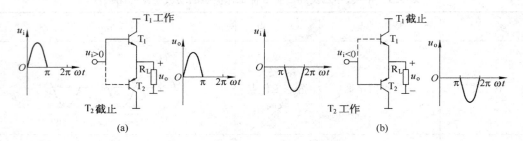

图 9.18　乙类 OCL 电路的动态工作情况

（a）$u_i > 0$ 时电路的工作情况；（b）$u_i < 0$ 时电路的工作情况

由上分析可知，T_1 和 T_2 管轮流导电，由于两个管子互补对方的不足，且工作特性对称，所以这种电路通常称为互补对称功率放大电路。

用图解分析法可以画出 u_i 为正半周时 T_1 管的 u_{CE} 波形，$u_{CE} = V_{CC} - i_C R_L$（如图 9.19 中实线部分所示，图 9.19 中虚线为 u_i 为负半周时 T_2 管的 u_{CE} 波形），由于 T_1、T_2 的特性相同，所以波形对称。从图 9.19 中可知 $u_{ce} = -u_o$。

3. 性能指标计算

（1）输出功率 P_o 和最大输出功率 P_{om}。输出功率 P_o 用输出电压的有效值 U_o 和输出电流的有效值 I_o 的乘积来表示，设输出电压 u_o 的幅值为 U_{om}，则

$$P_o = U_o I_o = \frac{U_{om}}{\sqrt{2}} \times \frac{U_{om}}{\sqrt{2} R_L} = \frac{U_{om}^2}{2R_L}$$

（9.26）

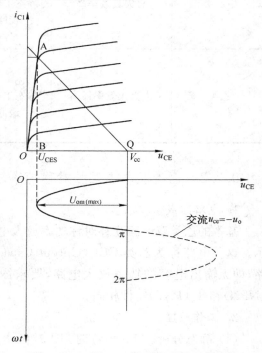

图 9.19　乙类 OCL 功放电路的图解分析

最大输出功率 P_{om}：当 U_{om} 达到最大时，输出功率达到最大，从图 9.19 可知，$U_{om(max)} = V_{CC} - U_{CES}$，所以

$$P_{om} = \frac{(V_{CC} - U_{CES})^2}{2R_L} \tag{9.27}$$

如果忽略饱和压降 U_{CES}，则：

$$P_{om} \approx \frac{V_{CC}^2}{2R_L} \tag{9.28}$$

（2）管耗 P_T 和最大管耗 P_{T1m}。管耗是指功率管在一个信号周期内所消耗的功率，由于电路互补对称，所以 $P_T = P_{T1} + P_{T2} = 2P_{T1}$。

$$
\begin{aligned}
P_{T1} &= \frac{1}{2\pi} \int_0^\pi i_C u_{CE} d(\omega t) = \frac{1}{2\pi} \int_0^\pi (V_{CC} - u_o) \frac{U_o}{R_L} d(\omega t) \\
&= \frac{1}{2\pi} \int_0^\pi (V_{CC} - U_{om}\sin\omega t) \frac{U_{om}\sin\omega t}{R_L} d(\omega t) \\
&= \frac{1}{R_L} \left(\frac{V_{CC}U_{om}}{\pi} - \frac{U_{om}^2}{4} \right)
\end{aligned}
\tag{9.29}
$$

最大管耗 P_{T1m}：可以用求极值的方法来求解。由式（9.29）有：

$$\frac{dP_{T1}}{dU_{om}} = \frac{1}{R_L} \left(\frac{V_{CC}}{\pi} - \frac{U_{om}}{2} \right)$$

令　$\dfrac{dP_{T1}}{dU_{om}} = 0$，则可求出：

$$U_{om} = \frac{2V_{CC}}{\pi} \approx 0.6V_{CC} \tag{9.30}$$

上式表明，当 $U_{om} \approx 0.6V_{CC}$ 时具有最大管耗，所以

$$P_{T1m} = \frac{V_{CC}^2}{\pi^2 R_L} \approx 0.2P_{om} \tag{9.31}$$

式（9.31）常用来作为乙类 OCL 功放电路选择功率管的依据。例如，如果某乙类 OCL 功放电路要求输出的最大功率为 10 W，则只要用两个额定管耗大于 2 W 的管子就可以了。

（3）直流电源供给的功率 P_V。P_V 包括负载得到的输出功率和功率管所消耗的功率两部分。即：

$$P_V = P_o + P_{T1} + P_{T2} = \frac{2V_{CC}U_{om}}{\pi R_L} \tag{9.32}$$

（4）效率 η。

$$\eta = \frac{P_o}{P_V} = \frac{\pi U_{om}}{4V_{CC}} \times 100\% \tag{9.33}$$

当输出为最大时，即 $U_{om} \approx V_{CC}$ 时，则：

$$\eta = \frac{\pi}{4} \approx 78.5\% \tag{9.34}$$

式(9.34)是假定互补对称电路工作在乙类、负载电阻为理想值、忽略管子的饱和压降和输入信号足够大 $(U_{om} \approx U_{im} \approx V_{CC})$ 情况下得出来的，实际效率比这个数值要低些。

4. 功率管的选择

由以上分析可知，若想得到最大输出功率，乙类 OCL 电路中的功率管的参数必须满足下列条件：

(1) 每只功率管的最大允许管耗 P_{CM} 必须大于 $0.2P_{om}$。

(2) 管子 C–E 之间击穿电压 $|U_{(BR)CEO}| > 2V_{CC}$。

(3) 集电极最大电流 $I_{CM} > \dfrac{V_{CC}}{R_L}$。

(4) 为避免管子二次击穿，参数应留有余量。

OCL 功放电路的优点是结构简单，效率高，频率响应好，容易集成。缺点是用双电源供电，电源利用效率低，并且存在阻抗匹配的问题。

【例 9.2】 乙类 OCL 功放电路如图 9.16 所示，设 $V_{CC} = 12\text{ V}, R_L = 6\ \Omega$, BJT 的极限参数为 $I_{CM} = 2\text{ A}, |U_{(BR)CEO}| = 15\text{ V}, P_{CM} = 6\text{ W}$，忽略管子的饱和压降。试求：

(1) 最大输出功率 P_{om} 的值，并检验所给 BJT 是否能安全工作？

(2) 放大电路在 $\eta = 0.6$ 时的输出功率 P_o 的值。

解：(1) 求 P_{om}，并检验 BJT 的安全工作情况

$$P_{om} = \frac{1}{2} \times \frac{V_{CC}^2}{R_L} = \frac{12^2}{2 \times 6}\text{ W} = 12\text{ W}$$

通过 BJT 的最大集电极电流为：

$$i_{cm} = \frac{V_{CC}}{R_L} = \frac{12}{6}\text{ A} = 2\text{ A} = I_{CM}$$

C、E 极间的最大压降为：

$$u_{cem} = 2V_{CC} = 24\text{ V} > U_{(BR)CEO}$$

BJT 的最大管耗为：

$$P_{T_1m} \approx 0.2P_{om} = 0.2 \times 12\text{ W} = 2.4\text{ W} < P_{CM}$$

在所求 i_{cm}、u_{cem}、P_{T_1m} 三个参数中，由于 $i_{cm} = I_{CM}, u_{cem} > |U_{(BR)CEO}|$，故 BJT 不能安全工作。

(2) 求 $\eta = 0.6$ 时的 P_o 的值。

由式(9.33)可求出：

$$U_{om} = \eta \times 4 \frac{V_{CC}}{\pi} = \frac{0.6 \times 4 \times 12}{\pi} \text{ V} \approx 9.2 \text{ V}$$

将 U_{om} 代入式(9.26)得：

$$P_o = \frac{1}{2} \times \frac{U_{om}^2}{R_L} = \frac{1}{2} \times \frac{9.2^2}{6} \text{ W} \approx 7 \text{ W}$$

9.2.3 甲乙类互补对称功率放大电路

1. 交越失真

前面讨论的乙类 OCL 功放电路的输出电压 u_0 的波形是在假设功率管的发射结的门坎电压为 0 V 时得出的。实际上，功率管的门坎电压不可能为 0 V，硅管为 0.6 V，锗管为 0.2 V，当 $|u_i| \leqslant |U_{th}|$ 时，T_1 和 T_2 管均同时截止，则此时输出 $u_o = 0$，即输入交流信号在交越过 0 值时输出信号出现了非线性失真，如图 9.20 所示。这种现象称为交越失真。

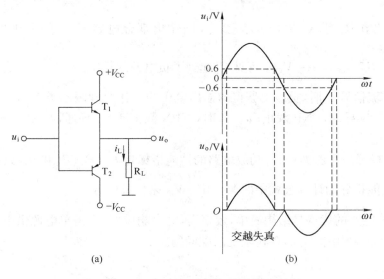

图 9.20 乙类 OCL 功放电路的交越失真

(a) 电路图；(b) 交越失真的输出波形

克服交越失真的一种方法就是：在静态时，在 T_1 和 T_2 的两个基极之间提供一个适当的偏压，使 T_1 和 T_2 管处于微导通状态，此时，T_1 和 T_2 管的静态工作点处于近截止区，功率管的工作类型由乙类变为甲乙类。利用二极管进行偏置的甲乙类 OCL 功放电路如图 9.21 所示。

2. 甲乙类单电源互补对称功率放大电路

(1)电路结构及工作原理。基本的甲乙类单电源互补对称功率放大电路如图 9.22 所示，这种电路常称为甲乙类 OTL(Output Tansformerless)电路，即无输出变压器的功率放大电路。

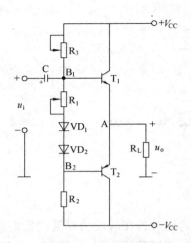

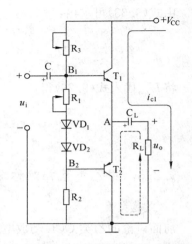

图 9.21　利用二极管进行偏置的甲乙类 OCL 功放电路　　　　**图 9.22　基本的甲乙类 OTL 功放电路**

图 9.22 中的 R_1、VD_1、VD_2 的作用是用来克服交越失真,使 T_1 和 T_2 两管工作在甲乙类状态。

静态时,调节 R_3 使 A 的电位为 $\frac{1}{2}V_{CC}$,则输出耦合电容 C_L 上的电压也为 $\frac{1}{2}V_{CC}$,则

$U_{CE1Q} = \frac{1}{2}V_{CC}$,$U_{CE2Q} = -\frac{1}{2}V_{CC}$,可见 C_L 起到了负电源的作用。

当输入交流信号 u_i 时,负载上获得的输出电压的工作原理跟乙类 OCL 功放电路相同。当 $u_i > 0$ 时,NPN 导通,PNP 截止;$u_i < 0$ 时,NPN 截止,PNP 导通,T_1 和 T_2 轮流导通,理想情况下 $u_o \approx u_i$。

(2) 性能指标。甲乙类 OTL 功放电路的性能指标有 P_O、P_T、P_V 和 η。只要将乙类 OCL 功放电路的性能指标的计算公式中的 V_{CC} 用 $\frac{1}{2}V_{CC}$ 来代替即可。

OTL 功放电路的优点是结构简单,效率高,频率响应好,只需单电源供电。缺点是输出需较大电容,电源利用率不高,存在阻抗匹配问题。

9.3　集成运算放大电路

半导体二极管和半导体三极管均属于分立的半导体元器件,本节所讨论的集成运放属于半导体集成电路。

集成电路就是采用一定的制造工艺,将晶体管、场效应管、二极管、电阻、电容等许多元件组成的具有完整功能的电路制作在同一块半导体芯片上,然后加以封装所构成的半导体器件。由于它的元件密度高(即集成度高)、体积小、功能强、功耗低、外部连线及焊点少,从而大大提高了电子设备的可靠性和灵活性,实现了元件、电路与系统的紧密结合。集成运算放大电路最初多用于各种模拟信号的运算(如比例、求和、求差、积分、微分……)上,故被称

为集成运算放大器,简称为集成运放。集成运放广泛用于模拟信号的处理和发生电路中,因其高性能、低价位,在大多数情况下,已经取代了分立元件放大电路。

9.3.1　集成运放的电路结构特点

集成运放电路是一种直接耦合的多级放大电路,由四部分组成,包括输入级、中间级、输出级和偏置电路,如图 9.23a 所示。它有两个输入端,一个输出端,图中所标 u_+、u_-、u_o 均以"地"为公共端,它的电路符号如图 9.23b 所示。

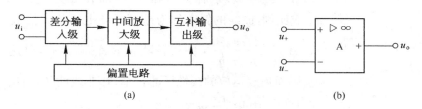

图 9.23　集成运算放大电路

(a) 组成方框图;(b) 电路符号

1. 输入级

输入级又称前置级,它往往是一个双端输入的高性能的差分放大电路。一般要求其输入电阻高,差模放大倍数大,抑制共模信号的能力强,静态电流小,输入级的好坏直接影响到集成运放大多数的性能参数,如输入电阻、共模抑制比等。

2. 中间级

中间级是整个放大电路的主放大器,其作用是使集成运放具有较强的放大能力,多采用共射放大电路。而且为了提高电压放大倍数,经常采用复合管做放大管,以恒流源做集电极负载,其电压放大倍数可达千倍以上。

3. 输出级

输出级应具有输出电压线性范围宽、输出电阻小(即带负载能力强)、非线性失真小等特点。集成运放的输出级多采用互补对称功率输出电路。

4. 偏置电路

偏置电路用于设置集成运放各级放大电路的静态工作点。与分立元件不同,集成运放采用电流源电路为各级提供合适的静态工作电流,从而确定了合适的静态工作点。

9.3.2　集成运放的电压传输特性

集成运放的两个输入端分别为同相输入端和反相输入端,这里的"同相"和"反相"是指运放的输入电压与输出电压的相位关系。从外部看,可以认为集成运放是一个双端输入、单端输出、具有高差模放大倍数、高输入电阻、低输出电阻、能较好地抑制温漂的差动放大电路。

1. 电压传输特性

当集成运放没有引入任何外电路时,如图 9.23b 所示,集成运放的输出电压 u_o 与差模输

入电压（即同相输入端与反相输入端之间的差值电压）之间的关系曲线称为电压传输特性曲线，即

$$u_o = f(u_+ - u_-) \tag{9.35}$$

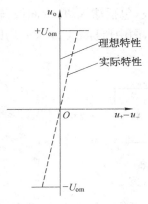

图 9.24　集成运放的电压传输特性曲线

对于正负两路电源供电的集成运放，电压传输特性曲线如图 9.24 所示。

从图示曲线可以看出，集成运放有线性放大区域（称为线性区）和非线性区域（称为饱和区）两部分。在线性区，u_o 与 $u_+ - u_-$ 成比例，曲线的斜率称为差模开环电压放大倍数，用 A_{od} 来表示，$A_{od} = \dfrac{u_o}{u_+ - u_-}$，曲线较陡表示 A_{od} 非常高，可达几十万倍以上，因而集成运放的线性区非常窄；在非线性区，输出电压只有两种可能的情况，$+U_{om}$ 或 $-U_{om}$。

例如：如果集成运放的输出电压的最大值 $\pm U_{om} = \pm 14\ V$，$A_{od} = 5 \times 10^5$，那么只有 $|u_+ - u_-| < 28\ \mu V$ 时，电路才工作在线性区。若 $|u_+ - u_-| > 28\ \mu V$，则集成运放进入非线性区，因而输出电压 u_o 不是 $+14\ V$ 就是 $-14\ V$。

2. 集成运放的主要性能指标

在考察集成运放的性能时，常用下列参数来描述：

（1）开环差模增益 A_{od}(dB)：通用型集成运放的 A_{od}(dB)通常在 100 dB 左右。

（2）差模输入电阻 r_{id}：r_{id} 是集成运放在输入差模信号时的输入电阻。通用型集成运放的 r_{id} 一般为 MΩ 数量级。

（3）输出电阻 r_o：r_o 表征了集成运放带负载的能力，其值约为几十到几百欧姆，一般小于 200 Ω。

（4）共模抑制比 K_{CMR}：K_{CMR} 一般很大，可达 $10^6 \sim 10^8$（80～120 dB）。

（5）-3 dB 带宽 f_H：f_H 是使 A_{od} 下降 3 dB 时的信号频率。由于各种电容的作用，f_H 较小。应当指出在 9.4 节中讨论的信号运算电路中，由于在集成运放的输出端和反相输入端引入了电阻，展宽了频带，所以 f_H 可达数百千赫以上。

除了以上介绍的性能指标，集成运放的性能指标还有失调电压、失调电流和它们的温漂、单位增益带宽、转换速率等。

3. 理想运放

为简化起见，通常将集成运放的性能指标理想化，即把实际运放视为理想运放，集成运放的理想化参数是：

（1）开环差模增益 A_{od} 为∞。

（2）差模输入电阻 r_{id} 为∞。

（3）输出电阻 r_o 为 0。

（4）共模抑制比 K_{CMR} 为∞。

（5）上限截止频率 f_H 为 ∞。

（6）失调电压、失调电流和它们的温漂均为零，且无任何内部噪声。

实际上，集成运放的技术指标均为有限值，理想化后必然带来分析误差，但是，在一般的工程计算中，这些误差都是允许的，早期集成运放的性能指标与理想参数相差甚远，由于现代集成电路制造工艺的进步，已经生产出各类接近理想参数的集成电路运算放大器。

4. 理想运放的两个工作区及工作特点

利用集成运放作为放大电路，通过引入不同的外围电路，就可以构成具有不同功能的实用电路。将放大电路输出回路中的输出信号通过某一电路或元件，部分或全部地送回到输入回路中去的措施称为反馈。当单个的理想运放通过无源的网络将运放的输出端与反相输入端连接起来，称运放电路工作在闭环负反馈，如图 9.25a 所示，如果通过无源的网络将运放的输出端与同相输入端连接起来，就称运放电路工作在闭环正反馈，如图 9.25b 所示。如果输出端与输入端没有任何网络连接时，称运放工作在开环状态，如图 9.25c 所示。

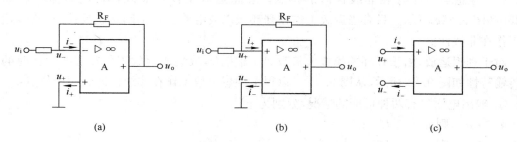

图 9.25   集成运放三种工作状态的电路特征

(a) 引入闭环负反馈；(b) 引入闭环正反馈；(c) 开环

尽管集成运放的应用电路多种多样，但就其工作区域都只有两个，在电路中，它们不是工作在线性区就是工作在非线性区，可以通过判断电路引入的反馈特征来确定运放电路的工作状态。

（1）理想运放工作在线性区的特点。理想运放工作在线性区的电路特征如图 9.25a 所示。只有电路引入了闭环负反馈，才能保证集成运放工作在线性区。理想运放工作在线性区的两个重要的特点：

① "虚短"。在图 9.25a 中，因为集成运放工作在线性区，所以输出电压与集成运放的输入差模电压成线性关系，即应满足：

$$A_{od} = \frac{u_o}{u_+ - u_-} \tag{9.36}$$

由于 u_o 为有限值，A_{od} 又为无穷大，所以

$$u_+ - u_- = \frac{u_o}{A_{od}} = \frac{u_o}{\infty} \approx 0 \tag{9.37}$$

即：
$$u_+ \approx u_- \tag{9.38}$$

从式(9.38)可以看出,集成运放的两个输入端电压无穷接近,但又不是真正短路,所以称为"虚短"。

② "虚断"。因为理想运放的净输入电压趋近于零,又因为理想运放的输入电阻为无穷大,所以

$$i_+ = i_- = \frac{u_+ - u_-}{r_{id}} = \frac{0}{\infty} \approx 0 \tag{9.39}$$

从式(9.39)可以看出,集成运放的两个输入端的输入电流也均趋近于零,换言之,从集成运放输入端看进去相当于断路,但又不是真正断路,所以称为"虚断"。

应当特别指出,"虚短"和"虚断"是理想运放工作在线性区的两个非常重要的特点,也是用来分析理想运放构成的线性应用电路的输入信号和输出信号关系的两个基本出发点。

由理想运放构成的线性应用的电路将在9.4节进行详细分析讨论。

(2) 理想运放工作在非线性区的特点。理想运放工作在非线性区的电路特征如图9.25b和图9.25c所示。只有当运放工作在开环状态或电路引入了闭环正反馈时,集成运放才工作在非线性区。

对于理想运放,由于开环差模放大倍数 A_{od} 无穷大,故集成运放工作在非线性区时的电压传输特性如图9.24所示,从图9.24可以得出理想运放工作在非线性区的两个特点:

① 输出电压只有两种可能的情况,分别为 $\pm U_{om}$。

$u_+ > u_-$,则 $u_0 = +U_{om}$;

$u_+ < u_-$,则 $u_0 = -U_{om}$;

$u_+ = u_-$,则 u_0 发生跳变,从一个电平跳变到另一个电平。

② "虚断": $i_+ = i_- \approx 0$。

由理想运放构成的非线性应用电路将在9.5节进行详细分析讨论。

9.4　理想集成运放的线性应用电路

9.4.1　比例运算电路

电路中只有一个外加信号输入,而且输出电压信号与输入电压信号成比例。

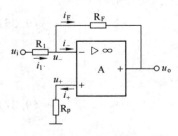

图 9.26　反相比例运算电路

1. 反相比例运算电路

(1)电路结构。反相比例运算电路如图9.26所示。输入信号 u_i 通过电阻 R_1 送到反相输入端。R_P 为平衡电阻,$R_P = R_1 /\!/ R_F$,其作用是消除静态基极电流对输出电压的影响。

(2)输出电压 u_o 与输入电压 u_i 的运算关系。根据理想集成运放工作在线性区时的两个特点可知:

根据"虚断"的特点：$i_+ = i_- = 0$，可得出

$$u_+ = 0, \quad i_1 = i_F \tag{9.40}$$

根据"虚短"的特点可以得出：

$$u_- = u_+ = 0 \tag{9.41}$$

根据式(9.40)和式(9.41)可列出：

$$\frac{u_i - u_-}{R_1} = \frac{u_- - u_o}{R_F}$$

即：

$$\frac{u_i}{R_1} = -\frac{u_o}{R_F}$$

由此得出：

$$u_0 = -\frac{R_F}{R_1} u_i \tag{9.42}$$

上式表明，输出电压与输入电压是比例运算关系，而且相位相反，所以称为反相比例运算放大电路。

2. 同相比例运算电路

(1) 电路结构。将图 9.26 所示电路中的输入端和接地端互换，就得到了同相比例运算电路，如图 9.27 所示。

(2) 输出电压 u_o 与输入电压 u_i 的运算关系。根据"虚断"的特点：$i_- = i_+ = 0$，可得出

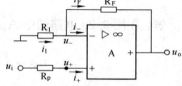

图 9.27　同相比例运算电路

$$u_+ = u_i, \quad i_1 = i_F \tag{9.43}$$

根据"虚短"的特点可得出：

$$u_- = u_+ = u_i \tag{9.44}$$

根据式(9.43)和式(9.44)可列出：

$$\frac{0 - u_-}{R_1} = \frac{u_- - u_o}{R_F}$$

即：

$$\frac{-u_i}{R_1} = \frac{u_i - u_o}{R_F}$$

由此得出：

$$u_o = \left(1 + \frac{R_F}{R_1}\right) u_i \tag{9.45}$$

上式表明，输出电压与输入电压是比例运算关系，而且相位相同，所以，称为同相比例运算电路。

【例 9.3】　电路如图 9.28 所示，试求 u_o 与 u_i 的关系式。

解：根据"虚断"：$i_+ = 0$，可得出：$u_+ = u_i$

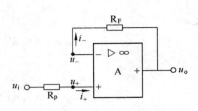

图 9.28　例 9.3 的图

根据"虚断"：$i_- = 0$，可得出：

$$u_o = u_- \tag{9.46}$$

根据"虚短"：　　$u_- = u_+ = u_i \tag{9.47}$

根据式(9.46)和式(9.47)可得出：

$$u_o = u_- = u_+ = u_i \tag{9.48}$$

上式表明，输出电压跟随输入电压变化，所以称图 9.28 为集成运放的电压跟随器。

【例 9.4】　电路如图 9.29 所示，已知 $u_o = -6u_i$，其余参数如图中所示，试求出 R_5 的值。

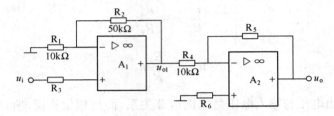

图 9.29　例 9.4 的图

解：在图 9.29 电路图中 A_1 构成同相比例运算电路，因此：

$$u_{o1} = \left(1 + \frac{R_2}{R_1}\right)u_i = \left(1 + \frac{50\ \mathrm{k\Omega}}{10\ \mathrm{k\Omega}}\right)u_i = 6u_i$$

A_2 构成反相比例运算电路，因此：

$$u_o = -\frac{R_5}{R_4}u_{o1} = -\frac{R_5}{10\ \mathrm{k\Omega}} \times 6u_i = -6u_i$$

得出 $R_5 = 10\ \mathrm{k\Omega}$

9.4.2　加法运算电路

当两个或两个以上的输入信号同时作用于集成运放的同一个输入端，可实现多个输入信号的加法运算。

1. 反相求和运算电路

(1) 电路结构。反相求和运算电路的多个输入信号分别通过电阻同时作用于集成运放的反相输入端，如图 9.30 所示。

(2) 输出电压 u_o 与输入电压 u_{i1}、u_{i2} 的运算关系。根据"虚断"：$i_+ = i_- = 0$，可得出：

$$u_+ = 0, \quad i_1 + i_2 = i_F \tag{9.49}$$

根据"虚短"：　　$u_+ = u_- = 0 \tag{9.50}$

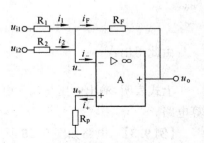

图 9.30　反相求和运算电路

根据式(9.49)和式(9.50)可列出:

$$\frac{u_{i1}-u_{-}}{R_1}+\frac{u_{i2}-u_{-}}{R_2}=\frac{u_{-}-u_{o}}{R_F}$$

即:

$$\frac{u_{i1}}{R_1}+\frac{u_{i2}}{R_2}=-\frac{u_{o}}{R_F}$$

由此得出:

$$u_{o}=-\frac{R_F}{R_1}u_{i1}-\frac{R_F}{R_2}u_{i2} \tag{9.51}$$

当 $R_1=R_2=R$ 时,可得出:

$$u_{o}=-\frac{R_F}{R}(u_{i1}+u_{i2}) \tag{9.52}$$

上式表明,输出电压与输入电压的和成比例关系,而且与两输入信号的和的相位相反,所以,称为反相求和运算电路。

2. 同相求和运算电路

(1) 电路结构。同相求和运算电路的多个输入信号分别通过电阻同时作用于集成运放的同相输入端,如图9.31 所示。

(2) 输出电压 u_{o} 与输入电压 u_{i1}、u_{i2} 的运算关系式。根据"虚断"、"虚短"的特点,u_{o} 与 u_{+} 满足同相比例运算关系,因此:

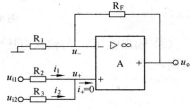

图 9.31　同相求和电路

$$u_{o}=\left(1+\frac{R_F}{R_1}\right)u_{+} \tag{9.53}$$

对运放的同相输入端列电流方程:

$$i_1+i_2=0$$

即:

$$\frac{u_{i1}-u_{+}}{R_2}+\frac{u_{i2}-u_{+}}{R_3}=0$$

所以同相输入端电位为:

$$u_{+}=(R_2 \;/\!/\; R_3)\left(\frac{u_{i1}}{R_2}+\frac{u_{i2}}{R_3}\right) \tag{9.54}$$

将式(9.54)代入式(9.53),可得出:

$$u_{o}=\left(1+\frac{R_F}{R_1}\right)(R_2 \;/\!/\; R_3)\left(\frac{u_{i1}}{R_2}+\frac{u_{i2}}{R_3}\right) \tag{9.55}$$

当 $R_2 = R_3$ 时，就可以实现输出电压与两个输入信号的和成比例，且相位相同。

9.4.3　减法运算电路

当输出电压 u_o 与输入的两个信号 u_{i1}、u_{i2} 的差值成比例时，称为集成运放的减法运算电路。

1. 利用反相信号求和以实现减法运算

(1) 电路结构。电路如图 9.32 所示。

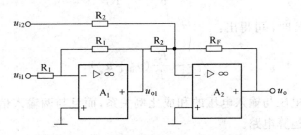

图 9.32　用加法电路构成减法电路

(2) 输出电压 u_o 与输入电压 u_{i1}、u_{i2} 的运算关系。第一级运放 A_1 构成反相比例运算电路，则：

$$u_{o1} = -\frac{R_1}{R_1}u_{i1} = -u_{i1} \tag{9.56}$$

第二级运放 A_2 构成反相求和运算电路，则：

$$
\begin{aligned}
u_o &= -\frac{R_F}{R_2}u_{o1} - \frac{R_F}{R_2}u_{i2} \\
&= \frac{R_F}{R_2}u_{i1} - \frac{R_F}{R_2}u_{i2} \\
&= \frac{R_F}{R_2}(u_{i1} - u_{i2})
\end{aligned} \tag{9.57}
$$

上式表明，输出电压与两个输入信号的差值成比例，所以称为减法运算电路。

2. 利用差分式电路以实现减法运算

(1) 电路结构。如果两个输入端都有信号输入，则称为差分输入。电路结构如图 9.33 所示，这种差分输入的电路结构在测量和控制领域中应用很多。

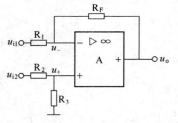

图 9.33　差分式减法运算电路

(2) 输出电压 u_o 与输入电压 u_{i1}、u_{i2} 的运算关系。求解输出与输入的运算关系的方法可以有两种：一是直接利用"虚短"和"虚断"的特点求解；二是利用叠加定理求解。

采用叠加定理，令 $u_{i2} = 0$，u_{i1} 单独作用，构成反相比例运算电路，得：

$$u_{o1} = -\frac{R_F}{R_1} u_{i1} \tag{9.58}$$

令 $u_{i1} = 0$，u_{i2} 单独作用，构成同相比例运算电路，得：

$$u_{o2} = \left(1 + \frac{R_F}{R_1}\right) u_+$$

$$= \left(1 + \frac{R_F}{R_1}\right)\left(\frac{u_{i2}}{R_2 + R_3} R_3\right) \tag{9.59}$$

因此，当所有输入信号同时作用时的输出电压为：

$$u_o = u_{o1} + u_{o2} = -\frac{R_F}{R_1} u_{i1} + \left(1 + \frac{R_F}{R_1}\right)\frac{R_3 u_{i2}}{R_2 + R_3} \tag{9.60}$$

若　$\dfrac{R_F}{R_1} = \dfrac{R_3}{R_2}$，则：

$$u_o = \frac{R_F}{R_1}(u_{i2} - u_{i1}) \tag{9.61}$$

上式表明，电路实现了对输入差模信号的比例运算。

【例 9.5】　图 9.34 所示是一个具有高输入阻抗，低输出电阻的仪用放大器。假设集成运放是理想的，试证明：

$$u_o = -\frac{R_4}{R_3}\left(1 + \frac{2R_2}{R_1}\right)(u_{i1} - u_{i2})$$

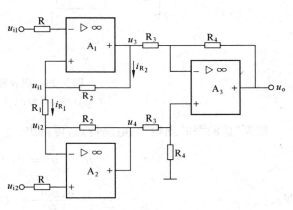

图 9.34　例 9.5 的图

解：此放大器中的运放均工作在线性放大区，根据"虚短"和"虚断"的电路特点，则：

$$u_{1-} = u_{i1}, \quad u_{2-} = u_{i2}$$

因为　$i_{R2} = i_{R1}$　即：

$$\frac{u_3 - u_4}{2R_2 + R_1} = \frac{u_{i1} - u_{i2}}{R_1} \tag{9.62}$$

则：

$$u_3 - u_4 = \left(1 + \frac{2R_2}{R_1}\right)(u_{i1} - u_{i2}) \tag{9.63}$$

因为运放 A_3 构成了减法运算电路，所以

$$u_o = \frac{R_4}{R_3}(u_4 - u_3) \tag{9.64}$$

将式(9.63)代入式(9.64)中,可得:

$$u_o = -\frac{R_4}{R_3}\left(1 + \frac{2R_2}{R_1}\right)(u_{i1} - u_{i2}) \tag{9.65}$$

9.4.4　积分运算电路

集成运放构成的积分电路如图9.35a所示。输出与输入的运算关系的推导与反相比例运算电路的分析方法基本相同。

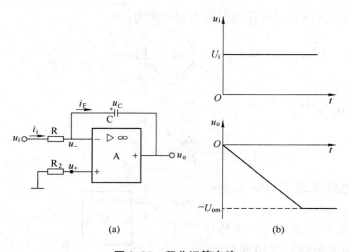

图 9.35　积分运算电路

(a) 电路结构;(b) 阶跃响应

根据"虚断"和"虚短"的电路特点,可得出:

$$u_- = u_+ = 0, \quad i_i = i_F$$

即:

$$\frac{u_i - u_-}{R} = C\frac{du_c}{dt} \tag{9.66}$$

则:

$$du_c = \frac{u_i}{RC}dt$$

$$u_c = \frac{1}{RC}\int_{t_o}^{t} u_i dt + u_c(t_o) \tag{9.67}$$

因为

$$u_o = -u_c$$

所以

$$u_o = -\frac{1}{RC}\int_{t_o}^{t} u_i dt + u_o(t_o) \tag{9.68}$$

上式表明,输出电压为输入电压对时间的积分,负号表示它们在相位上是相反的。当输入信号 u_i 为常量时,可得:

$$u_o = -\frac{u_i}{RC}(t - t_o) + u_o(t_o) \tag{9.69}$$

式中 $\tau = RC$ 为积分时间常数。由于运放输出电压的最大值 U_{om} 受直流电源电压的限制，致使运放进入饱和状态，u_o 将保持不变，而停止积分，设 $u_c(t_o) = 0$，则积分运算电路的阶跃响应如图 9.35b 所示。

图 9.35 所示的积分电路，可用来作为波形变换电路，常将矩形波变为锯齿波或三角波，用在显示器的扫描电路中及双积分的模数转换器中。

【例 9.6】 积分电路如图 9.35 所示，电路中 $R = 6\,\text{k}\Omega$，$C = 10\,\text{nF}$，输入电压 u_i 波形如图 9.36a 所示，在 $t = 0$ 时，电容器 C 的初始电压 $u_C(0) = 0$。试画出输出电压 u_o 的波形，并标出 u_o 的幅值。

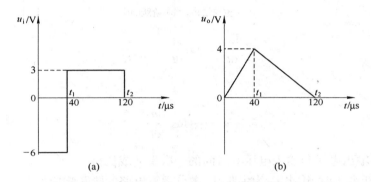

图 9.36 例 9.6 的图

(a) 输入电压 u_i 波形；(b) 输出电压 u_o 波形

解：(1) 在 $0 \sim 40\,\mu\text{s}$ 期间，$u_o(t) = -\dfrac{u_i}{RC}t$，则：

$$u_o(40\,\mu\text{s}) = -\frac{-6 \times 40 \times 10^{-6}}{6 \times 10^3 \times 10 \times 10^{-9}}\,\text{V} = 4\,\text{V}$$

(2) 在 $40 \sim 120\,\mu\text{s}$ 期间，

$$u_o(120\,\mu\text{s}) = -\frac{3 \times (120 - 40) \times 10^{-6}}{6 \times 10^3 \times 10 \times 10^{-9}} + u_o(40\,\mu\text{s})$$
$$= (-4 + 4)\,\text{V}$$
$$= 0\,\text{V}$$

(3) 输出电压波形如图 9.36b 所示。

9.4.5 微分运算电路

微分运算是积分运算的逆运算，只需将反相输入端的电阻和反馈电容调换位置，就成为微分运算电路，如图 9.37a 所示。

根据"虚断"和"虚短"的电路特点，并由图可列出 $i_i = i_F$，即：

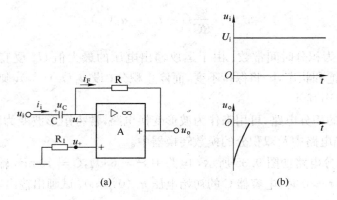

图 9.37　微分运算电路

(a) 电路结构；(b) 阶跃响应

$$C\frac{\mathrm{d}u_{\mathrm{c}}}{\mathrm{d}t} = C\frac{\mathrm{d}u_{\mathrm{i}}}{\mathrm{d}t} = -\frac{u_{\mathrm{o}}}{R}$$

即：

$$u_{\mathrm{o}} = -RC\frac{\mathrm{d}u_{\mathrm{i}}}{\mathrm{d}t} \tag{9.70}$$

上式表明,输出电压与输入电压对时间的一次微分成比例。

当 u_{i} 为阶跃电压时,输出 u_{o} 为尖脉冲,微分运算电路的阶跃响应如图 9.37b 所示。

微分电路的应用很广泛,在线性系统中,除了可作微分运算外,在脉冲数字电路中,常用来作波形变换,常将矩形波变换为尖顶脉冲波。

9.5　理想集成运放的非线性应用电路

当集成运放工作在开环状态或闭环正反馈状态时,如 9.3 节中的图 9.25(b)、(c)所示,则集成运放工作在非线性状态即饱和状态。电压比较器就是集成运放的一种非线性应用,电压比较器除广泛应用于信号产生电路外,还广泛应用于信号处理和检测电路等。

电压比较器的基本功能是对运放的两个输入端电压 u_- 和 u_+ 的大小进行比较,并根据比较结果输出高电平或低电平电压。

电压比较器中的理想集成运放由于工作在饱和区,不再满足"虚短"的特点,"虚断"的特点仍然满足。电压比较器的电压特点如下:

$$u_+ > u_-,则\ u_{\mathrm{o}} = +U_{\mathrm{om}};$$
$$u_+ < u_-,则\ u_{\mathrm{o}} = -U_{\mathrm{om}};$$

$u_+ = u_-$,则 u_{o} 发生跳变,从一个电平跳变到另一个电平。当 u_{o} 发生跳变时所对应的 u_{i} 的大小,称为电压比较器的门限电压或阈值电压,用 U_{T} 表示。

9.5.1 单门限电压比较器

单门限电压比较器中的集成运放工作在开环状态,根据输入信号 u_i 的输入方式的不同可分为反相输入单门限电压比较器如图 9.38a 所示和同相输入单门限电压比较器如图 9.39a 所示。

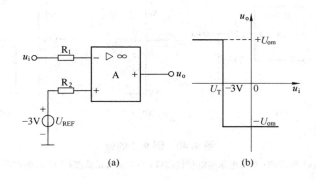

图 9.38 反相输入单门限电压比较器

(a)电路图;(b)电压传输特性

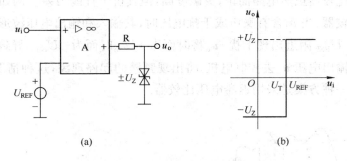

图 9.39 同相输入单门限电压比较器

(a)电路图;(b)电压传输特性

根据电压比较器的特点可画出它们的电压传输特性曲线(稳压管的正向导通压降忽略不计),分别如图 9.38b 和图 9.39b 所示,通过 $u_+ = u_-$,可求出门限电压 $U_T = U_{REF}$。

【例 9.7】 电路如图 9.40a 所示,已知稳压管正向导通时的管压降为 0.6 V,稳定电压 $U_Z = 5$ V,运放的输出饱和值为 ± 12 V,当输入信号 u_i 如图 9.40c 所示的正弦波时。(1)画出该电压比较器的电压传输特性曲线。(2)求门限电压。(3)试画出 u_o 的波形。

解:当 $u_i > 0$ 时,即 $u_+ < u_-$ 所以 u_o 为负的饱和值,稳压管反向击穿,$u_o = -U_Z = -5$ V;

当 $u_i < 0$ 时,即 $u_+ > u_-$,所以 u_o 为正的饱和值,稳压管正向导通,$u_o = +0.6$ V;

当 $u_+ = u_-$ 时,即 $u_i = 0$ 时,u_o 从一个电平跳到另一个电平,所以,门限电压 $U_T = 0$ V,当 $u_i = 0$ 时,u_o 发生跳变,故称图 9.40a 的电路叫过零比较器。输出 u_o 的波形如图 9.40d 所示。

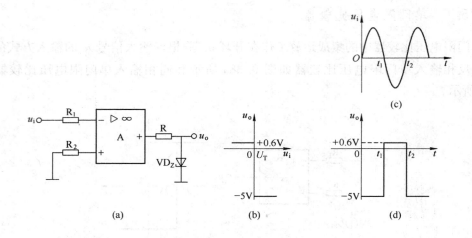

图 9.40   例 9.7 的图

（a）电路图；（b）电压传输特性曲线；（c）输入正弦波；（d）u_o 的波形

9.5.2　迟滞电压比较器

单门限电压比较器虽然电路简单，灵敏度高，但其抗干扰能力差。例如，在图 9.39 所示的单门限电压比较器，当 u_i 含有噪声或干扰电压时，其输入和输出电压波形如图 9.41 所示。由于在 $u_i = U_T = U_{REF}$ 附近出现干扰，u_o 将时而为 $+U_{om}$ 时而为 $-U_{om}$，导致比较器输出不稳定。如果用这个输出电压 u_o 去控制电机，将出现频繁的起停现象，这种情况是不允许的，提高抗干扰能力的一种方案是采用迟滞电压比较器。

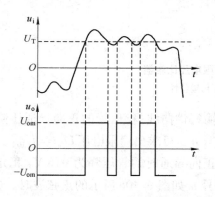

图 9.41　单门限电压比较器在 u_i 含有干扰电压的输出电压波形

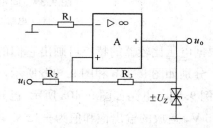

图 9.42　同相输入迟滞电压比较器

1. 电路结构

迟滞电压比较器根据输入信号的不同，其输入方式可分为同相输入迟滞电压比较器如图 9.42 所示，反相输入迟滞电压比较器如图 9.43 所示。下面以图 9.43a 所示的反相输入的迟滞电压比较器为例来分析迟滞电压比较器的工作原理。

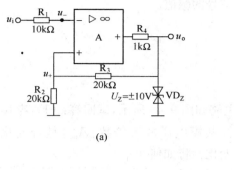
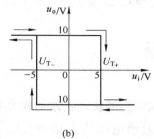
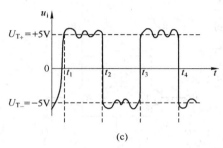
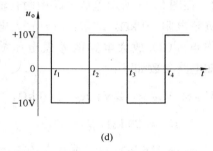

(a)　　　　　　　　　　　　　　(b)

(c)　　　　　　　　　　　　　　(d)

图 9.43　反相输入迟滞电压比较器

(a) 电路；(b) 传输特性；(c) 输入波形；(d) 输出电压波形

2. 工作原理

设图 9.43 中的电路参数如图中所示,输入信号 u_i 的波形如图 9.43c 所示,图中 VD_Z 为两个串接的稳压管,U_Z 均为 10 V,正向导通压降忽略不计,假设 $t=0$ 时,输出 u_o 的大小为 $+$ 10 V,试画出其传输特性和输出电压 u_o 的波形。

下面分两个过程来分析电路的工作原理。

(1) u_i 从负的最大值上升到正的最大值的过程。因为 $u_+ = \dfrac{10}{20+20} \times 20\ \text{V} = 5\ \text{V}$,如果 u_i 此时从负的最大值开始上升,则上升到 5 V 时,$u_+ = u_-$,u_o 将从 $+U_{om}$($+10\ \text{V}$)跳变到 $-U_{om}$($-10\ \text{V}$),此时 u_+ 变为 $-5\ \text{V}$。

(2) u_i 上升到正的最大值后开始下降到负的最大值过程。因为 $u_+ = -5\ \text{V}$,当 u_i 下降到 $+5\ \text{V}$ 时,由于 $u_+ \neq u_-$,所以,u_o 此时并不发生跳变。只有继续下降到 $-5\ \text{V}$ 时,$u_+ = u_-$,u_o 将从 $-U_{om}$($-10\ \text{V}$)跳变到 $+U_{om}$($+10\ \text{V}$)。

根据上面的分析,可以得到图 9.43a 电路的电压传输特性曲线,如图 9.43b 所示,具有迟滞回环传输特性。

(3) 门限电压。从图 9.43b 中,迟滞电压比较器有两个门限电压,分别用上门限电压 U_{T+} 和下门限电压 U_{T-} 来表示。两个门限电压中,取值大的一个为 U_{T+},值小的一个为 U_{T-},两者的差值定义为回差电压用 ΔU_H 来表示 $\Delta U_H = U_{T+} - U_{T-}$。

(4) 输出波形。根据上面的分析,可以画出输出的波形,如图 9.43d 所示。即使当 u_i 含有噪声或干扰电压时,但得到的 u_o 是一近似矩形波,使得输出电压工作稳定。为了达到抗干扰的目的,回差电压 ΔU_H 必须大于干扰信号的幅值。

习　题

9.1　双端输出的长尾式差动放大电路如图 9.44 所示,试回答:(1) 若 R_E 增大,则静态工作电流 I_{C2},差模电压放大倍数 $|A_{ud}|$,共模电压放大倍数 $|A_{uc}|$ 是否变化? 将如何变? (2) 若 R_C 增大,则 I_{C2}、$|A_{ud}|$、$|A_{uc}|$ 是否变化? 将如何变?

9.2　在图 9.44 所示差放电路中两管输出之间外接负载电阻 20 kΩ,试求:(1) 放大电路的静态工作点。(2) 放大电路的差模电压放大倍数。已知电路参数如下:

$$V_{CC} = V_{EE} = 12 \text{ V}, \ R_C = 10 \text{ k}\Omega,$$

$$R_E = 20 \text{ k}\Omega, \ \beta = 80,$$

$$r_{be} = 7.6 \text{ k}\Omega, \ U_{BE} = 0.6 \text{ V}$$

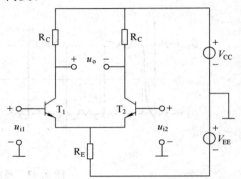

图 9.44　习题 9.1,9.2 的图

9.3　已知单端输出的差放电路的输入信号 $u_{i1} = 2.1 \text{ V}, u_{i2} = 1.9 \text{ V}$,试求:(1) 差模输入电压 u_{id} 和共模输入电压 u_{ic}。(2) 若 $A_{ud} = -60, A_{uc} = -0.06$,试求该差放电路的输出电压 u_o。及共模抑制比 K_{CMR}。

9.4　在两边完全对称的差分放大电路中:(1) 若两输入端电压 $u_{i1} = u_{i2}$,则双端输出电压 u_o 为多大? (2) 若 $u_{i1} = 1.5 \text{ mV}, u_{i2} = -1.5 \text{ mV}$,如果差模电压放大倍数为 -100,则双端输出时负载 R_L 上得到的输出电压 u_o 为多大?

9.5　差分放大电路如图 9.45 所示,已知 $\beta = 50, r_{bb'} = 200 \ \Omega, U_{BEQ} = 0.6 \text{ V}$,试求:(1) 静态 I_{CQ1}, U_{CQ1}。(2) 差模电压放大倍数 A_{ud}。(3) 共模电压放大倍数 A_{uc} 和共模抑制比 K_{CMR}。

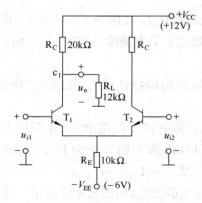

图 9.45　习题 9.5 的图

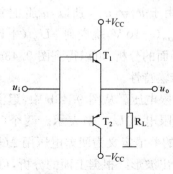

图 9.46　习题 9.6 的图

9.6 双电源互补对称功放电路如图 9.46 所示,已知 $V_{CC} = 16\ V$,$R_L = 8\ \Omega$,u_i 为正弦波,忽略管子的饱和压降 U_{CES},试求:(1)负载上可能得到的最大输出功率 P_{om}。(2)每个管子允许的管耗 P_{CM} 至少应为多少?(3)每个管子的耐压 $|U_{(BR)CEO}|$ 应大于多少?

9.7 OCL 电路如图 9.47 所示,已知输入电压 u_i 为正弦波,三极管的饱和压降 $|U_{CES}| \approx 1\ V$,当 $u_i = 0\ V$ 时,u_0 应为 $0\ V$;电容 C 对交流信号可视为短路。(1)此功放电路的类型是乙类还是甲乙类?(2)为使负载电阻 $R_L(8\ \Omega)$ 上得到的最大输出功率 P_{om} 为 9 W,电源电压 V_{CC} 至少应取多大?(3)若电路仍产生交越失真,则应调节电路中的哪个元件?应如何调节?(4)若 $u_i = 0\ V$ 时,$u_0 > 0\ V$,则应调节电路中的哪个元件?应如何调节?

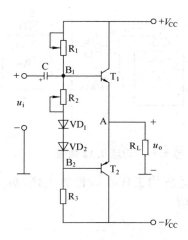

图 9.47 习题 9.7 的图

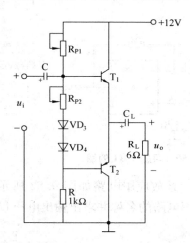

图 9.48 习题 9.8 的图

9.8 电路如图 9.48 所示,为使电路正常工作,试回答下列问题:(1)静态时电容 C_L 上的电压是多大? 如果偏离此值,应首先调节 R_{P1} 还是 R_{P2}?(2)设 $R_{P1} = R = 1\ k\Omega$,三极管 $\beta = 60$,T_1 和 T_2 管的 $U_{BE} = 0.7\ V$,T_1 和 T_2 管的 $P_{CM} = 100\ mW$,静态时若 R_{P2} 或二极管断开时功率管是否安全? 为什么?(3)调节静态工作电流,主要调节 R_{P1} 还是 R_{P2}?(4)设管子饱和压降可以略去,求当输出为最大时的输出功率、电源供给功率、管耗和效率。

9.9 F007 运算放大器的正、负电源电压为 $\pm 15\ V$,开环电压放大倍数 $A_{od} = 10^5$,输出最大电压(即 $\pm U_{om}$)为 $\pm 12\ V$。今在运放的两个输入端分别加下列输入电压,求输出电压及其极性:(1)$u_+ = +10\ \mu V$,$u_- = -10\ \mu V$。(2)$u_+ = -5\ \mu V$,$u_- = +10\ \mu V$。(3)$u_+ = 0\ V$,$u_- = +10\ mV$。(4)$u_+ = 10\ mV$,$u_- = 0\ V$。

9.10 运放应用电路如图 9.49 所示,设理想运放均工作在线性放大区,试分别求出各电路的输出电压 U_0 的值。

9.11 运放应用电路如图 9.50 所示,设理想运放均工作在线性放大区,已知 $R_1 = 10\ k\Omega$,$R_2 = 20\ k\Omega$,若 $U_i = 1\ V$,试求出电路的输出电压 U_0 的值。

9.12 运放应用电路如图 9.51 所示,设理想运放均工作在线性放大区,试分别写出 A_1、A_2 应用电路的名称并求出输出电压 U_{o1} 和 U_o 的值。

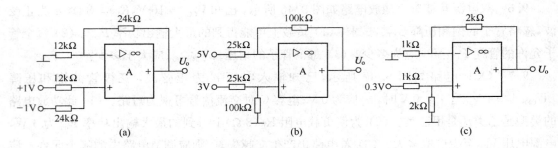

图 9.49   习题 9.10 的图

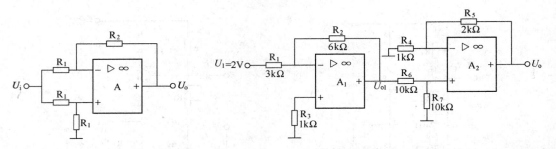

图 9.50   习题 9.11 的图   **图 9.51   习题 9.12 的图**

9.13   运放应用电路如图 9.52 所示,设理想运放均工作在线性放大区,试分别写出 A_1、A_2 应用电路的名称并求出输出电压 U_{o1} 和 U_o 的值。

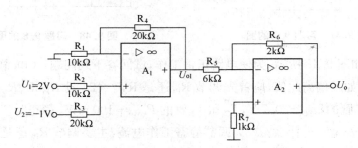

图 9.52   习题 9.13 的图

9.14   电路如图 9.53 所示,设理想运放均工作在线性放大区,试分别写出 A_1、A_2 所构成应用电路的名称以及输出电压 u_o 与 u_{i1},u_{i2} 的运算关系。

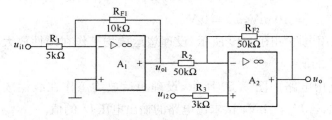

图 9.53   习题 9.14 的图

9.15   电路如图 9.54 所示,设理想运放均工作在线性放大区,试分别写出 A_1、A_2 所构成应用电路的名称以及输出电压 u_o 与 u_i 的运算关系。

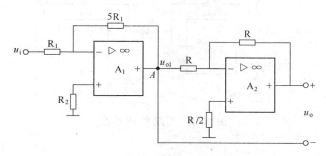

图 9.54　习题 9.15 的图

9.16　电路如图 9.55 所示,设理想运放均工作在线性放大区,试分别写出 A_1、A_2 所构成应用电路的名称以及输出电压 u_o 与 u_i 的运算关系。

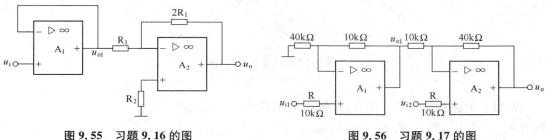

图 9.55　习题 9.16 的图　　　　　　**图 9.56　习题 9.17 的图**

9.17　电路如图 9.56 所示,设理想运放均工作在线性放大区,试分别写出 A_1、A_2 所构成应用电路的名称以及输出电压 u_o 与 u_{i1},u_{i2} 的运算关系。

9.18　在图 9.57a 所示的积分电路中,设 A 为理想运算放大器,电容 C 上的初始电压为零。已知 u_i 的波形如图 9.57b 所示。试分析并计算当 $t = 3\,\text{ms}$ 时的 u_o 值。

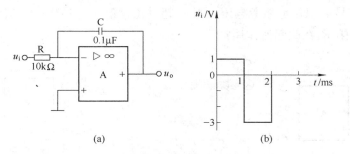

图 9.57　习题 9.18 的图

（a）电路图；（b）u_i 的波形

9.19　在图 9.58 的电路中,电源电压为 $\pm 15\,\text{V}$, $u_{i1} = 1.1\,\text{V}$, $u_{i2} = 1\,\text{V}$。试问接入输入电压后,输出电压 u_o 由 $0\,\text{V}$ 上升到 $10\,\text{V}$ 所需要的时间。

9.20　微分电路如图 9.59a 所示,输入电压 u_i 如图 9.59b 所示,设电路 $R = 10\,\text{k}\Omega$, $C = 100\,\mu\text{F}$,运放是理想的,试画出输出电压 u_o 的波形并标出 u_o 的幅值。

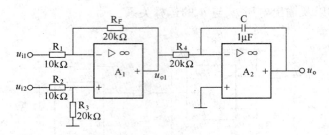

图 9.58　习题 9.19 的图

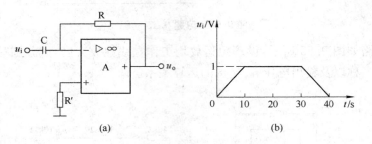

图 9.59　习题 9.20 的图

(a) 电路图；(b) 输入波形

9.21　电路如图 9.60 所示，其输出电压最大幅值为 ± 13 V。稳压管的正向导通电压 $U_D = 0.7$ V，VD_{Z1}、VD_{Z2} 的稳定电压均为 6 V。在以下四种情况下，输出 u_o 分别为多大？（1）正常工作时。（2）a 点断开时。（3）b 点断开时。（4）VD_{Z1} 接反。

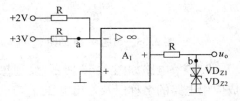

图 9.60　习题 9.21 的图

9.22　图 9.61 是监控报警装置，如需对某一参数（如温度、压力等）进行监控时，可由传感器取得监控信号 u_i，U_R 是参考电压。当 u_i 超过正常值时，报警灯亮，试说明其工作原理。二极管 VD 和电阻 R_3 在此起何作用？

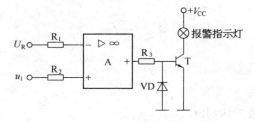

图 9.61　习题 9.22 的图

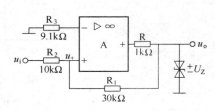

图 9.62　习题 9.23 的图

9.23　同相输入迟滞比较器如图 9.62 所示，已知 $U_Z = 6$ V，稳压管的正向导通压降可忽略不计，试求出它的门限电压，并画出其传输特性。

9.24　电路如图 9.63 所示，运放 A_1、A_2 为理想运放。已知稳压管的稳定电压 $U_Z = 5$ V，正向导通压降为 0.6 V。（1）指出 A_1、A_2 所组成的电路名称及实现的功能。（2）u_i 输入波形如图 9.63b 所示,请画出 u_{o1}、u_o 的波形。

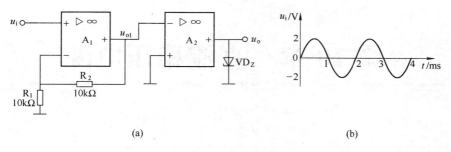

(a)

(b)

图 9.63 习题 9.24 的图

(a) 电路图;(b) 输入波形

9.25 电路如图 9.64 所示,设 A_1、A_2 为理想运算放大器,VD_{Z1}、VD_{Z2} 的稳定电压均为 6 V,稳压管的正向导通压降可忽略不计,且电容初始电压 $u_C(0) = 0$,u_i 为正弦波电压,$u_i = 2\sin 3.14t \text{(V)}$。试画出输出电压 u_o 的波形,并求出峰-峰值 U_{opp}。

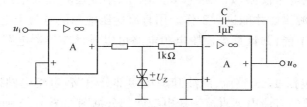

图 9.64 习题 9.25 的图

第10章 直流稳压电源

各种电子电路或电子仪器,如三极管放大电路、集成运算放大电路、信号发生器以及计算机,都需要直流电源供能才能进行工作。用直流稳压电源供电与干电池供电相比,采用直流稳压电源更经济、节能,并且直流稳压电源电路可以设计在仪器电路中,成为电子电路的一部分。

直流稳压电源包括变压、整流、滤波和稳压四部分电路,可将电网提供的 220 V、50 Hz 的交流电变化为需要的直流电。直流稳压电源四部分框图如图 10.1 所示。

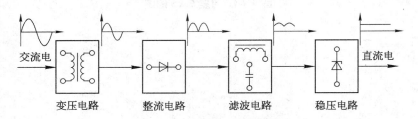

图 10.1　直流稳压电源结构框图

直流稳压电源各部分作用及电路主要器件为:

(1) 变压电路:将电网 200 V、50 Hz 的交流电压,或比较大的交流电压,转变为符合整流需要的,大小合适的交流电压。由变压器完成变压。

(2) 整流电路:将双向的交流电压变换为单向的脉动电压。由半导体二极管完成整流。

(3) 滤波电路:减小整流输出电压的脉动程度,保持一定的输出电压平均值。主要由储能元件电容或电感来滤掉脉动成分。

(4) 稳压电路:提高输出直流电压的稳定性,使输出电压在交流电压波动或负载变化时,保持稳定。由稳压管和三极管组成稳压电路。

下面将对整流、滤波和稳压电路进行分析讨论。

10.1　整流电路

一般常用的 1 kW 以下小功率整流电路由单相半波、单相全波和单相桥式电路。

10.1.1　单相半波整流电路

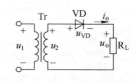

单相半波整流电路只有一个二极管组成整流电路,如图 10.2 所示。当 u_2 为正半周时,VD 导通,负载 R_L 上有电流流过,并有电压输出;当 u_2 为负半周时,VD 截止,负载 R_L 上没有电流 **图 10.2　单相半波整流电路** 流过,所以也没有电压输出。

单相半波整流电路中的电流和各部分电压波形如图 10.3 所示,图中画出了两个正弦交流信号周期内的波形。由波形图可见 $u_2 = u_o + u_{VD}$。

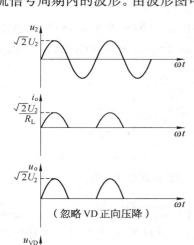

图 10.3　单相半波整流电路的电压、电流波形

负载上得到整流后的电压 u_o,虽然是单向的,但其大小变化在有电压的半周内同交流正弦电压,称这种电压为单向脉动电压。

负载上得到一个完整周期内电压的平均值为:

$$U_o = \frac{1}{2\pi} \int_0^\pi u_2 \sin \omega t \, d(\omega t)$$

$$= \frac{1}{2\pi} \int_0^\pi \sqrt{2} U_2 \sin \omega t \, d(\omega t)$$

$$= \frac{\sqrt{2}}{\pi} U_2 = 0.45 U_2 \qquad (10.1)$$

由上式得整流电流的平均值:

$$I_o = \frac{U_o}{R_L} = 0.45 \frac{U_2}{R_L} \qquad (10.2)$$

由图 10.3 可见,二极管不导通时承受的最大反压为:

$$U_{RM} = \sqrt{2} U_2 \qquad (10.3)$$

10.1.2　单相全波整流电路

单相全波整流电路由两个二极管组成,如图 10.4 所示。当 u_2 为正半周时,VD_1 导通、VD_2 截止,电流通路为 $u_2 \oplus_{上} \rightarrow VD_1 \rightarrow R_L \rightarrow u_2 \ominus_{下}$;当 u_2 为负半周时,VD_2 导通、VD_1 截止,电流通路为 $u_2 \ominus_{下} \rightarrow VD_2 \rightarrow R_L \rightarrow u_2 \oplus_{上}$。$VD_1$、$VD_2$ 在正弦电压的正、负半周内轮流导通,但负载 R_L 上都有电流流过,也都有电压输出。

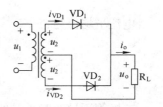

图 10.4　单相全波整流电路

单相全波整流电路的正负半周中,各部分的电流、电压波形如图 10.5 所示。在图示的

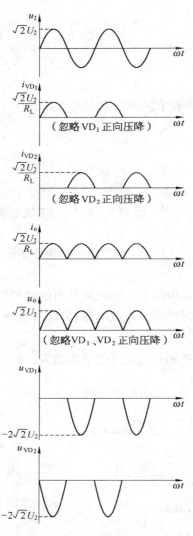

图 10.5　单相全波整流电路的电压、电流波形

输入电压 u_2 在两个周期变化范围内，VD_1、VD_2 分别导通，而 R_L 上 i_o 和 u_o 是两个半周都有信号，并且是单向脉动信号。此电路二极管在截止时承受的反压比较大。

负载得到的电压、电流平均值为：

$$U_o = 0.9U_2 \tag{10.4}$$

$$I_o = 0.9\frac{U_2}{R_L} \tag{10.5}$$

二极管不导通时承受的最大反压为：

$$U_{RM} = 2\sqrt{2}U_2 \tag{10.6}$$

10.1.3　单相桥式整流电路

单相桥式整流电路也是一种全波整流电路，桥式整流电路需要采用 4 个二极管组成，电路如图 10.6 所示。

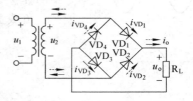

图 10.6　单相桥式整流电路

在图中，u_2 正半周时电流用实线箭头标出，u_2 负半周时电流用虚线箭头标出，由图可见负载上流过的电流和两端的电压是单相脉动的信号。

单相桥式整流电路中的电流、电压波形如图 10.7 所示，图中均忽略二极管的正向导通压降。

由图可见负载上得到的整流电压平均值为：

$$U_o = 0.9U_2 \tag{10.7}$$

电流平均值为：

$$I_o = 0.9\frac{U_2}{R_L} \tag{10.8}$$

二极管不导通时承受的最大反压为：

$$U_{RM} = \sqrt{2}U_2 \tag{10.9}$$

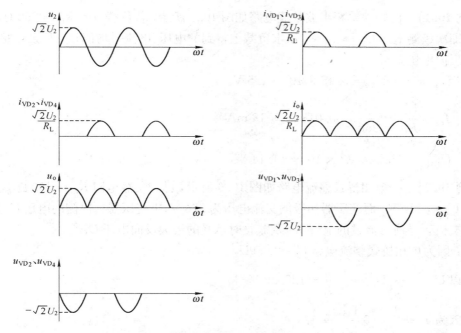

图 10.7　单相桥式整流电路的电压、电流波形

10.1.4　三种整流电路比较

前面叙述的三种整流电路，以表的形式进行总结比较，具体见表 10.1。

表 10.1　三种整流电路比较

电路类型	单相半波	单相全波	单相桥式
使用二极管数	1	2	4
整流输出电压	半波	全波	全波
输出 u_o 波形			
整流输出电压平均值 U_o	$0.45U_2$	$0.9U_2$	$0.9U_2$
整流输出电流平均值 I_o	$\dfrac{0.45U_2}{R_L}$	$\dfrac{0.9U_2}{R_L}$	$\dfrac{0.9U_2}{R_L}$
流过每个二极管电流平均值 I_D	I_o	$\dfrac{1}{2}I_o$	$\dfrac{1}{2}I_o$
每个二极管截止时承受最大反压 U_{RM}	$\sqrt{2}U_2$	$2\sqrt{2}U_2$	$\sqrt{2}U_2$
特点	电路简单、但只有半波输出电路效率低、脉动变化大	全波输出、但二极管受最大反压大、对二极管要求高	全波输出、二极管受最大反压不大,但需要的二极管数量多、成本大

【**例 10.1**】 已知一单相半波整流电路如图 10.2 所示,若负载电阻 $R_L = 250\ \Omega$,变压器二次侧即次级侧电压 $U_2 = 10\ V$,试求负载上得到的电压、电流平均值 U_o、I_o 及二极管承受的最大反向电压 U_{RM}。

解:$U_o = 0.45U_2 = 0.45 \times 10 = 4.5\ V$

$$I_o = \frac{U_o}{R_L} = \frac{4.5}{250} = 0.018\ A = 18\ mA$$

$$U_{RM} = \sqrt{2}U_2 = \sqrt{2} \times 10 = 14.14\ V$$

【**例 10.2**】 一单相桥式整流电路如图 10.6 所示,已知负载电阻 $R_L = 100\ \Omega$,需要的负载电压 $U_o = 110\ V$,而变压器初级侧交流电压为 $220\ V$,求变压器二次侧的电压 U_2,桥式整流电路二极管导通时流过的电流 I_D,及截止时承受的最大反向电压 U_{RM}。

解:因为单相桥式整流电路 $U_o = 0.9U_2$

所以 $U_2 = \dfrac{1}{0.9}U_o = \dfrac{110}{0.9} = 122.22\ V$

又因为 $I_o = \dfrac{U_o}{R} = \dfrac{110}{100} = 1.1\ A$

所以 $I_D = \dfrac{1}{2}I_o = \dfrac{1.1}{2} = 0.55\ A$

$$U_{RM} = \sqrt{2}U_2 = \sqrt{2} \times 122.22 = 172.82\ V$$

10.2   滤波电路

交流电压经过整流后,虽然变成了单相电压,但是还含有较大的脉动成分,为了降低脉动分量,并尽量保留直流成分,使电压接近于理想的直流电压,必须将整流后的电压再经过滤波电路滤除谐波分量。

滤波电路主要由电抗元件电容、电感组成,电抗元件在电压上升时,储存电能,在电压下降时释放电能,使负载得到的电压趋于平滑。

10.2.1   电容滤波电路

以最简单的半波整流电路并联电容组成图 10.8 所示的滤波电路。

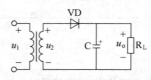

图 10.8   电容滤波电路

图 10.9a 为 C 开路时的输出电压 u_o,相当于整流电路的输出电压,为半波电压。图 10.9b 为加入电容滤波的输出电压,如图中实线所示。在 u_2 的正半周 C 充电,在 u_2 的负半周 C 放电,整个周期内输出电压 u_o 的脉动成分减少了,并且输出电压 u_o 的平均值上升了。

滤波电容放电回路为 C 和 R_L,所以放电时间常数 $\tau = R_L \cdot C$,τ 越大,放电越慢,电容电

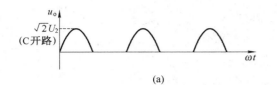

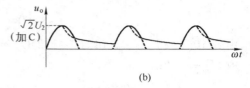

图 10.9 电容滤波电路的作用

压下降越慢,电压的脉动越小,而负载电压与电容电压相等,则 u_o 越平滑。一般要求:

$$R_L \cdot C \geqslant (3 \sim 5) \frac{T}{2} \tag{10.10}$$

式中 T 为交流电压的周期。

当放电常数满足式(10.10)时,输出负载得到的电压约为:

$$U_o = U_2 (半波) \tag{10.11}$$

全波时为:

$$U_o = (1.1 \sim 1.2) U_2 (全波) \tag{10.12}$$

加了电容滤波后,图 10.8 电路中二极管截止时承受的最大反压出现在二极管截止瞬间约为:

$$U_{RM} = 2\sqrt{2} U_2 \tag{10.13}$$

而对于两种全波整流电路,加电容滤波后二极管承受的最大反压与没加电容时一样。

10.2.2 其他滤波电路

为了进一步减小输出电压的脉动程度,可在滤波电容之前串接一个铁心电感,组成电感电容滤波电路,如图 10.10 所示,LC 滤波电路适合电流频率较高的滤波。

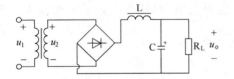

图 10.10 LC 滤波电路

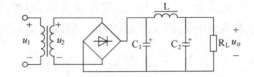

图 10.11 π 形 LC 滤波电路

如果要求输出电压脉动再减小,可在图 10.10 电路的电感前再并一个滤波电容、形成图 10.11 所示的 π 形 LC 滤波电路。也可以将 L 换成 R 形成 π 形 RC 滤波电路。

【例 10.3】 在一单相桥式整流电容滤波电路中,已知变压器初级侧交流电频率为 $f = 50\ \text{Hz}$,负载电阻 $R_L = 200\ \Omega$,要求负载获得的直流输出电压 $U_o = 30\ \text{V}$,求整流二极管的 I_D 和 U_{RM},滤波电容的容值 C 和两端电压 U_C,并确定器件选择原则。

解:二极管流过的正向电流:

$$I_D = \frac{1}{2} I_o = \frac{1}{2} \times \frac{U_o}{R_L} = \frac{1}{2} \times \frac{30}{200} = 0.075\ \text{A} = 75\ \text{mA}$$

二极管承受的反向电压:

$$U_{RM} = \sqrt{2}U_2$$

由式 10.12 得：$U_o = (1.1 \sim 1.2)U_2$

取 $U_o = 1.2U_2$

则 $U_2 = \dfrac{U_o}{1.2} = \dfrac{30}{1.2} = 25$ V

所以 $U_{RM} = \sqrt{2}U_2 = \sqrt{2} \times 25 = 35.35$ V

又由式 10.10 得：$R_L \cdot C \geqslant (3 \sim 5)\dfrac{T}{2}$

取 $R_L \cdot C = 5 \cdot \dfrac{T}{2}$

$$C = 5 \times \frac{T}{2} \times \frac{1}{R_L} = \frac{5}{2 \times 50 \times 200}$$
$$= 0.25 \times 10^{-3}\ \text{F}$$
$$= 250\ \mu\text{F}$$
$$U_C = U_o = 30\ \text{V}$$

一般在选取二极管时，最大整流电流为 75 mA 的 1.5 倍，反向峰值电压为 35.35 的 1.5～2.0 倍。选取 C 的容值为 250 μF，电容的耐压为 30 V 的 1.5～2.0 倍。

10.3 稳压电路

交流电压经变压、整流和滤波后，已基本上属于直流电压，但其电压会随着交流电压波动或负载电阻的变化而波动。所以还需要进行稳压。

10.3.1 稳压管稳压电路

采用稳压管稳压是最简单的一种稳定电压的电路，图 10.12 中采用电阻 R 和稳压管 VD_Z 组成稳压电路，使负载 R_L 上得到一个比较稳定的直流电压。

图 10.12 中虚线框出的为稳压电路部分，选择稳压管时一般取：

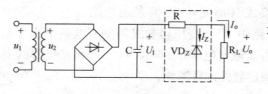

图 10.12 稳压管稳压电路

$$\begin{cases} U_Z = U_o \\ I_{ZM} = (1.5 \sim 5)I_{oM} \\ U_I = (2 \sim 3)U_o \end{cases} \quad (10.14)$$

10.3.2 串联反馈式稳压电路

串联反馈式稳压电路相对比较复杂，包括基准电压部分、比较放大部分、调整电压部分

和取样部分。图 10.13 是串联反馈式
稳压电路图。VD_Z、R 组成基准电压电
路,集成运放为比较放大电路,三极管
T 为调整管,调节电压,使输出电压 U_o
保持稳定,R_1、R_2、R_P 组成电压反馈取
样电路,并且调节 R_P 大小可以调节输
出电压 U_o 的范围。

假设 R_P 滑片不变,当 U_o 因某种原
因上升时,其稳压过程为:

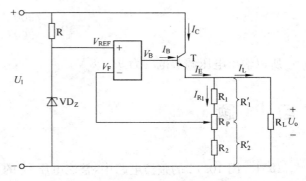

图 10.13　串联反馈式稳压电路

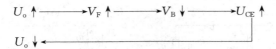

因调整三极管 T 与负载 R_L 串联,故称此电路为串联式稳压电路。由图 10.13 可见,集
成运放接成负反馈形式,T 接成共 C 电路即电压跟随器,

$$V_{REF} \approx V_F = \frac{R'_2}{R'_1 + R'_2} U_o$$

$$U_o = V_{REF} \left(\frac{R'_1 + R'_2}{R'_2} \right)$$

当 R_P 滑片在最上端时,输出电压最小:

$$U_{o\,min} = V_{REF} \left(\frac{R_1 + R_P + R_2}{R_P + R_2} \right) \tag{10.15}$$

当 R_P 滑片在最下端时,输出电压最大:

$$U_{o\,max} = V_{REF} \left(\frac{R_1 + R_P + R_2}{R_2} \right) \tag{10.16}$$

所以输出电压的调节范围为 $U_{o\,min} \sim U_{o\,max}$ 之间,通过 R_P 调节。

【例 10.4】　串联反馈式稳压电路如图 10.13 所示,已知 $V_{DZ} = 6$ V, R_1、R_2、R_P 均为
300 Ω,求输出电压的调节范围。

解:由式 10.15 和 10.16 可知:

$$U_{o\,min} = V_{DZ} \left(\frac{R_1 + R_P + R_2}{R_P + R_2} \right)$$

$$= 6 \times \left(\frac{900}{600} \right) = 9 \text{ V}$$

$$U_{o\,max} = V_{DZ} \left(\frac{R_1 + R_P + R_2}{R_2} \right)$$

$$= 6 \times \left(\frac{900}{300}\right) = 18 \text{ V}$$

所以输出电压调节范围为 $9 \sim 18$ V。

习　题

10.1　图 10.14 的整流电路中,整流电压 U_o 的平均值为 $0.45U_2$(U_2 为变压器副边电压 u_2 的有效值),符合该值的整流电路是下图中(　　　),三种电路各为何种整流电路?

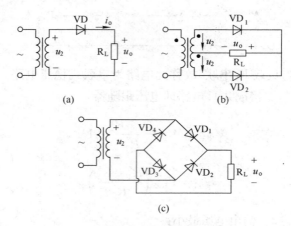

图 10.14　习题 10.1 的图

10.2　选择一个正确答案填入空内。

已知电源变压器次级电压有效值为 20 V,其内阻和二极管的正向电阻可忽略不计,整流电路后无滤波电路。

1. 若采用半波整流电路,则输出电压平均值 $U_{O(AV)} \approx$ _____;
　　A. 24 V　　　　　　　　　　B. 18 V　　　　　　　　　　C. 9 V
2. 若采用桥式整流电路,则输出电压平均值 $U_{O(AV)} \approx$ _____;
　　A. 24 V　　　　　　　　　　B. 18 V　　　　　　　　　　C. 9 V
3. 桥式整流电路输出电压的交流分量_____半波整流电路输出电压的交流分量;
　　A. 大于　　　　　　　　　　B. 等于　　　　　　　　　　C. 小于
4. 桥式整流电路中二极管所承受的最大反向电压_____半波整流电路中二极管所承受的最大反向电压。
　　A. 大于　　　　　　　　　　B. 等于
　　C. 小于

10.3　整流电路如图 10.15 所示,变压器副边电压有效值 U_2 为 25 V,输出电流的平均值 $I_O = 24$ mA,则二极管应选择(　　　)。部分供选择的二极管主要参数见表 10.2 所列。

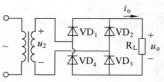

图 10.15　习题 10.3 的图

<<<<

表 10.2 习题 10.3 的表

二极管型号	整流电流平均值	反向峰值电压
2AP3	25 mA	30 V
2AP4	16 mA	50 V
2AP6	12 mA	100 V

10.4 在整流电路中,设整流电流平均值为 I_o,则流过每只二极管的电流平均值 $I_D = I_o$ 的电路是(   )。

(a) 单相桥式整流电路   (b) 单相半波整流电路   (c) 单相全波整流电路

10.5 在如图 10.16 所示全波整流电容滤波电路中,变压器次级中心抽头接地,已知 $u_{21} = -u_{22} = 10\sqrt{2}\sin(100\pi t)\,\text{V}$,电容 C 的取值满足 $R_L C = (3 \sim 5)\dfrac{T}{2}$,$T$ 为输入交流电压的周期,$R_L = 100\ \Omega$。要求:

1. 估算输出电压平均值 $U_{O(AV)}$;
2. 估算二极管的正向平均电流 $I_{D(AV)}$ 和反向峰值电压 U_{RM};
3. 试选取电容 C 的容量及耐压;
4. 如果负载开路,$U_{O(AV)}$ 将产生什么变化?

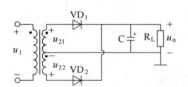
图 10.16 习题 10.5 的图

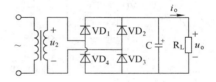
图 10.17 习题 10.6 的图

10.6 整流滤波电路如图 10.17 所示,变压器副边电压有效值是 10 V,二极管所承受的最高反向电压是(   )。

(a) 12 V   (b) 14.14 V   (c) 20 V   (d) 28.28 V

10.7 在半导体直流电源中,为了减少输出电压的脉动程度,除有整流电路外,还需要增加的环节是(   )。

(a) 滤波器   (b) 放大器   (c) 振荡器

10.8 整流滤波电路如图 10.18 所示,负载电阻 R_L 不变,电容 C 愈大,则输出电压平均值 U_0 应(   )。

(a) 不变

(b) 愈大

(c) 愈小

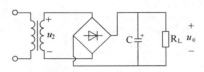
图 10.18 习题 10.8 的图

10.9 在整流、滤波电路中,负载电阻为 R_L。若采用电容滤波器时,则输出电压的脉动程度决定于(   )。

(a) 电容 C 的大小

(b) 负载电阻 R_L 的大小

(c) 电容 C 与负载电阻 R_L 乘积的大小

10.10　在电容滤波电路中,若滤波电容不变,为了使输出电压的脉动程度最小,则负载电阻阻值应该(　　)。

(a) 尽可能大　　　　　(b) 较大　　　　　(c) 尽可能小　　　　　(d) 较小

10.11　整流电路带电容滤波器与不带电容滤波两者相比,具有(　　)。

(a) 前者输出电压平均值较高,脉动程度也较大

(b) 前者输出电压平均值较低,脉动程度也较小

(c) 前者输出电压平均值较高,脉动程度也较小

10.12　图 10.19 电路由几部分组成,各部分由哪些元器件组成,并分析串联稳压的原理。

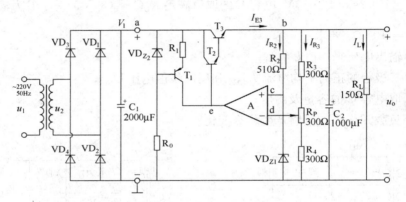

图 10.19　习题 10.12 的图

第 11 章　逻辑门和组合逻辑电路

电子电路中的信号可分为两类：一类是随时间连续变化的，称为模拟信号，例如模拟声音的音频信号和模拟图像的视频信号，由温度、速度、压力、电磁场等物理量转变成的电信号等。对模拟信号进行接收、传输、处理和发送的电子线路称为模拟电路，如交、直流放大器、滤波器、信号发生器等。另一类是在时间上和幅度上都是离散的信号，称为数字信号，例如汽车上的里程表读数，工厂产品数量的统计值等。而对数字信号进行接收、传输、处理和发送的电子线路称为数字电路。

数字电路按集成度，即每一个芯片包含的开关元件三极管的个数，分小规模、中规模、大规模、超大规模和巨大规模集成电路。将要讨论的逻辑门电路属于小规模集成电路（SSI），加法器和计数器等功能器件属于中规模集成电路（MSI）。

数字电路系统中的信息都是用一定位数的二进制数来表示的，这种具一定含义的二进制数被称为代码，有自然二进制码、8421BCD 码、2421BCD 码、余 3 码和格雷码等。8421BCD 码是用四位二进制数 0000～1001 来对应表示十进制数的 0～9，这十个数码 0000～1001就是 8421BCD 码。ASCII 码是常用的七位键盘编码，编码表见附录 F。

在二进制逻辑的表示方法中，常用逻辑 1 和 0 来表示事物相对立的两个方面。如果用逻辑 1 表示高电平、开关闭合、有信号输出等；逻辑 0 表示低电平、开关断开、无信号输出等。这样的表示方法称为正逻辑表示，反之称负逻辑表示，一般默认的都是正逻辑表示方法。

图 11.1 为一个数字频率计的电路框图，它是用来测量周期信号频率的。假定被测信号是频率为 f_x 的正弦波，为了要把被测信号的频率用数字直接显示出来，首先得将被测的模拟信号放大、整形，使被测信号变换成同频率的矩形脉冲信号。既然是测量频率，则还需要有个时间标准，以秒为单位，把 1 秒内通过的脉冲个数记录下来，就得出了被测信号的频率。这个时间标准由脉冲发生器产生，它是宽度为 1 秒的矩形脉冲。由秒脉冲来控制门电路，又由门电路来控制电路的开通与关断。这样秒脉冲把门电路打开 1 秒，在这 1 秒内，整形后的矩形脉冲通过门电路进入计数器，计数器累计的信号个数就是被测信号在 1 秒内重复的次数，即信号的频率。最后通过显示器显示出来。

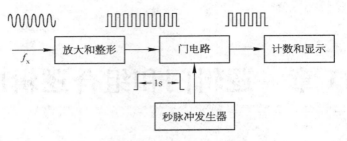

图 11.1 数字频率计电路框图

11.1 基本逻辑运算及其门电路

基本逻辑门电路是数字逻辑电路的基本单元,是对数字逻辑信号进行运算的硬件电路,是一种开关电路,用各种不同的门电路可以组成数字逻辑电路。

1. 基本逻辑运算

基本逻辑运算有:与运算、或运算和非运算,分别由与门、或门和非门来实现,现举例说明三种逻辑运算的概念、运算含义和门电路的符号。

(1)"与"逻辑。只有决定事物结果的所有条件全部满足要求,结果才出现;只要有一个条件不满足,结果就不会出现。这种逻辑关系就是与逻辑。

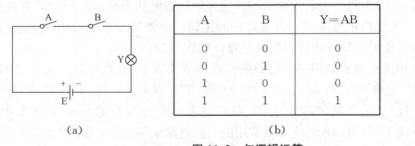

图 11.2 与逻辑运算

(a) 电路图;(b) 真值表;(c) 逻辑符号

在图 11.2a 的电路中,开关 A 和 B 串联,只有当 A 和 B 全部接通时,电灯 Y 才亮;只要有一个开关断开,电灯就不亮。电灯亮和两个串联开关的接通形成了"与"的逻辑关系。

与逻辑的函数表达式写成 $Y = A \cdot B$,符号"·"表示"与"逻辑运算,也称逻辑乘运算。在不引起混淆的情况下也可简写成 $Y = AB$。

逻辑与运算规则:$0 \cdot 0 = 0$;$1 \cdot 0 = 0$;$0 \cdot 1 = 0$;$1 \cdot 1 = 1$。用 0 和 1 来表示其输入输出逻辑关系的表格称为真值表,如图 11.2b 所示,图 11.2c 为与运算的逻辑符号。

(2)"或"逻辑。决定事物结果的条件中,只要有一个条件满足要求,结果就会出现;只有所有条件都不满足时,结果才不会出现。这种逻辑关系就是或逻辑。

在图 11.3a 的电路中,开关 A 和 B 并联,只要 A 和 B 有一个接通时,电灯 Y 就亮;只有两个开关都不通时,电灯才不亮。电灯亮和两个并联的开关接通形成了"或"的逻辑关系。

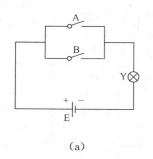

A	B	Y=A+B
0	0	0
0	1	1
1	0	1
1	1	1

(a)　　　　　　　　(b)　　　　　　　　(c)

图 11.3　或逻辑运算

(a) 电路图;(b) 真值表;(c) 逻辑符号

或逻辑的函数表达式写成 $Y=A+B$,符号"$+$"表示"或"逻辑运算,也称逻辑加运算。逻辑或运算规则:$0+0=0;1+0=1;0+1=1;1+1=1$。其真值表如图 11.3b 所示,图 11.3c 为或运算的逻辑符号。

(3)"非"逻辑。条件不满足,结果才出现;条件满足了,结果却不出现。这种逻辑关系就是非逻辑。

在图 11.4a 的电路中,开关 A 和电灯 Y 并联,只要 A 接通,电灯 Y 被短路就不亮;只有开关 A 不通,电灯 Y 才亮。电灯亮和开关接通形成了"非"的逻辑关系。

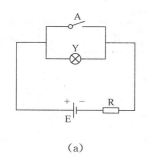

A	Y=$\overline{A}$
0	1
1	0

(a)　　　　　　　　(b)　　　　　　　　(c)

图 11.4　非逻辑运算

(a) 电路图;(b) 真值表;(c) 逻辑符号

非逻辑的函数表达式写成 $Y=\overline{A}$,其中,符号"$-$"表示"非"逻辑运算,也称逻辑反运算,运算规则定义如下:$\overline{0}=1;\overline{1}=0$。

其真值表见图 11.4b,图 11.4c 为非运算的逻辑符号。

2. 其他常用的逻辑运算

"与"、"或"、"非"是三种基本的逻辑运算关系,任何其他逻辑运算关系都可以用它们的组合来表示。

其他常用逻辑运算主要包括与非、或非、与或、与或非、异或和同或等,为便于比较,用表 11.1 归纳如下。表中的其他常用逻辑运算也可由相应的门电路来实现,完成相应的逻辑功能。

表 11.1　其他常用逻辑运算

逻辑运算	与非	或非	与或	与或非	异或	同或（异或非）
逻辑表达式	$F = \overline{AB}$	$F = \overline{A + B}$	$F = AB + CD$	$F = \overline{AB + CD}$	$F = A \oplus B$ $= A\overline{B} + \overline{A}B$	$F = A \odot B$ $= \overline{A}\,\overline{B} + AB$
逻辑符号						

11.2　逻辑代数的基本定律和表示方法

11.2.1　逻辑代数运算法则

逻辑代数又称布尔代数，其基本思想是由英国数学家乔治·布尔于 1849 年首先提出的，发展成为分析和设计逻辑电路的数学工具。

与、或和非运算是逻辑代数的基本运算，其运算法则的基本定律和恒等式见表 11.2。

表 11.2　逻辑代数的基本定律和恒等式

基本定律	与　运　算	或　运　算	非运算
0-1 律	$0 \cdot 0 = 0$ $0 \cdot 1 = 0$ $1 \cdot 1 = 1$ $A \cdot 0 = 0$ $A \cdot 1 = A$	$0 + 0 = 0$ $0 + 1 = 1$ $1 + 1 = 1$ $A + 0 = A$ $A + 1 = 1$	$\overline{0} = 1$ $\overline{1} = 0$
重叠律	$A \cdot A = A$	$A + A = A$	
还原律			$\overline{\overline{A}} = A$
互补律	$A \cdot \overline{A} = 0$	$A + \overline{A} = 1$	
交换律	$AB = BA$	$A + B = B + A$	
结合律	$ABC = (AB)C = A(BC)$	$A + B + C = (A + B) + C = A + (B + C)$	
分配律	$A(B + C) = AB + AC$	$A + BC = (A + B)(A + C)$	
吸收律	$A(A + B) = A$ $A(\overline{A} + B) = AB$ $(A + B)(A + \overline{B}) = A$	$A + AB = A$ $A + \overline{A}B = A + B$ $AB + A\overline{B} = A$	
反演律（摩根定律）	$\overline{AB} = \overline{A} + \overline{B}$ $\overline{ABC\cdots} = \overline{A} + \overline{B} + \overline{C} + \cdots$	$\overline{A + B} = \overline{AB}$ $\overline{A + B + C + \cdots} = \overline{ABC\cdots}$	

（续表）

基本定律	与　运　算	或　运　算	非运算
常用恒等式		$AB+\overline{A}C+BC = AB+\overline{A}C$ $AB+\overline{A}C+BCD = AB+\overline{A}C$ $AB+\overline{A}C+BC\cdots = AB+\overline{A}C$	

表中基本的定律可用真值表来验证，一般的定律和恒等式可用基本定律或真值表验证。

（1）公式法证明分配律：$A+BC = (A+B)(A+C)$

$$右式 = AA+AB+AC+BC$$
$$= A+AB+AC+BC$$
$$= A(1+B+C)+BC$$
$$= A+BC$$

（2）公式法证明吸收律：$A+\overline{A}B = A+B$

$$左式 = (A+\overline{A})(A+B)\quad[运用分配律公式\ A+BC=(A+B)(A+C)]$$
$$= 1(A+B)$$
$$= A+B$$

（3）公式法证明恒等式：$AB+\overline{A}C+BC = AB+\overline{A}C$

$$左式 = AB+\overline{A}C+(A+\overline{A})BC$$
$$= AB+\overline{A}C+ABC+\overline{A}BC$$
$$= AB(1+C)+\overline{A}C(1+B)$$
$$= AB+\overline{A}C$$

（4）真值表法证明反演律（摩根定律）。

① 证明：$\overline{AB} = \overline{A}+\overline{B}$。

A	B	$\overline{AB}$	$\overline{A}+\overline{B}$
0	0	1	1
0	1	1	1
1	0	1	1
1	1	0	0

② 证明：$\overline{A+B} = \overline{A}\,\overline{B}$。

A	B	$\overline{A+B}$	$\overline{A}\overline{B}$
0	0	1	1
0	1	0	0
1	0	0	0
1	1	0	0

表 11.2 所列的公式反映了逻辑代数的运算法则,它与初等代数运算法则是有区别的,如逻辑代数没有逻辑减运算,所以没有初等代数中的移项运算法则,逻辑代数也没有逻辑除运算。这些区别在学习时必须特别注意。

11.2.2 逻辑函数的表示方法

常用的逻辑函数表示方法有真值表、逻辑式、逻辑图、波形图和卡诺图等。这五种形式可以互相转换,下面首先介绍前面四种方法,卡诺图表示逻辑函数的方法将在卡诺图化简一节作专门介绍。例如对三人投票表决一个事件的逻辑关系就可以用以上几种方法来表示。

1. 真值表

将输入变量所有的取值与所对应的输出值以表格形式列出,即可得到真值表,见表 11.3。如果有 n 个变量,每个变量有 0、1 两种取值,则有 2^n 种组合。对三人投票表决一个事件列真值表。首先设 A、B 和 C 表示三人各自的表决情况,F 表示最后的表决结果。如果用正逻辑表示,即投同意票用 1 表示,投反对票用 0 表示;事件投票通过用 1 表示,没通过用 0 表示。那么所列的真值表如下。

表 11.3　用真值表表示逻辑关系

A	B	C	F
0	0	0	0
0	0	1	0
0	1	0	0
0	1	1	1
1	0	0	0
1	0	1	1
1	1	0	1
1	1	1	1

2. 逻辑式

在各种逻辑关系中,其输出与输入之间关系都可以用一个逻辑函数式来描述。写作:

$$Y = f(A, B, C \cdots)$$

这种把输出与输入之间的逻辑函数关系写成与、或、非等运算的逻辑代数式,就得到了逻辑式。与表 11.3 对应的逻辑式为:

$$F = \overline{A}BC + A\overline{B}C + AB\overline{C} + ABC。$$

常用的逻辑式是与或式,它可由真值表直接写出,也便于填入卡诺图。另外逻辑式还有其他的形式,如与非、或非、与或非和或与等形式,不同的形式对应不同的逻辑门电路来实现。逻辑式的形式是可以互相转换的。例如

采用摩根定律转换与或式→与非式

$$Y = AB + AC + BC = \overline{\overline{AB + AC + BC}} = \overline{\overline{AB}\ \overline{AC}\ \overline{BC}}$$

3. 逻辑图

将逻辑式中的变量及变量之间的与、或、非等逻辑关系用门电路逻辑符号表示出来,就得到了该逻辑关系的逻辑图。$Y = AB + AC + BC$ 用逻辑图表示如图 11.5 所示。

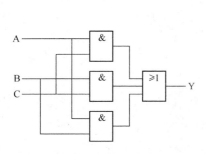

图 11.5 用逻辑图表示逻辑关系

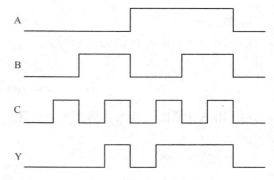

图 11.6 用波形图表示逻辑关系

4. 波形图

用波形图来表示的三人表决逻辑关系如图 11.6 所示,按状态表的取值顺序,图中表示了八种完整的输入、输出情况,由图可见当 A、B、C 为 0、0、0 时,Y 为 0;当 A、B、C 为 0、0、1 时,Y 为 0;而当 A、B、C 为 0、1、1 时,Y 为 1。

11.3　逻辑函数的化简

在逻辑电路设计中,经常需要进行逻辑函数化简。一般逻辑函数化简后都用逻辑与或式表示,所谓最简是指与或式中与项的个数最少并且每个与项的变量数最少。

11.3.1　逻辑函数的公式法化简

公式化简是运用逻辑代数的基本定律和规则对逻辑函数进行推算,求得最简逻辑函数表达式的过程。化简过程需要综合使用下述方法。

1. 并项法

用公式 $A + \overline{A} = 1$ 将两项合并成一项,并消去一个变量。

$$\begin{aligned}
Y &= AB + A\overline{B} + \overline{A}B + \overline{A}\,\overline{B} \\
&= A(B + \overline{B}) + \overline{A}(B + \overline{B}) \\
&= A + \overline{A} \\
&= 1
\end{aligned}$$

2. 配项法

用 $A = A(B + \overline{B})$ 进行配项,再展开、合并的化简方法。

$$Y = AB + \overline{A}C + BCD$$
$$= AB + \overline{A}C + BCD(A + \overline{A})$$
$$= AB + \overline{A}C + ABCD + \overline{A}BCD$$
$$= AB(1 + CD) + \overline{A}C(1 + BD)$$
$$= AB + \overline{A}C$$

3. 吸收法

(1) 用 $A + AB = A$ 消去多余项。

$$Y = \overline{A}B + \overline{A}BCD$$
$$= \overline{A}B$$

(2) 用 $A + \overline{A}B = A + B$ 消去多余变量。

$$Y = AB + \overline{A}C + \overline{B}C$$
$$= AB + C(\overline{A} + \overline{B})$$
$$= AB + C\,\overline{AB}$$
$$= AB + C$$

(3) 用 $AB + \overline{A}C + BC = AB + \overline{A}C$、$AB + \overline{A}C + BC\cdots = AB + \overline{A}C$ 消去多余项。

$$Y = A\overline{B} + B\overline{C} + AB\overline{C} + AB\overline{C}D$$
$$= A\overline{B} + B\overline{C} + AB\overline{C}D$$
$$= A\overline{B} + B\overline{C}$$

4. 加项法

用 $A = A + A$ 先增加一项,再进行合并化简。

$$Y = \overline{A}BC + A\overline{B}C + AB\overline{C} + ABC$$
$$= \overline{A}BC + ABC + A\overline{B}C + ABC + AB\overline{C} + ABC$$
$$= BC(\overline{A} + A) + AC(\overline{B} + B) + AB(\overline{C} + C)$$
$$= BC + AC + AB$$

【例 11.1】 公式法化简　$Y = A\overline{B} + B\overline{C}D + \overline{C}D + AB\overline{C} + A\overline{C}D$

解:$Y = (A\overline{B} + B\overline{C}D + A\overline{C}D) + \overline{C}D + AB\overline{C}$
$\qquad = A\overline{B} + B\overline{C}D + \overline{C}D + AB\overline{C}$　　　　(利用恒等式 $AB + \overline{A}C + BCD = AB + \overline{A}C$)
$\qquad = A(\overline{B} + B\overline{C}) + \overline{C}(BD + \overline{D})$
$\qquad = A(\overline{B} + \overline{C}) + \overline{C}(B + \overline{D})$　　　　(利用吸收律 $A + \overline{A}B = A + B$)
$\qquad = A\overline{B} + A\overline{C} + B\overline{C} + \overline{C}D$
$\qquad = A\overline{B} + B\overline{C} + \overline{C}D$　　　　(利用恒等式 $AB + \overline{A}C + BC = AB + \overline{A}C$)

【例 11.2】 公式法化简 $Y = (\overline{A}B + \overline{AB}C + AB\overline{C})(AD + BC)$
解:$Y = ((AB + \overline{A}B)C + AB\overline{C})(AD + BC)$

$\qquad\qquad\qquad\qquad\qquad\qquad$(同或、异或互为反运算 $\overline{\overline{AB} + \overline{A}B} = AB + \overline{A}B$)

$$= C(AB + \overline{A}\overline{B} + A\overline{B})(AD + BC)$$

$$= C(AB + \overline{B})(AD + BC)$$

$$= C(A + \overline{B})(AD + BC) \qquad (利用吸收律 \ A + \overline{A}B = A + B)$$

$$= C(AD + \overline{A}\overline{B}D + ABC)$$

$$= C(AD + ABC)$$

$$= ACD + ABC$$

11.3.2　逻辑函数的卡诺图法化简

在讲述逻辑函数的卡诺图化简之前,先介绍一下逻辑函数的最小项(最小项为变量与的形式,变量或的形式称为最大项)。

1. 最小项

在 n 个变量的逻辑函数中,若 m 为包含 n 个变量的乘积项,而且 n 个变量均以原变量或反变量的形式在 m 中出现,并且仅出现一次,则称 m 为该组变量的最小项。最小项的个数为 2^n。以三变量 A、B、C 为例,共有 8 个最小项,$\overline{A}\overline{B}\overline{C}$、$\overline{A}\overline{B}C$、$\overline{A}B\overline{C}$、$\overline{A}BC$、$A\overline{B}\overline{C}$、$A\overline{B}C$、$AB\overline{C}$、$ABC$,分别以 m 不同的下标编号表示。三变量的最小项编号见表 11.4。

表 11.4　三变量最小项编号

最小项	使最小项为 1 的变量取值			取值对应十进制数编号	表示符号
	A	B	C		
$\overline{A}\overline{B}\overline{C}$	0	0	0	0	m_0
$\overline{A}\overline{B}C$	0	0	1	1	m_1
$\overline{A}B\overline{C}$	0	1	0	2	m_2
$\overline{A}BC$	0	1	1	3	m_3
$A\overline{B}\overline{C}$	1	0	0	4	m_4
$A\overline{B}C$	1	0	1	5	m_5
$AB\overline{C}$	1	1	0	6	m_6
ABC	1	1	1	7	m_7

最小项的性质:

(1) 对任意一个最小项,只有一组变量取值能使它的值为 1,其他取值它均为 0。

(2) 对变量的任意一组取值,任意两个最小项的乘积为 0,全体最小项的和为 1。

(3) 具有相邻性的两个最小项之和可以合并为一项并消去一个变量,即两个最小项之间只有一个变量不同,其余各变量均相同,则称这两个最小项为相邻项,相邻项中不同的变量可消去。如 $\overline{A}B\overline{C} + \overline{A}BC = \overline{A}C$。

(4) 任何一个逻辑函数,都可以表示成唯一的一组最小项之和的形式,称为标准与或表达式(也称最小项之和的表达式)。

2. 卡诺图化简

(1) 卡诺图。卡诺图是根据变量的最小项一一对应地按一定规则排列的方格图,每个最小项对应一个小方格。n 个变量有 2^n 个最小项,其卡诺图的方格数也有 2^n 个。卡诺图中几何位置相邻的最小项只有一个变量取值不同,其余的都相同,这样的最小项具有循环相邻的特性,把这样的最小项称作逻辑相邻项。一变量至四变量的卡诺图分别如图 11.7(a)~(d)所示。

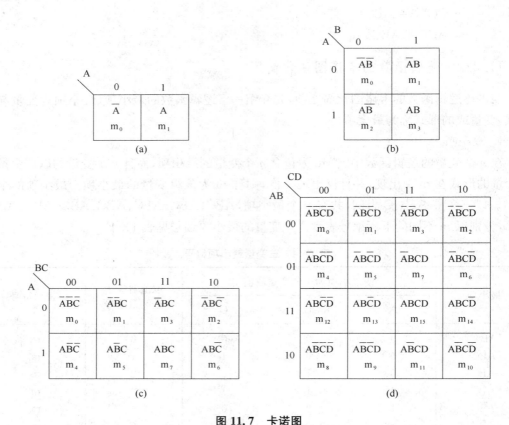

图 11.7 卡诺图

(a)一变量;(b)二变量;(c)三变量;(d)四变量

(2)用卡诺图化简逻辑函数。任何一个逻辑函数式,都可以表示成最小项之和的形式,而卡诺图就是一种逻辑函数的最小项表示形式。因此,可以用卡诺图表示逻辑函数,并进行化简。卡诺图表示逻辑函数的方法是在所包含最小项的方格中填 1,不包含最小项的方格中填 0(或不填)。

用卡诺图合并最小项原则是在图上把含"1"的相邻项圈起来。保留所圈项中的所有相同变量,消去不同的变量;所圈的最小项的数目一定是 2^m($m=0$、1、2、3、4…),即 1、2、4、8、16…,要合并的最小项必须在图中排列成矩形或正方形;一个圈中包含 2^m 最小项,可以消去 m 个变量,可见圈的范围越大得到的乘积项越简,另外圈的数目越少得到的乘积项的个数就越少,化简后的与或项才越简;每个圈内必须至少包含一个未圈过的最小项,而所有的最小项要都圈到,可以被圈多次,但不能遗漏不圈。

用卡诺图化简逻辑函数的一般步骤是:

① 根据变量数画出相应变量的卡诺图。

② 将逻辑式包含的最小项填入卡诺图相应的方格中,用 1 表示,其余方格填 0 或不填,若逻辑式不是由最小项表示的,可以先化成最小项,也可以直接填入卡诺图。

③ 根据上述合并最小项原则画圈。

④ 写出最简与或表达式。与项的个数就是圈的个数,每个与项的变量数由圈的大小决定。

【例 11.3】 卡诺图化简逻辑式 $F = \overline{A}BC + A\overline{B}C + AB\overline{C} + ABC$

解:(1)画出三变量的卡诺图如图 11.8 所示。

(2)把组成逻辑与或式的四个最小项用 1 表示在卡诺图中。

(3)根据合并最小项的原则画圈,共圈出三个圈。

(4)写出化简后的与或表达式

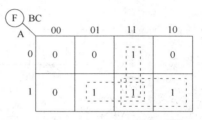

图 11.8 例 11.3 的卡诺图

$$F = AB + BC + AC$$

【例 11.4】 卡诺图化简用最小项编号表示的逻辑式 $F(A, B, C, D) = \sum m(2, 3, 8, 10, 12)$

解:此题有两种画圈方法,分别如图 11.9(a)和(b)所示,m_{10} 可以同 m_2 圈,也可以同 m_8 圈,所得结果不一样,但最简程度一样,两个答案都正确。

分别为
$$Fa = \overline{A}BC + A\overline{C}\overline{D} + \overline{B}C\overline{D}$$

和
$$Fb = \overline{A}BC + A\overline{C}\overline{D} + A\overline{B}\overline{D}$$

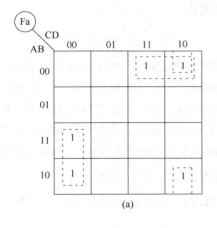 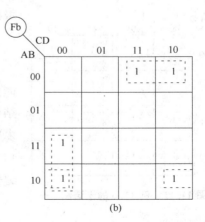

图 11.9 例 11.4 的卡诺图

【例 11.5】 化简下列用卡诺图表示的逻辑函数,写出最简的与或逻辑式。

解:$Fa = \overline{A}D$;$Fb = \overline{C}D$;$Fc = \overline{B}\overline{D}$;$Fd = B\overline{D}$

【例 11.6】 将逻辑函数式 $F = A + \overline{A}C + AB\overline{C} + \overline{A}\overline{B}CD$ 用卡诺图表示并化简。

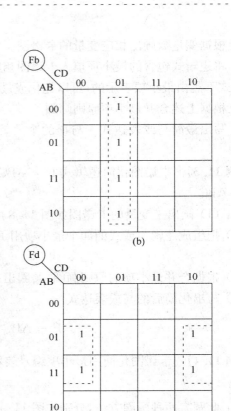

图 11.10　例 11.5 的卡诺图

解：将原表达式填入卡诺图，画圈化简，得到的最简表达式是：

$$F = A + C + \overline{B}\overline{D}$$

在逻辑电路设计时，经常会有某些逻辑组合不可能出现的情况，这些逻辑组合的值认为 0 或 1 对逻辑结果没任何影响，这种组合项称为无关项（任意项、约束项）。化简时可根据最简程度的需要，当成为 0 或 1。状态表和卡诺图中无关项用×表示，在用最小项编号的表达式中用 $\sum d$ 表示无关项。

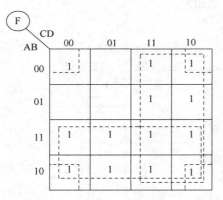

图 11.11　例 11.6 的卡诺图

【例 11.7】　用卡诺图化简具有无关项的逻辑函数，已知逻辑式

$$F(A, B, C) = \sum m(1, 2) + \sum d(4, 5, 6, 7)$$

解：将表达式写入三变量的卡诺图

如图所示画圈化简后，得到的与或表示为：

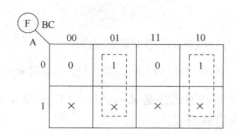

图 11.12　例 11.7 的卡诺图

$$F = \overline{B}C + B\overline{C}$$

可见利用无关项化简比不利用无关项化简,结果要简单很多。

11.4　组合逻辑电路的分析

逻辑电路分为两大类:一类为组合逻辑电路,另一类为时序逻辑电路。组合逻辑电路由门电路组成,其电路中不存在输出端到输入端的反馈通路。电路中某一时刻的输出,仅和该时刻的输入信号有关,而与该时刻以前的输入、输出状态无关,是一种无记忆功能的逻辑电路。

常用组合逻辑电路功能器件有编码器、译码器、全加器、数值比较器、数据选择器、奇偶产生和校验电路等,这些功能器件都属于中规模集成电路 MSI。

组合逻辑电路的分析,就是根据逻辑图求解该电路逻辑功能的过程。下面先介绍组合逻辑电路的一般分析方法。

组合逻辑电路的分析步骤:

(1) 根据给定的逻辑图,从输入逐级向输出推算,写出输出函数的逻辑表达式。

(2) 对逻辑表达式进行变换和化简,求出最简表达式。

(3) 列出输入和输出的逻辑真值表。

(4) 分析说明电路的逻辑功能。

【**例 11.8**】　已知逻辑电路图如图 11.13 所示,分析该电路的功能。

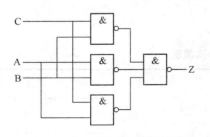

图 11.13　例 11.8 的逻辑电路图

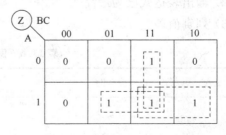

图 11.14　例 11.8 的卡诺图

解:(1) 写出输出函数的逻辑表达式:

$$Z = \overline{\overline{AB}\,\overline{BC}\,\overline{AC}}$$

（2）变换与非-与非式为与或式，并用卡诺图化简。

$$Z = AB + BC + AC \quad （摩根定律）$$

根据卡诺图化简后的最简与或式还是 $Z = AB + BC + AC$，说明原式已是最简式。

（3）根据最简与或式列出真值表。

表 11.5　例 11.8 的真值表

A	B	C	Z
0	0	0	0
0	0	1	0
0	1	0	0
0	1	1	1
1	0	0	0
1	0	1	1
1	1	0	1
1	1	1	1

（4）分析真值表可知，当三个输入变量 A、B、C 中有两个和两个以上变量取值为 1 时，输出 Z 为 1，否则输出为 0。因此该电路的功能为三人表决器。

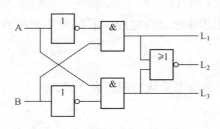

图 11.15　例 11.9 的逻辑电路图

【例 11.9】　已知逻辑电路图如图 11.15 所示，试分析该电路的功能。

解：（1）此电路有三个输出端，所写出的输出端逻辑表达式也有三个，分别为：

$$L_1 = \overline{A}B$$

$$L_2 = \overline{\overline{A}\overline{B} + \overline{A}\overline{B}} = \overline{A}B + AB$$

$$L_3 = A\overline{B}$$

（2）输出表达式已为最简式。

（3）列真值表。

表 11.6　例 11.9 的真值表

A	B	L_1	L_2	L_3
0	0	0	1	0
0	1	1	0	0
1	0	0	0	1
1	1	0	1	0

（4）由表 11.6 可以看出，当 A＜B 时，只有 L_1 输出为 1；A＝B 时 L_2 输出为 1；当 A＞B 时 L_3 输出为 1，电路功能为一位数值比较器。

11.5　两种常用组合逻辑电路介绍

1. 键盘输入 8421BCD 码编码器

键盘输入的 8421BCD 码编码器如图 11.16 所示，十个按键 $S_0 \sim S_9$ 代表十进制数 0～9 的键盘输入，由门电路输出 8421BCD 编码，ABCD 为输出代码（A 为最高位），GS 为使能控制端，用来区别无信号输入的 ABCD 全零输出和输入 0 时 ABCD 全零输出两种情况。由电路可见该编码器输入为低电平有效，输出为高电平有效。电路没设置优先级，不能同时输入几个信号。表示输入、输出和功能端工作情况的功能表见表 11.7。

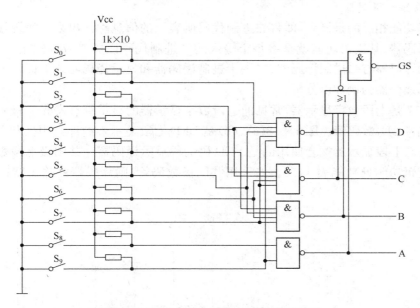

图 11.16　键盘输入 8421BCD 码编码电路

表 11.7　键盘输入编码电路功能表

S_9	S_8	S_7	S_6	S_5	S_4	S_3	S_2	S_1	S_0	A	B	C	D	GS
1	1	1	1	1	1	1	1	1	1	0	0	0	0	0
1	1	1	1	1	1	1	1	1	0	0	0	0	0	1
1	1	1	1	1	1	1	1	0	1	0	0	0	1	1
1	1	1	1	1	1	1	0	1	1	0	0	1	0	1
1	1	1	1	1	1	0	1	1	1	0	0	1	1	1
1	1	1	1	1	0	1	1	1	1	0	1	0	0	1
1	1	1	1	0	1	1	1	1	1	0	1	0	1	1

（续表）

S_9	S_8	S_7	S_6	S_5	S_4	S_3	S_2	S_1	S_0	A	B	C	D	GS
1	1	1	0	1	1	1	1	1	1	0	1	1	0	1
1	1	0	1	1	1	1	1	1	1	0	1	1	1	1
1	0	1	1	1	1	1	1	1	1	1	0	0	0	1
0	1	1	1	1	1	1	1	1	1	1	0	0	1	1

　　用二进制代码表示具有某种含义的信息称为编码。在数字电路中,能实现编码功能的电路称为编码器,常见的有二进制编码器、二—十进制编码器和键盘编码器。编码器通常又分普通编码器和优先编码器两类。在普通编码器中,任何时刻只允许输入一个编码信号,否则将会发生混淆。在优先编码器中,允许同时输入两个以上的编码信号,但是只对其中优先级最高的一个进行编码。

　　2. 七段显示译码器

　　与编码功能相反的是译码,即将二进制代码所表示的信息翻译出来。实现译码功能的电路称为译码器,其逻辑功能就是将每个输入的二进制代码译成对应的输出高、低电平信号。常用的译码器有二进制译码器、二～十进制译码器和显示译码器。下面以七段数字显示器的显示译码器为例加以分析。

　　图 11.17 是七段数字显示器,常见的七段数字显示器的显示管有发光二极管(LED)数码管和液晶(LCD)数码管。图 11.18(a)、(b)是 LED 七段显示管内部共阴极和共阳极两种电路接法。与七段显示器配合使用的是 BCD 码七段显示译码器。共阳极七段数字显示器的译码器逻辑功能见功能表 11.8。如采用共阴极数码管,则译码器的输出状态值同表中相反。

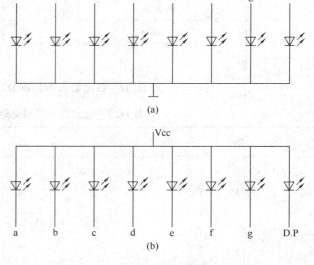

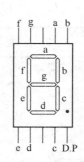

图 11.17　七段数字显示器

图 11.18　七段显示数码管电路的两种接法

(a) 共阴极; (b) 共阳极

表 11.8　共阳极七段译码器功能表

A	B	C	D	a	b	c	d	e	f	g	显示数字
0	0	0	0	0	0	0	0	0	0	1	0
0	0	0	1	1	0	0	1	1	1	1	1
0	0	1	0	0	0	1	0	0	1	0	2
0	0	1	1	0	0	0	0	1	1	0	3
0	1	0	0	1	0	0	1	1	0	0	4
0	1	0	1	0	1	0	0	1	0	0	5
0	1	1	0	1	1	0	0	0	0	0	6
0	1	1	1	0	0	0	1	1	1	1	7
1	0	0	0	0	0	0	0	0	0	0	8
1	0	0	1	0	0	0	1	1	0	0	9

一位 BCD 码的译码和显示电路如图 11.19 所示。

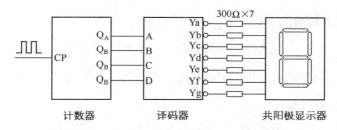

图 11.19　一位 BCD 码译码显示图

11.6　组合逻辑电路的设计

　　本节将介绍采用门电路组成组合逻辑电路的设计方法,另外也可以采用中规模集成电路来实现组合逻辑电路功能。

　　组合逻辑电路设计是根据给出的逻辑功能,设计出实现该逻辑功能所需的最简逻辑电路的过程。组合逻辑电路设计要求电路最简,所用的门电路最少,这样电路可靠性好。

　　组合逻辑电路的设计步骤:

　　(1) 根据逻辑功能的要求,确定输入变量和输出变量,列出真值表。

　　(2) 由真值表写出逻辑函数表达式。

　　(3) 对逻辑函数表达式进行化简和变换,得到所需的最简表达式。

　　(4) 按设计要求画出逻辑图。

　　不同的逻辑函数表达式(与或式、与非、或非和与或非等),用不同的逻辑门电路来实现。一般公式化简和卡诺图化简得到的都是与或式,可直接用与门和或门实现,但如果设计要求用指定的门电路实现,那就必须在步骤 3 把最简与或式变换为其他相应形式的最简式。

【例 11.10】 设计一个全加器,要求两个待加数 A_i 和 B_i,来自低位的进位数 C_{i-1},相加后的本位和 S_i,进位数 C_i。

解:(1)根据题意列输入变量、输出变量的真值表,见表 11.9。

表 11.9　例 11.10 的真值表

A_i	B_i	C_{i-1}	S_i	C_i
0	0	0	0	0
0	0	1	1	0
0	1	0	1	0
0	1	1	0	1
1	0	0	1	0
1	0	1	0	1
1	1	0	0	1
1	1	1	1	1

(2)根据真值表写输出表达式:

$$S_i = \overline{A_i}\overline{B_i}C_{i-1} + \overline{A_i}B_i\overline{C_{i-1}} + A_i\overline{B_i}\overline{C_{i-1}} + A_iB_iC_{i-1}$$

$$C_i = \overline{A_i}B_iC_{i-1} + A_i\overline{B_i}C_{i-1} + A_iB_i\overline{C_{i-1}} + A_iB_iC_{i-1}$$

(3)化简后的表达式:

$$S_i = \overline{A_i}\overline{B_i}C_{i-1} + \overline{A_i}B_i\overline{C_{i-1}} + A_i\overline{B_i}\overline{C_{i-1}} + A_iB_iC_{i-1}$$

S_i 已经是最简与或式,通过表达式转换可使电路再简化。

$$S_i = \overline{A_i}(\overline{B_i}C_{i-1} + B_i\overline{C_{i-1}}) + A_i(\overline{B_i}\overline{C_{i-1}} + B_iC_{i-1})$$
$$= \overline{A_i}(B_i \oplus C_{i-1}) + A_i(\overline{B_i \oplus C_{i-1}})$$
$$= A_i \oplus B_i \oplus C_{i-1}$$

$$C_i = A_iB_i + B_iC_{i-1} + A_iC_{i-1}$$

(4)画逻辑图。

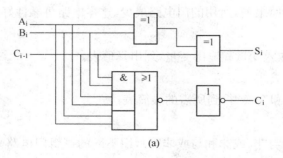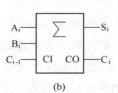

(a)　　　　　　　　　　　　　　　　　(b)

图 11.20　例 11.10 的图

(a)全加器逻辑图;(b)全加器逻辑符号

【例 11. 11】 试用与非门设计一个组合逻辑电路，A 和 B 为电路的两个输入变量，C 为控制变量，当 C = 1 时实现逻辑加，C = 0 时实现逻辑乘。

解：（1）根据题意，作逻辑真值表见表 11.10。

表 11. 10 例 11. 11 的真值表

C	B	A	Y
0	0	0	0
0	0	1	0
0	1	0	0
0	1	1	1
1	0	0	0
1	0	1	1
1	1	0	1
1	1	1	1

（2）由真值表写表达式，并化简得到最简与或式：

$$Y = AB + BC + AC$$

（3）用摩根定律将与或式转换成与非式：

$$Y = \overline{\overline{AB + BC + AC}}$$
$$= \overline{\overline{AB}\ \overline{BC}\ \overline{AC}}$$

（4）只用与非门实现的电路如图 11.21 所示。

由例题可见，其真值表和表达式同 11.4 章节例 11.8 三人表决器的真值表和表达式完全一样，说明现实世界中不同的现象可能抽象成相同的逻辑函数表示，一种逻辑函数可以表示多种不同的现实现象。

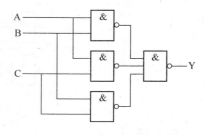

图 11. 21 例 11. 11 的逻辑电路图

【例 11. 12】 若医院病房紧急呼叫系统需对呼叫信号按优先级应答，由高到低依次是 24 小时监护病房、危重病房、重病房、普通病房。控制台有四个指示灯显示有无呼叫，为保证每刻只有一个指示灯亮，试设计一个呼叫排队的逻辑电路。

解：（1）假设四种呼叫信号分别为 A、B、C、D，对应的指示灯分别用 La、Lb、Lc、Ld 表示，用 1 表示有呼叫，0 表示无呼叫。按题意可列真值表如表 11.11 所示。其中×表示取值任意。

表 11. 11 例 11. 12 的真值表

A	B	C	D	La	Lb	Lc	Ld
1	×	×	×	1	0	0	0
0	1	×	×	0	1	0	0

(续表)

A	B	C	D	La	Lb	Lc	Ld
0	0	1	×	0	0	1	0
0	0	0	1	0	0	0	1
0	0	0	0	0	0	0	0

（2）由逻辑状态表写出表达式：

$$La = A$$

$$Lb = \overline{A}B$$

$$Lc = \overline{A}\overline{B}C$$

$$Ld = \overline{A}\overline{B}\overline{C}D$$

（3）画逻辑图如图 11.22 所示。

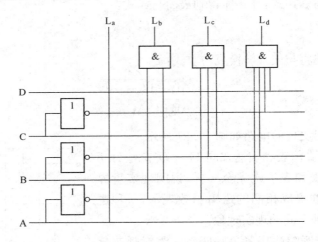

图 11.22   例 11.12 的逻辑电路图

在例题 11.12 的电路设计中，输入信号有优先级的要求，在设计具有优先级电路的真值表时，一般用×表示任意值（0 或 1），如果用 0 和 1 来取代×，真值表将变得很烦琐，例 11.12 将有 16 种取值状态。另外由带×的真值表写输出表达式的方法，也可以通过此例题加以学习总结。

习   题

11.1 用公式法化简下列逻辑函数为最简与或式。

（1）$Y = A\overline{B}\overline{C} + \overline{A}B + \overline{A}D + C + BD$

（2）$Y = \overline{\overline{AB}(C+D)(\overline{D}+E)}BD$

11.2　化简下列逻辑函数为最简与非式，并用与非门实现。

（1）$Y = D(D+C)(B+C)(\overline{D}+\overline{C}+A)(\overline{D}+B+A)(D+C+\overline{B}+A)$

（2）$Y = \overline{AD + B(\overline{ACD+\overline{A}+\overline{D}E+B\overline{C}})}$

11.3　卡诺图化简下列逻辑函数。

（1）$Y = AB + \overline{A}\overline{B} + \overline{B}C + BC$

（2）$Y = A(\overline{A}+B) + B(B+C+D)$

（3）$Y(A, B, C, D) = \sum m(1, 2, 3, 5, 6, 7, 8, 9, 12, 13)$

（4）$Y(A, B, C, D) = \sum m(1, 7, 9, 10, 11, 12, 13, 15)$

11.4　用最少的门电路实现下面的逻辑函数：

$$F(A, B, C, D) = \sum m(0, 3, 4, 5, 6, 7, 8, 9, 10, 11, 12, 15)$$

11.5　化简下列逻辑式，并画出逻辑电路。

（1）$F_1 = \overline{A}B\overline{C} + \overline{A}BC + A\overline{B}C + \overline{A}\overline{B}C + ABC$

（2）$F_2 = A\overline{B} + BD + BCD + \overline{A}D$

11.6　有一逻辑电路如下图，已知 A、B、C 的信号波形写出其逻辑式，试画出输出 F 的波形。

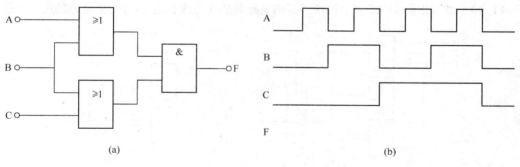

(a)　　　　　　　　　　　　　　(b)

图 11.23　习题 11.6 的图

11.7　分析下面逻辑电路，它实现什么逻辑功能？能否用更简单的电路实现它？

11.8　用"与非"元件实现下列逻辑表达式，并画出逻辑图。

（1）$F_1 = A + B + C$

（2）$F_2 = \overline{AB} + (\overline{A}+B)\overline{C}$

（3）$F_3 = A\overline{C} + B\overline{C} + \overline{A}C$

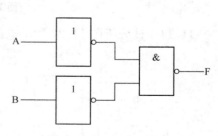

图 11.24　习题 11.7 的图

11.9　有一逻辑图如下图（a）所示：

（1）写出逻辑表达式，并化简。

（2）当 A、B、C 输入如下图（b）所示波形时，试画出输出 F 的波形。

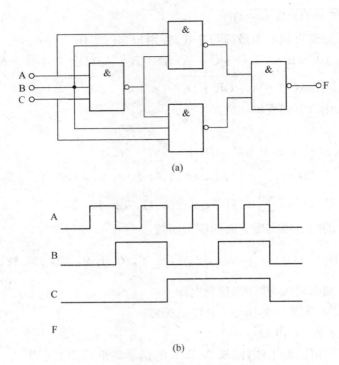

(a)

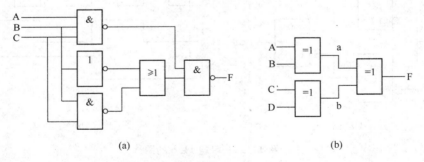

(b)

图 11.25   习题 11.9 的图

11.10   试写出图 11.26(a)、(b)所示逻辑电路的最简与或表达式,并分析电路的逻辑功能。

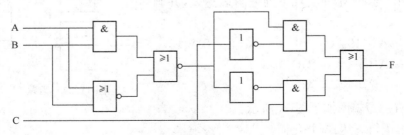

(a)   (b)

图 11.26   习题 11.10 的图

11.11   试分析图 11.27 所示电路的逻辑功能,并改用最少的门电路实现。

图 11.27   习题 11.11 的图

11.12 组合逻辑电路如图 11.28 所示,其中 A、B 为输入变量,Y 为输出函数,试说明当 C_3、C_2、C_1、C_0 作为控制信号时,Y 与 A、B 的逻辑关系。

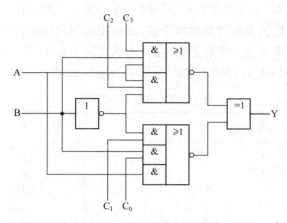

图 11.28 习题 11.12 的组合逻辑电路图

11.13 测得某电路的输出随输入变化的真值表如表 11.12 所示,试分析该电路的逻辑功能。

表 11.12 习题 11.13 的真值表

A	B	C	Y
0	0	0	0
0	0	1	1
0	1	0	1
0	1	1	0
1	0	0	1
1	0	1	0
1	1	0	0
1	1	1	1

11.14 一组合逻辑电路有两个输入端 A、B,一个输出端 F,在输入端加不同的信号波形,输出端将得到相应的输出波形,如图 11.29 所示,试根据波形图写出真值表并分析电路的逻辑功能。

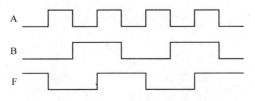

图 11.29 习题 11.14 的波形图

11.15 设计一个四输入的检测电路。要求输入信号 A、B、C、D 为 8421BCD 码,当输入的 BCD 码对应的十进制数可以被 2 和 3 同时整除时,输出为 1,否则输出为 0。

11.16 某城市有三条路灯,每条路灯需 1 kW 电力,这三条路灯由两台发电机供电,一台是 1 kW,一台是 2 kW,三条路灯不一定同时点亮。为了节约能源,又要保证供电,请设计一个组合逻辑电路,根据三条路灯的供电需要,起动相应的发电机。

11.17 设计一个多功能的组合逻辑电路,要求实现如表 11.13 所示的逻辑功能。其中 M_1、M_0 为选择控制信号,A、B 为输入逻辑变量,F 为输出信号。

表 11.13 习题 11.17 的表

M_1	M_0	F
0	0	$\overline{A+B}$
0	1	AB
1	0	$A \oplus B$
1	1	$A \odot B$

第 12 章　触发器和时序逻辑电路

12.1　触发器

上一章讨论了无记忆功能的组合逻辑电路,本章将讨论有记忆功能的时序逻辑电路。组合逻辑电路的基本单元是门电路,而时序逻辑电路基本单元是触发器(Flip-Flop)。

触发器由带反馈回路的门电路组成,其下一个输出状态由输入和当前输出状态共同决定,因此是一种具有记忆功能的单元电路。

触发器按工作状态的稳定性分双稳态触发器、单稳态触发器和无稳态触发器(多谐振荡器),本章讨论的均为双稳态触发器。采用不同电路结构的触发器,其触发方式也不同,可分为基本触发器、同步触发器、主从触发器和边沿触发器。按逻辑功能不同触发器又可分为 RS 触发器、JK 触发器、D 触发器和 T 触发器。

基本触发器:没有触发信号 CP 的控制,输入信号是直接加到输入端的。它是触发器电路结构的基本形式,是构成其他类型触发器的基础。是不受控的触发器。

同步触发器:输入信号是受 CP 信号控制的,只有在 CP 信号为有效电平时,输入信号才能进入触发器,否则输入信号就不起作用。属于电平触发方式。

主从触发器:为了克服同步触发器存在的缺点,经改进便得到了主从触发器。在这种触发器中,先把输入信号接收到主触发器,然后再传送给从触发器并输出,整个过程是分两步进行的,具有主从工作的特点。主从触发器是在 CP 的有效电平接受输入信号,CP 从有效电平跳变到无效电平的边沿时刻触发。属于脉冲触发方式。

边沿触发器:为了进一步解决主从触发器存在的问题,提高触发器的可靠性和抗干扰能力,出现了边沿触发器。在这种触发器中,只有在 CP 时钟脉冲的上升沿或下降沿时刻,输入信号才能被接收并且触发。这种触发方式为边沿触发。

本节将按上述分类,首先介绍基本 RS 触发器的工作原理和逻辑功能,在基本 RS 触发器的基础上逐一介绍同步 RS 触发器、主从 JK 触发器、边沿 JK 和边沿 D 触发器,然后介绍 T 和 T' 触发器的逻辑功能和不同类型触发器之间的功能转换。

12.1.1 基本触发器

1. 与非门组成的基本 RS 触发器

把两个与非门 G_1、G_2 的输入、输出端交叉连接,即可构成基本 RS 触发器,其逻辑电路如图 12.1a 所示,图 b 是逻辑符号。它有两个输入端 R、S 和两个输出端 Q、$\bar{Q}$。

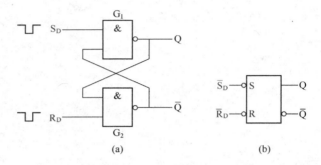

图 12.1　与非门组成的基本 RS 触发器

(a) 逻辑电路图;(b) 逻辑符号

由与非门构成的基本 RS 触发器的逻辑功能分析如下:

(1) 当 R = 1、S = 0 时,则 Q = 1,$\bar{Q}$ = 0,触发器置1。

(2) 当 R = 0、S = 1 时,则 Q = 0,$\bar{Q}$ = 1,触发器置0。

(3) 当 R = S = 1 时,触发器状态保持不变。

(4) 当 R = S = 0 时,触发器输出 Q 和 $\bar{Q}$ 都为1,出现矛盾,称这种情况为不定状态,即状态无法确定。在正常工作时,这种情况应当避免。

与非门组成的基本 RS 触发器的状态表见表 12.1。表中触发器原来的稳定状态(称为现态)用 Q^n 表示;触发器的下一个稳定状态(称为次态)用 Q^{n+1} 表示。

表 12.1　与非门组成基本 RS 触发器的状态表

S_D	R_D	Q^n	Q^{n+1}	功　能
0	0	0	$\times$	禁用
0	0	1	$\times$	(Q^{n+1}不定)
0	1	0	1	置1
0	1	1	1	(Q^{n+1}=1)
1	0	0	0	置0
1	0	1	0	(Q^{n+1}=0)
1	1	0	0	保持
1	1	1	1	(Q^{n+1}=Q^n)

这种触发器的触发信号是低电平有效的,因此在逻辑符号中输入端 S 和 R 端画有小圆圈,表示 R 和 S 都为低电平有效。

2. 或非门组成的基本 RS 触发器

基本 RS 触发器还可以用或非门组成,电路如图 12.2 所示。

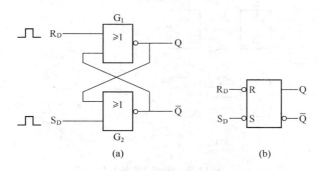

图 12.2 或非门组成的基本 RS 触发器

(a) 逻辑电路图;(b) 逻辑符号

由或非门组成的基本 RS 触发器,输入端 R 和 S 都是高电平有效的,其逻辑状态表见表 12.2。

表 12.2 或非门组成基本 RS 触发器的状态表

S_D	R_D	Q^n	Q^{n+1}	功 能
0	0	0	0	保持
0	0	1	1	($Q^{n+1}=Q^n$)
0	1	0	0	置 0
0	1	1	0	($Q^{n+1}=0$)
1	0	0	1	置 1
1	0	1	1	($Q^{n+1}=1$)
1	1	0	$\times$	禁用
1	1	1	$\times$	(Q^{n+1}不定)

12.1.2 同步触发器

1. 同步 RS 触发器

前面介绍的基本 RS 触发器的触发翻转直接由输入信号决定,而实际上,常常要求系统中的各触发器在规定的时刻同步触发翻转,这就需要由外加的时钟脉冲 CP(Clock Pulse)来控制。

在与非门组成基本 RS 触发器的基础上增加 G_3、G_4 两个与非门,就构成同步 RS 触发器,电路如图 12.3 所示。

由图 12.3a 可知,G_3 和 G_4 同时受 CP 时钟脉冲信号控制,当 CP 为 0 时,G_3 和 G_4 被封锁,R、S 不会影响触发器的输出状态;当 CP 为 1 时,G_3 和 G_4 打开,R、S 端的输入信号可以传送到基本 RS 触发器的输入端,触发器才可能触发翻转。

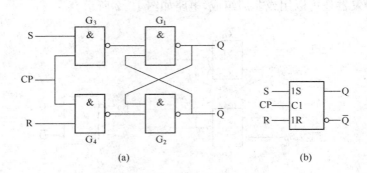

图 12.3　同步 RS 触发器

(a) 逻辑电路图;(b) 逻辑符号

结合基本 RS 触发器的工作原理,我们可以得到以下结论:

1. 当 CP = 0 时,触发器的输入信号无法进入,输出保持原来状态不变。

2. 当 CP = 1 时,若 R = 0,S = 1,则 Q = 1,$\overline{Q}$ = 0,触发器置 1。若 R = 1,S = 0,则 Q = 0,$\overline{Q}$ = 1,触发器置 0。若 R = S = 0,触发器状态保持不变。若 R = S = 1,触发器状态不定。同步 RS 触发器的状态表见表 12.3。

由图 12.3b 可见,R 端和 S 端没有小圆圈,说明都是高电平有效,所以 R 端和 S 端不能同时为 1,其中的 CP 控制信号也没有小圆圈,也是高电平有效,属于高电平触发方式。

表 12.3　同步 RS 触发器状态表(CP=1 有效)

S	R	Q^n	Q^{n+1}	功　　能
0	0	0	0	保持
0	0	1	1	($Q^{n+1}=Q^n$)
0	1	0	0	置 0
0	1	1	0	($Q^{n+1}=0$)
1	0	0	1	置 1
1	0	1	1	($Q^{n+1}=1$)
1	1	0	×	禁用
1	1	1	×	(Q^{n+1}不定)

根据状态表,可得同步 RS 触发器的特性方程为

$$\begin{cases} Q^{n+1} = S + \overline{R}Q^n \\ SR = 0(约束条件) \end{cases}$$

2. 具有异步输入端的同步 RS 触发器

图 12.4a 所示是带异步输入端的同步 RS 触发器,异步输入端 S_D 和 R_D 不受 CP 控制,用于直接复位和置位,它们均是低电平有效,平时不用时处于无效的高电平(置 1)状态。图 12.4b 是逻辑符号。

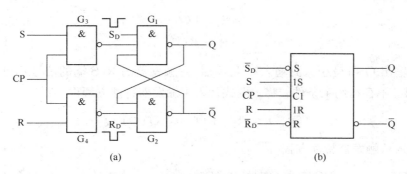

(a)   (b)

图 12.4 具有异步输入端的同步 RS 触发器

(a)逻辑电路图;(b)逻辑符号

同步 RS 触发器同基本 RS 触发器相比,触发器的触发翻转时间被控制在 CP 为有效电平的时间间隔内,在此间隔以外的时间段,其输出状态保持不变,因此抗干扰性能有所提高。但同步 RS 触发器仍存在约束条件,即两个输入端不能同时输入有效的信号。

12.1.3 主从触发器

现以主从 JK 触发器为例,进行主从触发器工作特点的分析。

将两个一样的同步 RS 触发器组成主从结构的主从触发器,并把同步输入端 R、S 接成如图 12.5a 所示,在主触发器的 R 端和 S 端分别增加一个两输入的与门,将 $\overline{Q}$ 端和输入端 J 经与门输出给主触发器的 S 端,将 Q 端与输入端 K 经与门输出给主触发器的 R 端,就形成了主从 JK 触发器。

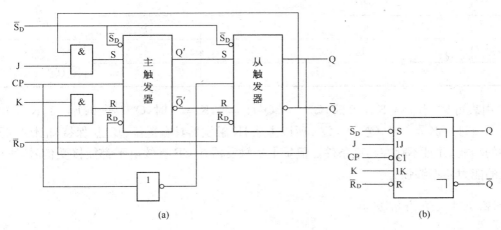

(a)   (b)

图 12.5 主从 JK 触发器

(a)逻辑电路图;(b)逻辑符号

其工作特点是当 CP = 1 时主触发器工作,从触发器不工作;当 CP = 0 时主触发器不工作,从触发器工作。CP = 1 期间主触发器接收输入信号到 Q',CP = 0 时 Q' 的信号送到 Q。其实在 CP 从高电平变到低电平的瞬间,即 CP 下降沿时刻 J、K 对 Q 产生影响。由图 12.5a 可得主触发器的输入为:

$$\begin{cases} S = J\,\overline{Q^n} \\ R = KQ^n \end{cases}$$

可见将输出 Q 和 $\overline{Q}$ 引入到输入端 J、K 后,主触发器的 R、S 端的信号不可能同时有效(为 1),所以已不存在约束条件。将上两式代入主触发器特性方程得:

$$(Q^{n+1})' = S + \overline{R}Q^n = J\,\overline{Q^n} + \overline{K}Q^n$$

再将上式代入从触发器特性方程得:

$$Q^{n+1} = S + \overline{R}Q^n = (Q^{n+1})' + (Q^{n+1})'Q^n = (Q^{n+1})' = J\,\overline{Q^n} + \overline{K}Q^n$$

所以主从 JK 触发器的特征方程为:

$$Q^{n+1} = J\,\overline{Q^n} + \overline{K}Q^n$$

主从 JK 触发器的状态表见表 12.4。

表 12.4　主从 JK 触发器状态表

J	K	Q^n	Q^{n+1}	功　能
0	0	0	0	保持
0	0	1	1	$(Q^{n+1} = Q^n)$
0	1	0	0	置 0
0	1	1	0	$(Q^{n+1} = 0)$
1	0	0	1	置 1
1	0	1	1	$(Q^{n+1} = 1)$
1	1	0	1	翻转
1	1	1	0	$(Q^{n+1} = \overline{Q^n})$

由表可见,当 J = K = 0 时,$Q^{n+1} = Q^n$;J = 0,K = 1 时,$Q^{n+1} = 0$;J = 1,K = 0 时,$Q^{n+1} = 1$;J = K = 1 时,$Q^{n+1} = \overline{Q^n}$。所以主从 JK 触发器具有置位、复位、保持(记忆)和翻转计数的功能,并且不存在约束条件。但是主从触发器在 CP 有效电平都能接受信号,所以抗干扰的能力还不够强。

12.1.4　边沿触发器

1. 边沿 JK 触发器

为了增强触发器的可靠性和提高抗干扰能力,希望触发器接受信号和状态变化都控制在时钟脉冲的上升沿或下降沿,这类触发器叫边沿触发器。由于边沿触发器在没有边沿触发信号时输出状态保持不变,而触发时间又非常短,所以边沿触发器有比较高的可靠性和抗干扰能力。

目前边沿触发器常见的电路结构有:两个同步 D 触发器构成的边沿 D 触发器、维持阻塞结构的 RS、D 边沿触发器和利用门电路传输延迟时间构成的边沿 JK 触发器。

边沿触发器的逻辑符号如图 12.6 所示。图(a)表示带异步置位、复位端,并且 CP 下降沿触发的边沿 JK 触发器,边沿 JK 触发器的特性方程与主从 JK 触发器完全相同

为
$$Q^{n+1} = J\overline{Q^n} + \overline{K}Q^n$$

2. 边沿 D 触发器

图 12.6b 表示带异步置位、复位端的,CP 上升沿触发的边沿 D 触发器,其特性方程为:

$$Q^{n+1} = D$$

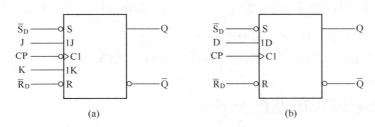

图 12.6 边沿触发器逻辑符号

(a) 边沿 JK 触发器;(b) 边沿 D 触发器

12.1.5 触发器逻辑功能的相互转换

不同逻辑功能的触发器,通过简单的外部连线或外接一些简单的门电路,可以实现逻辑功能的转换。

1. JK 触发器转换为 T 触发器

将 JK 触发器的输入端 J、K 端连接在一起作为 T 端,就构成了 T 触发器,如图 12.7 所示。当 T=1 时,又构成 T′ 触发器或称翻转触发器,见图 12.8,它是早期逻辑设计中常用的一类触发器。由于 JK 和 D 触发器的广泛使用,这种类型的触发器现在已由 JK 或 D 触发器转换获得,不再专门设计。

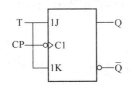

图 12.7 T 触发器逻辑符号

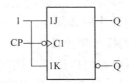

图 12.8 T′触发器逻辑符号

当 JK 触发器特性方程中的 J = K = T 时,就可以得到 T 触发器的特征方程:

$$Q^{n+1} = J\overline{Q^n} + \overline{K}Q^n = T\overline{Q^n} + \overline{T}Q^n$$

当输入端 T＝1 时，得到 T′ 触发器的特征方程 $Q^{n+1} = \overline{Q^n}$，即每来一个有效的时钟 CP 边沿，T′ 触发器就翻转一次，所以有二分频的作用。

2. 用 JK 触发器完成 D 触发器的逻辑功能

已知 D 触发器的特性方程为 $Q^{n+1} = D$，JK 触发器的特性方程为 $Q^{n+1} = J\overline{Q^n} + \overline{K}Q^n$，若取 $J = \overline{K} = D$ 时，即可得到 D 触发器，转换电路如图 12.9 所示。

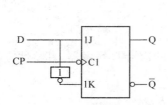

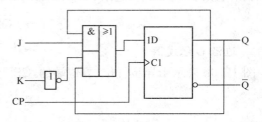

图 12.9　JK 触发器转换成 D 触发器　　　图 12.10　D 触发器转换成 JK 触发器

3. 用 D 触发器完成 JK 触发器的逻辑功能

将 D 触发器的输入端接成 $J\overline{Q^n} + \overline{K}Q^n$，即可得到 JK 触发器，如图 12.10 所示。

12.2　时序逻辑电路的分析

本节开始介绍由触发器构成的时序逻辑电路，首先介绍时序逻辑电路的分类、功能描述方法，然后介绍时序逻辑电路的分析方法和步骤，并以例题形式加以说明。下一节将介绍时序逻辑电路的设计方法和步骤，时序逻辑电路的分析和设计方法是学习时序逻辑电路的核心和重点内容。

1. 时序逻辑电路的分类

时序逻辑电路按各触发器的触发时钟信号不同，分同步时序逻辑电路和异步时序逻辑电路两大类。在同步时序逻辑电路中，所有触发器的时钟脉冲端都接在同一个时钟脉冲源上，所以每个触发器的状态(即时序逻辑电路的状态)变化都是同步的。在异步时序逻辑电路中，各触发器的状态变化不是全部同步的，有些触发器的时钟输入端与时钟脉冲源相连，有些与电路中触发器的输出端相连。

比较而言，同步时序逻辑电路的工作速度高于异步时序逻辑电路，电路设计比较方便。但电路结构一般比后者复杂。

2. 时序逻辑电路的描述方法

时序逻辑电路可以用逻辑图、状态方程、状态表、状态图和时序波形图来表示，这几种表示方法是等价的，并且可以相互转换。

(1) 逻辑图：是用触发器逻辑符号表示的硬件电路连线图。

(2) 状态方程：表明时序电路中触发器状态转换的函数表达式。是说明次态和输入、现态关系的方程。它在形式上与触发器的特性方程相似,所不同的是根据外部输入变量和电路中各触发器的现态来表示次态,所以又叫次态方程。

(3) 状态表:反映时序电路的输出及各个触发器次态 Q^{n+1} 与外部输入信号、现态 Q^n 之间逻辑关系的表格,也称状态转移表。

(4) 状态图:反映时序电路状态转移规律以及相应输入、输出情况的图形称为状态图或状态转移图。状态图中每个圆圈表示一个状态,带箭头的线表示状态转移方向、转移线上方标注转移的输入条件和当前的输出情况。

(5) 时序图:是反映时序电路的输出和各触发器状态随时钟和输入信号变化的工作波形图。

3. 时序逻辑电路的分析方法

时序逻辑电路分析就是根据给出的由触发器构成的时序逻辑电路图,通过一定的分析步骤,求出电路状态转换和电路输出的变化规律,进而确定电路逻辑功能的过程。

时序逻辑电路分析的一般步骤:

(1) 根据给定的时序逻辑电路图,分别写出下列各逻辑方程。

① 各触发器的时钟脉冲 CP 的逻辑表达式。

② 时序逻辑电路的输出方程(若电路中有输出信号)。

③ 各触发器的驱动方程(输入端表达式)。

(2) 将驱动方程代入相应触发器的特性方程,求得各触发器的次态方程,也就是时序逻辑电路的状态方程。

(3) 根据状态方程和输出方程,列状态表,画状态图。若需要还可以画出时序波形图。

(4) 用文字描述时序逻辑电路的逻辑功能。

(5) 分析电路能否自启动。

下面分别以同步和异步时序逻辑电路为例,说明时序逻辑电路的分析过程。注意两种电路触发时间的不同。

【例 12.1】　图 12.11 是一同步时序逻辑电路的电路图,分析该电路,说明电路具有什么功能。

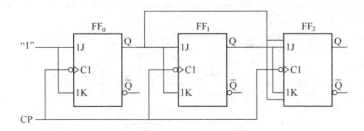

图 12.11　例 12.1 的逻辑图

解:由电路图可知,电路由三个 JK 触发器 FF_0、FF_1、FF_2 组成,所有的触发信号都接到 CP,所以是同步触发的时序逻辑电路。

1. 写出电路的逻辑方程

(1) 各触发器的 CP 方程:

$$CP_0 = CP_1 = CP_2 = CP \quad （下降沿触发）$$

（2）电路无专门的输出信号，所以无输出方程。

（3）各触发器的驱动方程：

$$J_0 = 1 \qquad K_0 = 1$$

$$J_1 = Q_0^n \qquad K_1 = Q_0^n$$

$$J_2 = Q_0^n Q_1^n \qquad K_2 = Q_0^n Q_1^n$$

2. 将步骤 1(3)中各触发器的驱动方程代入 JK 触发器的特性方程 $Q^{n+1} = J \overline{Q^n} + \overline{K} Q^n$，得各触发器的次态方程，即状态方程：

$$Q_0^{n+1} = \overline{Q_0^n}$$

$$Q_1^{n+1} = Q_0^n \overline{Q_1^n} + \overline{Q_0^n} Q_1^n$$

$$Q_2^{n+1} = Q_0^n Q_1^n \overline{Q_2^n} + \overline{Q_0^n Q_1^n} Q_2^n$$

3. 由状态方程列状态转换表，见表 12.5。

表 12.5 例 12.1 的状态表

Q_2^n	Q_1^n	Q_0^n	Q_2^{n+1}	Q_1^{n+1}	Q_0^{n+1}
0	0	0	0	0	1
0	0	1	0	1	0
0	1	0	0	1	1
0	1	1	1	0	0
1	0	0	1	0	1
1	0	1	1	1	0
1	1	0	1	1	1
1	1	1	0	0	0

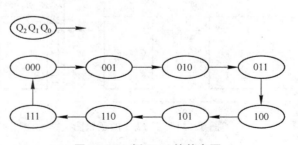

图 12.12 例 12.1 的状态图

4. 从图 12.12 状态图可见，循环中有八个状态即循环长度为八（循环长度又称计数模 M），是八进制计数器。并且来一个有效时钟脉冲 CP，电路状态加 1，所以电路的逻辑功能是同步八进制加法计数器。

5. 电路能否自启动就看它的每一个现态的次态是否全部能进入状态图的有效循环中。此电路的有效循环中有八个状态,包括了三个触发器电路的所有状态,电路一定是能自启动的。

【例 12.2】　图 12.13 是一个异步时序逻辑电路,试分析该逻辑电路图,并说明电路功能。

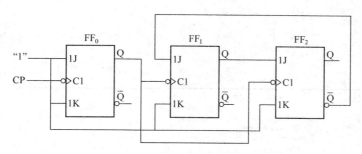

图 12.13　例 12.2 的逻辑图

解:1. 写逻辑方程

(1) CP 方程:

$$CP_0 = CP(下降沿触发), \quad CP_1 = CP_2 = Q_0(下降沿触发)$$

(2) 驱动方程:

$$J_0 = 1 \qquad K_0 = 1$$

$$J_1 = \overline{Q_2^n} \qquad K_1 = 1$$

$$J_2 = Q_1^n \qquad K_2 = 1$$

2. 将驱动方程代入特性方程 $Q^{n+1} = J\overline{Q^n} + \overline{K}Q^n$ 可得状态方程:

$$Q_0^{n+1} = \overline{Q_0^n}$$

$$Q_1^{n+1} = \overline{Q_1^n}\,\overline{Q_2^n}$$

$$Q_2^{n+1} = Q_1^n\,\overline{Q_2^n}$$

3. 画状态表和状态图。

表 12.6　例 12.2 的状态表

Q_2^n	Q_1^n	Q_0^n	Q_2^{n+1}	Q_1^{n+1}	Q_0^{n+1}	有效 CP 说明		
						CP_2	CP_1	CP_0
0	0	0	0	0	1			√
0	0	1	0	1	0	√	√	√
0	1	0	0	1	1			√

（续表）

Q_2^n	Q_1^n	Q_0^n	Q_2^{n+1}	Q_1^{n+1}	Q_0^{n+1}	有效 CP 说明		
						CP_2	CP_1	CP_0
0	1	1	1	0	0	✓	✓	✓
1	0	0	1	0	1			✓
1	0	1	0	0	0	✓	✓	✓
1	1	0	1	1	1			
1	1	1	0	0	0	✓	✓	✓

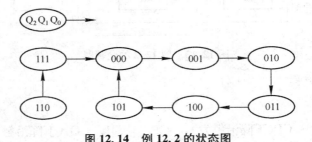

图 12.14　例 12.2 的状态图

4. 说明功能和能否自启动。

电路是能自启动的异步六进制加法计数器。

12.3　时序逻辑电路的设计

　　时序逻辑电路设计是时序逻辑电路分析的逆过程,即根据给定的逻辑功能要求,设计出符合要求的时序逻辑电路。本节将介绍用触发器及门电路设计同步时序逻辑电路的方法。

　　同步时序逻辑电路设计的一般步骤:

　　(1) 由给定的逻辑功能要求,确定电路的状态数和状态分配、输入控制变量和输出结果变量(若需要),画状态图。根据状态数选定触发器个数 N($2^N \geqslant$ 状态数 $> 2^{N-1}$),同时确定触发器类型和触发边沿。

　　(2) 由状态图画出状态表和次态卡诺图、输出卡诺图(若需要)。

　　(3) 由次态卡诺图写出各触发器的状态方程,结合选定触发器的特性方程,求出各触发器的驱动方程。有输出信号的电路写出输出方程。

　　(4) 检查所设计电路的自启动功能。

　　(5) 根据驱动方程和输出方程画逻辑电路图。

　　在设计过程中如果发现设计的电路没有自启动能力,可对设计进行改进。即在步骤 2

<<<< -

的状态表中,将循环外的各状态指定成能够进入循环内的状态转换路径,再按步骤完成设计,电路就能自启动了。

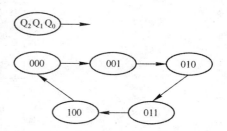

【例 12.3】　设计一个能自启动的五进制计数器(模 5 计数器),写出具体设计过程。

解:1. 由题意可知计数器循环中要求有五个状态,选用三个上升沿即正边沿触发的 D 触发器,状态分配和转换如图 12.15 所示。

图 12.15　例 12.3 的状态图

2. 根据状态图作状态表,见表 12.7。

表 12.7　例 12.3 的状态表

Q_2^n	Q_1^n	Q_0^n	Q_2^{n+1}	Q_1^{n+1}	Q_0^{n+1}
0	0	0	0	0	1
0	0	1	0	1	0
0	1	0	0	1	1
0	1	1	1	0	0
1	0	0	0	0	0
1	0	1	×	×	×
1	1	0	×	×	×
1	1	1	×	×	×

根据状态表作次态卡诺图,如图 12.16 所示。

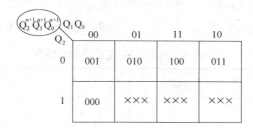

图 12.16　例 12.3 的次态卡诺图

将次态卡诺图进行分解,得到如图 12.17 所示的分解图。

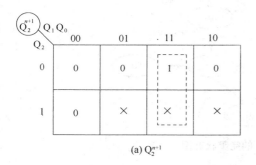

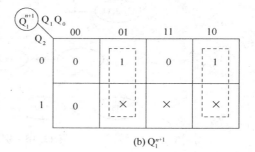

(a) Q_2^{n+1}　　　　　　　　　　(b) Q_1^{n+1}

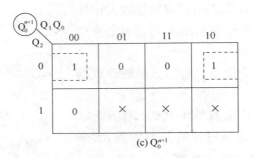

(c) Q_0^{n+1}

图 12.17　例 12.3 的次态卡诺图分解图

3. 由分解的次态卡诺图写出各触发器的次态方程,即状态方程:

$$Q_2^{n+1} = Q_1^n Q_0^n$$

$$Q_1^{n+1} = \overline{Q_1^n} Q_0^n + Q_1^n \overline{Q_0^n}$$

$$Q_0^{n+1} = \overline{Q_2^n}\ \overline{Q_0^n}$$

根据 D 触发器的特性方程 $Q^{n+1} = D$,对照状态方程,可求得各触发器的驱动方程为:

$$D_2 = Q_1^n Q_0^n$$

$$D_1 = \overline{Q_1^n} Q_0^n + Q_1^n \overline{Q_0^n}$$

$$D_0 = \overline{Q_2^n}\ \overline{Q_0^n}$$

4. 检查自启动功能,用状态方程检查循环外的三个不定状态能否进入循环内,见表 12.8。再作出完整的状态图,如图 12.18 所示。由图可见,设计的电路能自启动,不需修改。

表 12.8　例 12.3 不定状态的转换表

Q_2^n	Q_1^n	Q_0^n	Q_2^{n+1}	Q_1^{n+1}	Q_0^{n+1}
1	0	1	0	1	0
1	1	0	0	1	0
1	1	1	1	0	0

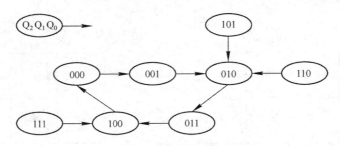

图 12.18　例 12.3 的完整状态图

5. 根据各驱动方程画出逻辑电路图,如图 12.19 所示。

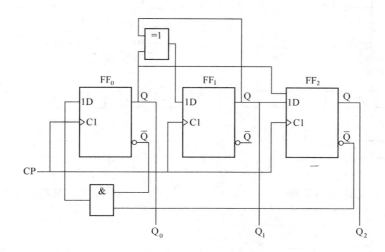

图 12.19　例 12.3 的逻辑电路图

习　　题

12.1　基本 RS 触发器的逻辑符号和输入波形如图 12.20 所示,试画出 Q 和 $\overline{Q}$ 端的输出波形。

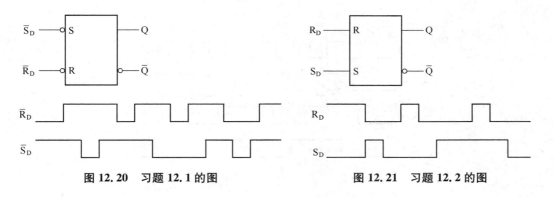

图 12.20　习题 12.1 的图　　　　　图 12.21　习题 12.2 的图

12.2　两个或非门组成的基本 RS 触发器逻辑符号如图 12.21,已知输入 R、S 波形如图,画出输出端的波形 Q 和 $\overline{Q}$。

12.3　同步 RS 触发器如图 12.22 所示,画出输出端波形 Q 和 $\overline{Q}$。

12.4　图 12.23 是主从 JK 触发器的逻辑图和输入波形,画出输出端的波形。

12.5　边沿 JK 触发器逻辑符号和输入波形如图 12.24 所示,其中(a)是没有异步清零端的波形;(b)是有异步清零端的波形,试画出它们的输出波形 Q。

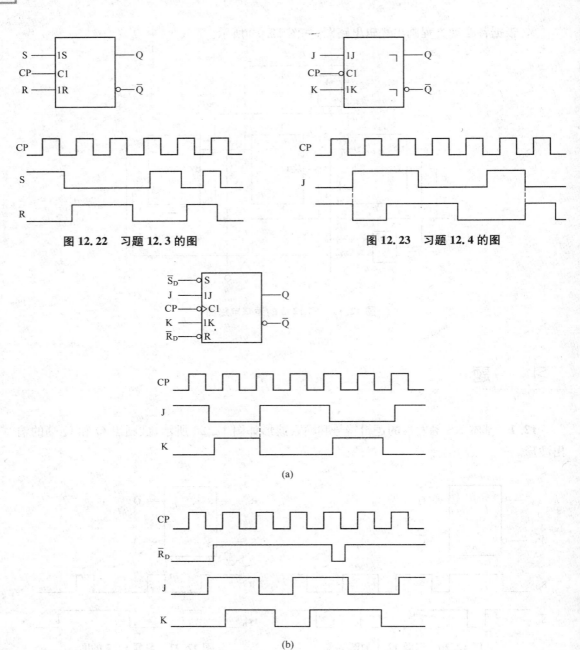

图 12.22　习题 12.3 的图

图 12.23　习题 12.4 的图

(a)

(b)

图 12.24　习题 12.5 的图

12.6　维持阻塞 D 触发器逻辑符号和输入波形如图 12.25 所示,试分别画出图(a)和图(b)的输出波形。

12.7　逻辑电路如图 12.26(a)、(b)所示,若 A="1",时钟脉冲 C 来到后触发器具有何种功能。

(1) 计数功能　(2) 置"0"功能　(3) 置"1"功能　(4) 保持功能

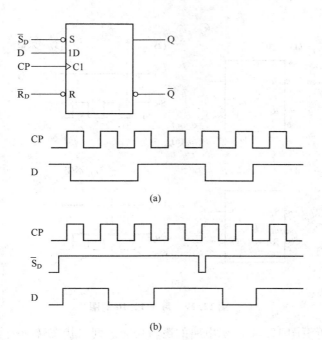

图 12.25 习题 12.6 的图

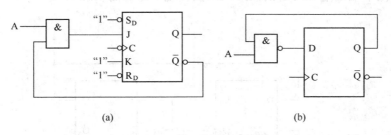

图 12.26 习题 12.7 的图

12.8 逻辑电路如图 12.27 所示,A=B="1",时钟脉冲 C 来到后 D 触发器(   )。
(1) 具有计数功能 　(2) 保持原状态 　(3) 置"0" 　(4) 置"1"

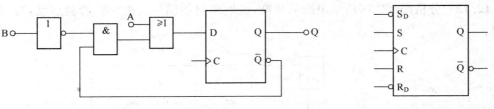

图 12.27 习题 12.8 的图 　　　　　　　图 12.28 习题 12.9 的图

12.9 逻辑电路如图 12.28 所示,当 $R_D = S_D = S = R =$ "1"时,时钟脉冲 C 来到后同步 RS 触发器的新状态为(   )。

(1) "0" 　　　　　　　　　(2) "1" 　　　　　　　　　(3) 不定

12.10 逻辑电路和 R_D,S_D 的波形如图 12.29(a)、(b)所示。当初始状态为"1"时,分析(a) 图在 t_1 瞬间输出波形 Q 的值;当初始状态为"0"时,分析(b)图中 t_1 瞬间输出波形 Q 的值。

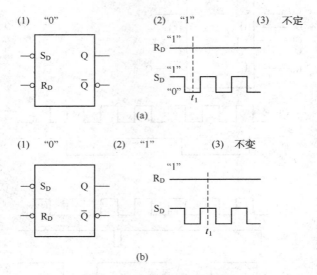

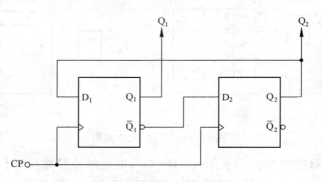

图 12.29 习题 12.10 的图

12.11 试分析下图 12.30 所示电路的逻辑功能。列出状态转换表和状态转换图,画出在 CP 脉冲作用下输出端 Q_1、Q_2 的波形图。假设触发器初始状态 Q_2Q_1="00"。

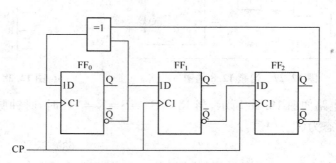

图 12.30 习题 12.11 的图

12.12 分析图 12.31 所示电路的功能,说明电路的循环长度和能否自启动,写出分析过程。

图 12.31 习题 12.12 的电路图

12.13　如图 12.32 所示逻辑电路图及其 C 时钟脉冲波形。试写出各触发器输入端逻辑表达式及状态转换表,画出触发器输出 Q_0,Q_1,Q_2 的波形,并说明其逻辑功能(设各触发器的初始状态均为"1")。

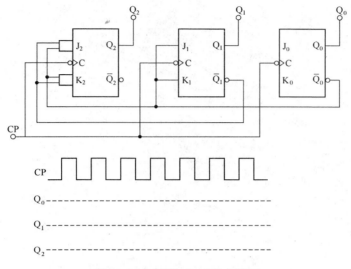

图 12.32　习题 12.13 的电路图

12.14　分析图 12.33 所示时序逻辑电路图的功能,并说明电路能否自启动。

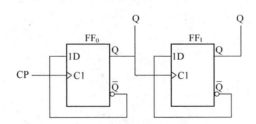

图 12.33　习题 12.14 的电路图

12.15　分析图 12.34 所示 JK 触发器组成的具有输出功能的时序逻辑电路,描述逻辑电路的功能,并说明电路能否自启动。

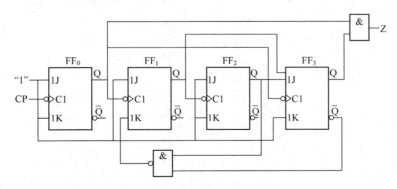

图 12.34　习题 12.15 的电路图

12.16　设计一个七进制同步加法计数器(模数 M＝7)。

12.17　设计一个带进位输出端的同步十进制计数器(模数 M＝10)。电路的计数规则为"逢十进一",并产生一个高电位的进位输出信号。

各章习题参考答案

第一章

1.1 $I = 5\,\text{A}$

1.2 (a) 电源 (b) 负载 (c) 电源

1.3 (1) $P_1 = 24\,\text{W}$ 负载 $P_2 = -8\,\text{W}$ 电源, $P_3 = 8\,\text{W}$ 负载 $P_4 = -24\,\text{W}$ 电源 (2) $\sum P = 0$ 功率平衡

1.4 $V_b = -2\,\text{V}$

1.5 $I = 50\,\text{mA}$ $U = 5\,\text{V}$

1.6 (a) $P = -45\,\text{W}$ 产生 (b) $P = -18\,\text{W}$ 产生 (c) $P_{2A} = -14\,\text{W}$ 产生 $P_{7V} = 14\,\text{W}$ 吸收

1.7 (a) $P_{U_S} = 20\,\text{W}$ 吸收 $P_{I_S} = -28\,\text{W}$ 发出 $P_R = 8\,\text{W}$ 吸收 (b) $P_{I_S} = 20\,\text{W}$ 吸收 $P_{U_S} = -70\,\text{W}$ 发出 $P_R = 50\,\text{W}$ 吸收

1.8 $I = 4\,\text{A}$ $U = -2\,\text{V}$

1.9 $I = 1.5\,\text{A}$

1.10 $R_1 = 2\,\Omega, R_2 = 3\,\Omega, R_3 = 5\,\Omega$

1.11 $V_a = 1\,\text{V}$

1.12 $P = 32\,\text{W}$

1.13 $V_a = -2\,\text{V}, V_b = 6\,\text{V}, V_c = -4\,\text{V}$

1.14 $V_a = -1\,\text{V}$

第二章

2.1 (a) $R_{ab} = 1.2\,\Omega$ (b) $R_{ab} = 1\,\Omega$

2.2 $U = 4\,\text{V}$ $I = 2\,\text{A}$

2.3 $U = 18\,\text{V}$

2.4 $I = 1.6\,\text{A}$

2.5 $U_S = 9\,\text{V}$ $R_o = 6\,\Omega$

2.6 $U = 6\,\text{V}$

2.7 $R = 2\ \Omega$

2.8 $I_1 = 6\ \text{A}$ $I_2 = 1\ \text{A}$ $P_{6\text{V}} = -36\ \text{W}$

2.9 $\begin{cases} I_1 + I_3 + I_{S1} = 0 \\ -I_2 + I_3 + I_{S2} = 0 \\ -I_1 R_1 - U_{S1} + I_3 R_3 - U_{S2} + I_2 R_2 = 0 \end{cases}$

2.10 $I_1 = -3\ \text{A}$ $I_2 = -1\ \text{A}$ $I_3 = 3\ \text{A}$

2.11 $V_a = -12\ \text{V}$

2.12 $U_1 = 20\ \text{V}$ $U_2 = 10\ \text{V}$

2.13 $U = -9\ \text{V}$

2.14 $U = 5\ \text{V}$ $P = -10\ \text{W}$

2.15 $I_S = 20\ \text{A}$

2.16 (a) $U_{OC} = 12\ \text{V}$ $R_{eq} = 3\ \Omega$ (b) $U_{OC} = -2\ \text{V}$ $R_{eq} = 4\ \Omega$

2.17 $I = -2\ \text{A}$

2.18 $U = 10\ \text{V}$

2.19 $U = 7\ \text{V}$

第三章

3.1 $i = 2\sqrt{2}\sin(1\,000t - 6.9°)\text{A}, u_R = 80\sqrt{2}\sin(1\,000t - 6.9°)\text{V}$ $u_L = 60\sqrt{2}\sin(1\,000t + 83.1°)\text{V}$

3.2 $C = 275.8\ \mu\text{F}, I_R = 0.5\ \text{A}, I_C = 0.866\ \text{A}$

3.3 $I = 8.8\ \text{A}, U_1 = 181.4\ \text{V}$

3.4 $R_1 = 6.25\ \Omega, L = 0.06\ \text{H}$

3.5 $X_L = 8\ \Omega, \dot{I} = \sqrt{2}\angle -53.1\ \text{A}, P = 12\ \text{W}, Q = 16\ \text{Var}$

3.6 $R = 40\ \Omega, L = 0.096\ \text{H}$

3.7 $Z_{eq} = 6.32\angle -18.4°\Omega, \dot{U} = 63.2\angle -18.4°\text{V}, \dot{U}_{ab} = 63.2\angle 71.6°\text{V}$

3.8 $Z_{eq} = \sqrt{10}\angle -71.6°\Omega, I = 3.8\ \text{A}, I_L = 2.69\ \text{A}, P = 14.4\ \text{W}, Q = -43.3\ \text{Var}$

3.9 $Z_{eq} = 30\ \Omega, \dot{I}_L = 2\angle -60°(\text{A}), P = UI\cos\varphi = 120(\text{W}), Q = UI\sin\varphi = 0$

3.10 $X_C = 112\ \Omega$

3.11 $Z_{eq} = 5\ \Omega, \dot{I} = 3\angle 0°\text{A}, \dot{I}_R = \dfrac{3}{\sqrt{2}}\angle -45°\text{A}$

3.12 $Z_{eq} = \dfrac{5\sqrt{2}}{3}\angle 81.9°(\Omega)$, (2) $U = 20(\text{V}), I = 6\sqrt{2}(\text{A}), I_2 = 10(\text{A})$ $P = UI\cos\varphi = 24(\text{W}), Q = UI\sin\varphi = 168(\text{Var})$

3.13 $Z = 10\sqrt{2}\angle 45°(\Omega)$, $i = \cos(\omega t + 45°)\text{A}$, $u = 10\sqrt{2}\cos(\omega t + 90°)\text{V}$

3.14 $Z_{eq} = 4\angle 36.9°(\Omega)$, $\dot{I} = 3\angle -36.9°(\text{A})$, $\dot{U}_1 = 10.7\angle -63.5°(\text{V})$, $P = 28.8\ \text{W}$, $Q = 21.6\ \text{Var}$

3.15 $Z_{eq} = 9.8\angle 10.4°(\Omega), \dot{U}_{ab} = 25.9\angle 15°(\text{V})$,

3.16 $U = 40(\text{V}), Z_{eq} = 8\angle -36.9°(\Omega)$

3.17 $Z_{eq} = 25\angle -36.9°(\Omega), \dot{U} = 50\angle -36.9°(\text{V}), P = 80(\text{W})$

3.18 $Z_{eq} = 3.39\angle 42.3°(\Omega), I = 5.9(\text{A}), U = 20(\text{V})$

3.19 $Z_{eq} = 5\angle 53.1°(\Omega), \dot{U}_{ab} = 10\angle 0°\text{V}, P = 12\ \text{W}, Q = 16\ \text{Var}$

3. 20　$\dot{U} = 6.33\angle 63.4°\text{V}, \dot{U}_{ab} = 4\angle -45°\text{V}$

3. 21　$\dot{I}_1 = 0.7\angle -123.7°\text{A}, \dot{I}_2 = 2.1\angle 56.3°\text{A}, P = 7.7\ \text{W}, Q = -11.5\ \text{Var}$

3. 22　(1) $I = 2.2\ \text{A}$, (2) $I' = 1.64\ \text{A}$, (3) $\cos\varphi = 0.8$, (4) $C = 17.9\ \mu\text{F}$

3. 23　$R = 15.7\ \Omega, L = 0.5\ \text{H}, Z_{eq} = 471.4\angle -88.1°\Omega, I = 0.006\ 7\ \text{A}$,呈容性

第四章

4. 1　$\dot{I}_A = 1.22\angle -63.7°\text{A}, \dot{I}_B = 1.22\angle 176.3°\text{A}, \dot{I}_C = 1.22\angle 56.3°\text{A}$

4. 2　$\dot{I}_A = 1\angle 0°\text{A}, \dot{I}_B = 1\angle -30°\text{A}, \dot{I}_C = 1\angle 30°\text{A}, \dot{I}_N = 2.73\ \text{A}$

4. 3　$I_N = 1.464\ \text{A}$

4. 4　$\dot{I}_A = 6.6\angle 23.1°\text{A}, \dot{I}_{AB} = 3.8\angle 53.1°\text{A}$

4. 5　设 $\dot{U}_{AB} = 380\angle 0°\text{V}, \dot{I}_A = 3.35\angle 15°\text{A}, \dot{I}_B = 3.35\angle 165°\text{A}, \dot{I}_C = 1.732\angle -90°\text{A}$

4. 6　$\dot{U}_{AB} = Z \times \dot{I}_{AB} = 220\angle 0°(\text{V})$

4. 7　$U_L = 219.6\ \text{V}, Z = 14.9\angle 36.9°\Omega$

4. 8　$U_L = 219.6\ \text{V}, Z = 4.97\angle 36.9°\Omega$

4. 9　$I_L = 7.26(\text{A})$,线电压为：$U_L = 377.4(\text{V})$,中线电流：$I_N = 0$

4. 10　$\dot{I}_A = 4.4\angle 66.9°\text{A}, \dot{I}_B = 4.4\angle -53.1°\text{A}, \dot{I}_C = 4.4\angle 173.1\ \text{A}$　$P = 1\ 742.4\ \text{W}, Q = 2\ 323.2\ \text{Var},$
　　　　$S = 2\ 904\ \text{VA}$

4. 11　$I_L = 22(\text{A}), P = 11\ 583.6(\text{W})$

4. 12　$Z = 66\angle 40.6° = (50 + \text{j}42.9)\Omega$

4. 13　(1) 负载三角形连接　阻抗 $Z = 123.8\angle 36.9°(\Omega)$　(2) 负载做星形连接　$Z = 41.4\angle 36.9°(\Omega)$

第五章

5. 1　$i_L(0_+) = 2\ \text{A}, u_L(0_+) = -4\ \text{V}; u_C(0_+) = 0, i_C(0_+) = 2\ \text{A}$

5. 2　$i_L(0_+) = 1\ \text{A}, u_L(0_+) = 0.5\ \text{V}; u_C(0_+) = 3\ \text{V}, i_C(0_+) = 0.25\ \text{A}$

5. 3　$i_L(0_+) = 6\ \text{A}, u_L(0_+) = 16\ \text{V}; u_C(0_+) = 8\ \text{V}, i_C(0_+) = 0$

5. 4　$u_C(t) = 50 - 30e^{-t}\ \text{V}$

5. 5　$u_C(t) = 6 + 6e^{-50t}\ \text{V}, i(t) = 1.5 - 1.5e^{-50t}\ \text{A}$

5. 6　$u_C(t) = 6e^{-100t}\ \text{V}$

5. 7　$u_C(t) = 8 + 2e^{-5t}\ \text{V}$

5. 8　$i_L(t) = 7 - e^{-t}\ \text{A}, u(t) = 14 + 2e^{-t}\ \text{V}$

5. 9　$i_L(t) = 1.5e^{-10t}\ \text{A}, u_L(t) = -15e^{-10t}\ \text{V}$

5. 10　$i_L(t) = 1 + e^{-15t}\ \text{A}, i(t) = 1 - 0.5e^{-15t}\ \text{A}$

第六章

6. 1　(1) $n = 167$ 匝　(2) $I_1 = 3.03\ \text{A}$　$I_2 = 45.46\ \text{A}$

6. 2　(1) $R' = 200\ \Omega$　(2) $P = 98.8\ \text{mW}$　(3) $P = 12\ \text{mW}$

6. 3　(1) $I_{1N} = 1\ \text{A}$　$I_{2N} = 43.48\ \text{A}$　(2) $\Delta U\% = 4.3\%$

6. 4　(1) $K = 8$　(2) $U_1 = 19.2\ \text{V}$　$U_2 = 2.4\ \text{V}$　$I_2 = 0.12\ \text{A}$　$I_1 = 0.015\ \text{A}$　(3) $P_L = 0.288\ \text{W}$

6. 5　$i_2 = 400\sqrt{2}\sin(\omega t + 150°)\text{mA}$　$u_2 = 55\sqrt{2}\sin(\omega t + 180°)\ \text{V}$

6.6 (1) $\eta = 0.94$　(2) $\eta = 0.93$

6.7 (1) $\lambda_N = 0.818$　$T_N = 26.53\,\text{N}\cdot\text{m}$　(2) $T_{st} = 19.46\,\text{N}\cdot\text{m}$

6.8 $P_N = 10.02\,\text{kW}$　$T_N = 66\,\text{N}\cdot\text{m}$　$s_N = 0.033$　$I_{stY} = 43.3\,\text{A}$　$T_{stY} = 33\,\text{N}\cdot\text{m}$

6.9 (1) $n_0 = 1\,500\,\text{r/min}$　$p = 2$　(2) 可以　(3) $\eta_N = 0.88$　(4) $T_{st} = 118.6\,\text{N}\cdot\text{m}$

6.10 应采用 Y-△ 起动。

6.11 △形接法　$n_0 = 3\,000\,\text{r/min}$　$s_N = 1.67\%$　当 $T_L = 100\,\text{N}\cdot\text{m}$ 时，$s < s_N$；当 $T_L = 140\,\text{N}\cdot\text{m}$ 时，$s' > s_N$

6.12 (1) $T_N = 36.48\,\text{N}\cdot\text{m}$　(2) $s_N = 0.04$　(3) $1\,500\,\text{r/min}$　(4) $60\,\text{r/min}$　(5) 0

6.13 (1) $p = 2$　(2) $s_N = 4.67\%$　(3) $P_N = 10.03\,\text{kW}$　(4) $\lambda_m = 1.8$　(5) $\lambda_{st} = 1.3$　(6) 不能起动 $90\,\text{N}\cdot\text{m}$ 的恒定负载

6.14 $\eta_N = 80.4\%$　$T_N = 19.52\,\text{N}\cdot\text{m}$；$U = 350\,\text{V}$ 时，$T = 16.6\,\text{N}\cdot\text{m}$；　在额定电压下 Y 改为△，电动机被烧坏。

6.15 (1) $T_{L1} = 0.7T_N$ 不能采用 Y-△ 换接起动；$T_{L2} = 0.3T_N$ 可以采用 Y-△ 换接起动
(2) $U_2 = 300.4\,\text{V}$

6.16 (1) $k = 1.37$　(2) $I_{st} = 74.52\,\text{A}$

第七章

7.1 $u_0 = U_S = 5\,\text{V}$

7.2 (a) D 导通，$U_{O1} = 1.3\,\text{V}$　(b) D 截止，$U_{O2} = 0\,\text{V}$　(c) D 导通，$U_{O3} = -1.3\,\text{V}$　(d) D 截止，$U_{O4} = 2\,\text{V}$　(e) D 导通，$U_{O5} = 1.3\,\text{V}$　(f) D 截止，$U_{O6} = -2\,\text{V}$

7.3 $u_0 = 2\,\text{V}$

7.4

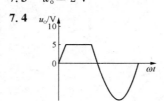

(a)

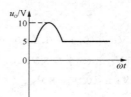

(b)

7.5 $u_0 = U_1$

7.6 $7\,\text{V}$

7.7 $u_{AO} = 0\,\text{V}$

7.8 $U_{ab} = 0.3\,\text{V}$

7.9 $u_0 = 0\,\text{V}$

7.10 $u_0 = -2\,\text{V}$

7.11 $U_0 = 7\,\text{V}$

7.12 $U_0 = 6\,\text{V}$

7.13 略

第八章

8.1 $I_B = 56.5\,\mu\text{A}$　$I_C = 1.41\,\text{mA}$　$U_{CE} = 4.95\,\text{V}$

8.2　$R_B = 678\ \text{k}\Omega$　$U_{CE} = 7\ \text{V}$

8.3　I_C 变动 $2\ \text{mA}$

8.4　(1) 略　(2) $A_u = -189.4$　(3) $A_u = -94.7$　(4) $R_i = 660\ \Omega$　$R_o = 5\ \text{k}\Omega$

8.5　(1) $R_B = 250\ \text{k}\Omega$　$R_C = 2.5\ \text{k}\Omega$　$R_L = 3.75\ \text{k}\Omega$　(2) $U_{iM} = 34.5\ \text{mV}$　(3) 首先出现截止失真,适当减小 R_B 能消除失真　(4) 对直流负载线不产生影响,对交流负载线 α' 会变小　(5) I_B 不变,I_C、$|A_u|$ 减小,U_{CE} 增大

8.6　(1) 略　(2) $A_u = -40$　(3) $R_i = 1\ \text{k}\Omega$　$R_o = 2\ \text{k}\Omega$

8.7　(1) $I_B = 27.6\ \mu\text{A}$　$I_C = 1.38\ \text{mA}$　$U_{CE} = 7.2\ \text{V}$　(2) 略　(3) $r_{be} = 1.14\ \text{k}\Omega$　(4) $A_u = -109.65$　(5) $A_u = -67.48$　(6) $R_i = 0.88\ \text{k}\Omega$　$R_o = 2.5\ \text{k}\Omega$　(7) $A_{us} = -31.59$

8.8　(1) 无变化　(2) 略　(3) $A_u = -1.47$　(4) $R_i = 3.6\ \text{k}\Omega$　$R_o = 2.5\ \text{k}\Omega$

8.9　(1) $I_B = 32\ \mu\text{A}$　$I_C = 2.56\ \text{mA}$　$U_{CE} = 7.22\ \text{V}$　(2) 略　(3) $R_L = \infty$ 时　$A_u = 0.996$　$R_i = 110\ \text{k}\Omega$；$R_L = 3\ \text{k}\Omega$ 时　$A_u = 0.992$　$R_i = 76\ \text{k}\Omega$　(4) $R_o = 36\ \Omega$

8.10　(1) $A_{u1} = -0.97$　$A_{u2} = 0.99$　(2) $R_{o1} = 2\ \text{k}\Omega$　$R_{o2} = 21.3\ \Omega$

8.11　$A_u = -129.55$　$R_i = 21.47\ \text{k}\Omega$　$R_o = 3\ \text{k}\Omega$

第九章

9.1　(1) 若 R_c 增大,则静态工作电流 I_{C2} 减小,差模电压放大倍数 $|A_{ud}|$ 减小,共模电压放大倍数 $|A_{uc}|$ 不变　(2) 若 R_c 增大,则 I_{C2} 不变,$|A_{ud}|$ 增大,$|A_{uc}|$ 不变

9.2　(1) $I_{C1} = I_{C2} = 0.28\ \text{mA}$,$V_{C1} = V_{C2} = 9.2\ \text{V}$　(2) $A_{ud} = -52.6$

9.3　(1) $u_{id} = 0.2\ \text{V}$,$u_{ic} = 2\ \text{V}$　(2) $u_o = -12.12\ \text{V}$,$K_{CMR} = 1\ 000$

9.4　(1) $u_o = 0\ \text{V}$　(2) $u_o = 0.3\ \text{V}$

9.5　(1) $I_{C1} = 0.27\ \text{mA}$,$V_{C1} = 2.5\ \text{V}$　(2) $A_{ud} = -36.8$,$A_{uc} = -0.37$　(3) $K_{CMR} = 99.5$

9.6　$P_{om} = 16\ \text{W}$,$P_{CM} = 3.2\ \text{W}$,$U_{(BR)CEO} = 32\ \text{V}$

9.7　(1) 甲乙类；(2) 13 V；(3) 调大 R_2；(4) 调大 R_1

9.8　(1) 6 V；R_{P1}；(2) 不安全；(3) R_{P2}；(4) $P_{om} = 3\ \text{W}$；$P_v = 3.82\ \text{W}$；$P_{T1} = P_{T2} = 0.41\ \text{W}$；$\eta = 78.5\%$

9.9　(1) 2 V；(2) -1.5 V；(3) -12 V；(4) 12 V

9.10　(a) 1 V；(b) -8 V；(c) 0.6 V

9.11　-0.5 V

9.12　A_1 反相比例运算电路,$U_{o1} = -4\ \text{V}$；A_2 同相比例运算电路,$U_o = -6\ \text{V}$

9.13　A_1 同相求和运算电路,$U_{o1} = 3\ \text{V}$；A_2 反相比例运算电路,$U_o = -1\ \text{V}$

9.14　A_1 反相比例运算电路,A_2 减法运算电路,$u_o = 2(u_{i1} + u_{i2})$

9.15　A_1 反相比例运算电路,A_2 反相比例运算电路,$u_o = 10u_i$

9.16　A_1 集成运放的电压跟随电路,A_2 反相比例运算电路,$u_o = -\dfrac{2R_1}{R}u_i$

9.17　A_1 同相比例运算电路,A_2 减法运算电路,$u_o = 5(u_{i2} - u_{i1})$

9.18　$u_o = 2\ \text{V}$

9.19　$t = 1\ \text{s}$

9.20

9.21　(1) $u_o = -6.7$ V　(2) A 点断开时，$u_o = 6.7$ V　(3) B 点断开时，$u_o = -13$ V　(4) D_{Z1} 接反时，$u_o = 1.4$ V

9.22　当 $u_i < U_R$ 时，运放的 $u_+ < u_-$，运放输出为负的最大值，二极管处于正向导通，所以 T 截止，报警灯不亮。当 $u_i > U_R$ 时，运放的 $u_+ > u_-$，运放输出为正的最大值，二极管处于截止，所以 T 饱和导通，报警灯亮。

　　　R_3 的作用起限制运放输出电流的大小，D 的作用限制 T 的发射结的反向电压的大小。

9.23　假设 $t=0$ 时刻时，运放输出为 -6 V，则电压传输特性曲线如下图所示。

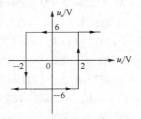

9.24　(1) A1 组成同相比例电路，实现同相比例放大，A2 组成单门限的过零比较器，实现将正弦波转化为方波，$U_T = 0$ V，当 u_{o1} 为正半周时，u_o 输出为负的最大值，D_z 反向击穿，输出为 -5 V。当 u_{o1} 为负半周时，u_o 输出为正的最大值，D_z 正向导通，为 0.6 V。(2) 输出 u_{o1} 和 u_o 的波形如下图所示。

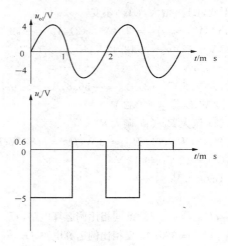

9.25　$U_{opp} = 6$ V

第十章

10.1　(a) 单相半波整流电路，单相全波整流电路，单相(全波)桥式整流电路

10.2　1. C　2. B　3. C　4. B

10.3　2AP4

10.4　(b)　单相半波整流电路

10.5　1. $U_{O(AV)} \approx 1.2U_2 = 12$ V　2. $I_{L(AV)} = \dfrac{1}{2} \cdot \dfrac{U_{o(AV)}}{R_L} \approx 60$ mA　$U_{RM} = 2\sqrt{2}U_2 \approx 28.2$ V　3. $C = \dfrac{(3 \sim 5)T}{2R_L} = 300 \sim 500\ \mu$F　耐压大于 $\sqrt{2} \times 10 \approx 14.1$ V，选取 16 V。　4. $U_{O(AV)} = \sqrt{2}U_2 \approx 14.1$ V

10.6　(b)　14.14 V

10.7 （a）

10.8 （b） 愈大

10.9 （c）

10.10 （a）

10.11 （c）

10.12 四部分电路组成,分析叙述略。

第十一章

11.1 (1) $\overline{B}+C+D$ (2) $ABD+BD\overline{E}$

11.2 (1) $\overline{\overline{BCD}\ \overline{ACD}}$ (2) $\overline{\overline{AD}\ \overline{BC}}$

11.3 (1) $\overline{A}\overline{B}+BC+A\overline{C}$ 或 $AB+\overline{B}\overline{C}+A\overline{C}$ (2) B (3) $\overline{A}D+\overline{A}C+AC$ 或 $\overline{C}D+\overline{A}C+AC$ (4) $AB\overline{C}+$
    $A\overline{B}C+BCD+\overline{B}\overline{C}D$

11.4 $F=\overline{A}B+A\overline{B}+\overline{C}D+CD$

11.5 化简下列逻辑式,并画出逻辑电路。

(1) $F_1=\overline{A}B+C$

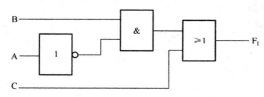

(2) 解:$F_2=\overline{A}B+D$

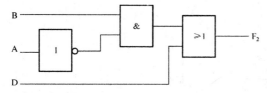

11.6 $F=(A+B)(B+C)$
    $=AB+AC+B+BC$
    $=B+AC$

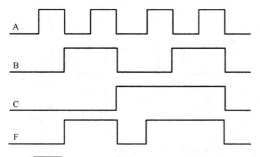

11.7 $F=\overline{\overline{A}\cdot\overline{B}}=A+B$ 实现或的功能

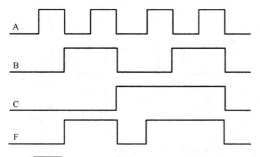

11.8 (1) $F_1 = A + B + C$;　$F_1 = \overline{\overline{A}\,\overline{B}\,\overline{C}}$

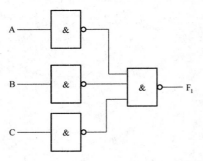

(2) $F_2 = \overline{A}B + (\overline{A} + B)\overline{C}$；$F_2 = \overline{\overline{\overline{A}B}\ \overline{\overline{A}\overline{C}}\ \overline{B\overline{C}}}$

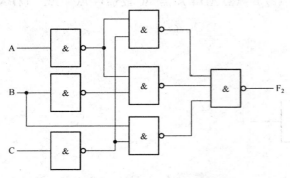

(3) $F_3 = A\overline{C} + B\overline{C} + \overline{A}C$；　$F_3 = \overline{\overline{A\overline{C}}\ \overline{B\overline{C}}\ \overline{\overline{A}C}}$

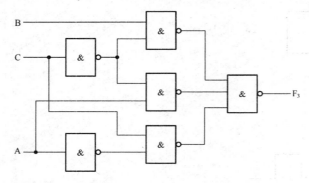

11.9 有一逻辑图如下图所示：

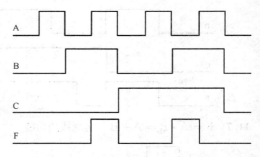

(1) $F = \overline{\overline{AB}\ \overline{\overline{A}\,\overline{B}\,\overline{C}}\ \overline{BC}\ \overline{\overline{A}\,\overline{B}\,\overline{C}}}$

$= AB\,\overline{\overline{A}\,\overline{B}\,\overline{C}} + BC\,\overline{\overline{A}\,\overline{B}\,\overline{C}}$

$= AB(\overline{A} + \overline{B} + \overline{C}) + BC(\overline{A} + \overline{B} + \overline{C})$

$= AB\overline{C} + \overline{A}BC$

11.10 (a)　$F = BC$　(b)　$A \oplus B \oplus C \oplus D$

11.11　$A \odot B \odot C$

11.12　$\overline{\overline{AB}C_2 + ABC_3} \oplus \overline{A + BC_0 + \overline{B}C_1}$

11.13　$Y = \overline{A}\,\overline{B}C + \overline{A}B\overline{C} + A\overline{B}\,\overline{C} + ABC = A \oplus B \oplus C$ 电路为三输入变量的奇校验电路，即输入有奇数个 1 时输出为 1，否则输出为 0。

11.14 $F = \overline{A}\overline{B} + AB = A \odot B$ 同或功能

11.15   设计略，$Y = \overline{A}\overline{B}C\overline{D} + \overline{A}BC\overline{D}$

11.16   设计略，$Y_1 = A \oplus B \oplus C$，$Y_2 = AB + BC + AC$

11.17   设计略

第十二章

12.1

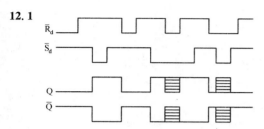

12.2

12.3

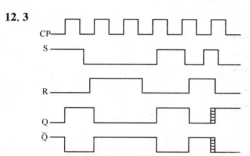

12.4

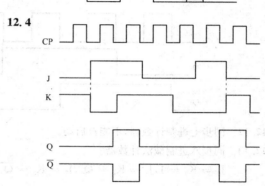

12.5

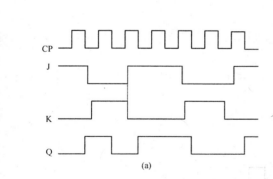

(a)

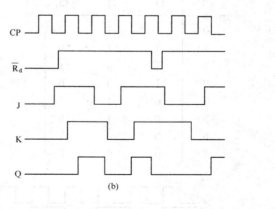

(b)

12.6

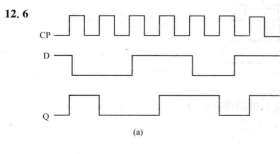

(a)

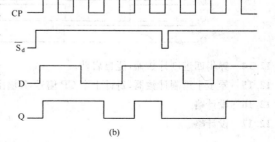

(b)

12.7 （a）（1）计数功能，(b)（1）计数功能

12.8 （4）置"1"

12.9 （3）不定

12.10 （a）（2）"1"；(b)（2）"1"

12.11 同步四进制计数器

$$D_1 = Q_2 \qquad D_2 = \overline{Q_1}$$

CP	Q_2	Q_1
0	0	0
1	1	0
2	1	1
3	0	1

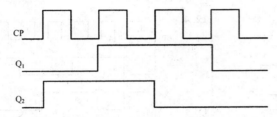

12.12 同步七进制计数器，不能自启动。

12.13 同步八进制减法计数器

$$J_0 = K_0 = 1, J_1 = K_1 = \overline{Q_0}, J_2 = K_2 = \overline{Q_0} \cdot \overline{Q_1}$$

CP	Q_2	Q_1	Q_0
0	1	1	1
1	1	1	0
2	1	0	1
3	1	0	0
4	0	1	1
5	0	1	0
6	0	0	1
7	0	0	0

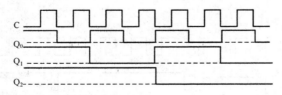

12.14 异步四进制计数器，能自启动。

12.15 异步十进制计数器，每计十个 CP 信号，Z 输出 1，电路能自启动。

12.16 设计略

12.17 设计略

附录

附录 A 国际单位制(SI)的词头

因　数	词　头　名　称		符　号
	法　文	中　文	
10^{24}	yotta	尧[它]	Y
10^{21}	zetta	泽[它]	Z
10^{18}	exa	艾[可萨]	E
10^{15}	peta	拍[它]	P
10^{12}	téra	太[拉]	T
10^{9}	giga	吉[咖]	G
10^{6}	méga	兆	M
10^{3}	kilo	千	k
10^{2}	hecto	百	h
10^{1}	déca	十	da
10^{-1}	déci	分	d
10^{-2}	centi	厘	c
10^{-3}	milli	毫	m
10^{-6}	micro	微	μ
10^{-9}	nano	纳[诺]	n
10^{-12}	pico	皮[可]	p
10^{-15}	femto	飞[母托]	f
10^{-18}	atto	阿[托]	a
10^{-21}	zepto	仄[普托]	z
10^{-24}	yocto	幺[科托]	y

附录 B　元器件的型号与性能简介

一、电阻器

（1）额定功率

共分 10 个等级，其中常用的有 0.05 W，0.125 W，0.25 W，0.5 W，1 W，2 W，…

（2）标称阻值系列

容许误差	系列代号	标 称 系 列 值
±20%	E6	10，15，22，33，47，68
±10%	E12	10，12，15，18，22，27，33，39，47，56，68，82
±5%	E24	10，11，12，13，15，16，18，20，22，24，27，30，33，36，39，43，47，51，56，62，68，75，82，91

一般固定式电阻的标称值应符合上表所列数值或上表所列数值乘以 10^n，其中 n 为正整数或负整数。

体积很小的电阻器的阻值和误差常用色环表示，如附图 C.1 所示。靠近电阻器的一端有 4 道或 5 道（精密电阻）色环，其中第 1、第 2 及精密电阻的第 3 道色环，分别表示其相应位数的数字。倒数第 2 道色环表示"0"的个数，最后一道色环表示误差，色环代表的数字如下：

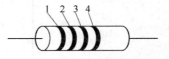

附图 C.1　色环表示法

色　别	黑	棕	红	橙	黄	绿	蓝	紫	灰	白
对应数字	0	1	2	3	4	5	6	7	8	9

二、电容器

（1）电容器的耐压

常用固定式电容器的直流工作电压为

6.3 V，10 V，16 V，25 V，40 V，63 V，100 V，160 V，250 V，400 V，…

（2）固定电容器的标称容量

电容器容量常按下列规则标印在电容器上。

① 小于 100 000 pF 的电容,一般只标明数值而省略单位。例如：330 表示 330 pF。

② 10 000 pF~1 000 000 pF 之间的电容,采用 μF 为单位(往往也省略),它以小数标印,或以 10 乘以 10^n 标印。例如：0.01 表示 0.01 μF,104 表示 10×10^4 pF = 0.1 μF,3n9 表示 3.9×10^{-9} F 即 3 900 pF。

③ 电解电容器以 μF 为单位标印。

名　　称	容许误差	容量范围	标　称　容　量
纸膜复合介质电容器	±5%	100 pF~1 μF	1.0,1.5,2.2,3.3,4.7,6.8
低频(有极性)有机薄膜	±10%		
介质电容器	±20%	1 μF~100 μF	1,2,4,6,8,10,15,20,30,50,60,80,100
高频(无极性)有机薄膜介质电容器	±5%		E24
瓷介电容器	±10%		E12
铝、钽、铌电解电容器	±10% ±20%		1.0,1.5,2.2,3.3,4.7,6.8 (容量单位为 μF)

注：标称电容量为表中数值或表中数据再乘以 10^n,其中 n 为正整数或负整数。

三、半导体元件

1. 变容二极管

型　号	最高反向电压 V_{RM}/V	反向电流 $I_B/\mu A$		结电容 C_g/pF	电容变化 范围/pF	零偏压品 质因数 Q	电容温度 系数 $\alpha/℃^{-1}$
2CC1C	25	≤1	≤20	70~110	240~42	≥250	5×10^{-4}
2CC1D	25	≤1	≤20	30~70	125~20	≥300	5×10^{-4}
测试 条件	$T=20℃$　$I_R=1\mu A$ $T=125℃$　$I_R=20\mu A$	在相应的 V_{RM} 下 $(20\pm5)℃$	$(125\pm5)℃$	反向电压 $V_R=4V$	$V_R=0$ $V_R=V_{RM}$	$V_R=4V$ $f=5MHz$	$V_R=10V$ $f=3.5MHz$

2. 三极管

型　　号	直流参数			交流参数	极限参数		
	$I_{CBO}/\mu A$	$I_{CEO}/\mu A$	h_{FE}		I_{CM}/mA	P_{CM}/mW	$V_{(BR)CEO}/V$
3AX31A	≤20	≤800	40~180	$f_u=500kHz$	125	125	12
3AX81A	≤30	≤1 000	40~270		200	200	10
3DD51A	≤0.4	≤2	≥10		1 A	1 W	≥30

（续表）

型　号	直流参数			交流参数	极限参数		
	$I_{CBO}/\mu A$	$I_{CEO}/\mu A$	h_{FE}		I_{CM}/mA	P_{CM}/mW	$V_{(BR)CEO}/V$
3DD01	≤0.5 mA	≤0.5 mA	≥20	≥5 MHz	1 A	15 W	≥100
3DA1	≤1 mA	≤1 mA	≥10	≥50 MHz	1 A	7.5 W	≥40
3CG131	≤0.5	≤1	>40	≥80	300	700	≥15
3CG9012	−0.1		>40	150	−500	625	−20
3CG9015	−0.5		>60	100	−100	450	−45
3DG100	≤0.01	≤0.1	>30	≥150	20	100	20
3DG101							
3DG130	≤0.5	≤1	>30	≥150	300	700	30
3DG9011	0.05	0.1	>40	150	30	250	50
3DG9013	0.5	1	>40		500	500	25
3DG9014	0.05	0.1	>40	150	100	400	18
3DG9016	0.05	0.2	>40	400	50	250	20
3DG9018	0.1	1	>40	700	30	250	30
2SB647(PNP)	−10		>60	140	1×10^3	900	80
MJ2955(PNP)			5	4	15×10^3	150×10^3	60
2SC1959(NPN)	≤0.1	≤0.1	>70	300	500	500	30
JE8050(NPN)	≤0.1	≤0.1	>85	100	1.5×10^3	800	25
2SD667(NPN)	10		>60	140	1×10^3	900	80
2N3055(NPN)			20～70	0.8	15×10^3	115×10^3	60

附录 C 半导体分立器件型号命名方法

(国家标准 GB 249—1989)

第一部分		第二部分		第三部分		第四部分	第五部分
用阿拉伯数字表示器件的电极数目		用汉语拼音字母表示器件的材料和极性		用汉语拼音字母表示器件的类别		用阿拉伯数字表示序号	用汉语拼音字母表示规格号
符号	意义	符号	意义	符号	意义		
2	二极管	A	N 型,锗材料	P	小信号管		
		B	P 型,锗材料	V	混频检波管		
		C	N 型,硅材料	W	电压调整管和电压基准管		
		D	P 型,硅材料	C	变容器		
3	三极管	A	PNP 型,锗材料	Z	整流管		
		B	NPN 型,锗材料	L	整流堆		
		C	PNP 型,硅材料	S	隧道管		
		D	NPN 型,硅材料	K	开关管		
		E	化合物材料	U	光电管		
				X	低频小功率管(截止频率<3 MHz,耗散功率<1 W)		
				G	高频小功率管(截止频率≥3 MHz,耗散功率<1 W)		
				D	低频大功率管(截止频率<3 MHz,耗散功率≥1 W)		
				A	高频大功率管(截止频率≥3 MHz,耗散功率≥1 W)		
				T	晶体闸流管		

示例

```
3  A  G  I  B
            └── 规格号
         └───── 序号
      └──────── 高频小功率管
   └─────────── PNP 型,锗材料
└────────────── 三极管
```

附录 D　美国标准信息交换码(ASC Ⅱ)

ASC Ⅱ采用 7 位($b_6 b_5 b_4 b_3 b_2 b_1 b_0$),可以表示 $2^7 = 128$ 个符号,如附表 F.1 所示,任何符号或控制功能都由高 3 位 $b_6 b_5 b_4$ 和低 4 位 $b_3 b_2 b_1 b_0$ 确定。对所有控制符,有 $b_6 b_5 = 00$,而对其他符号,则有 $b_6 b_5 = 01$, 或 10,或 11。

附表 F.1

b_3	b_2	b_1	b_0	$b_6 b_5 = 00$		$b_6 b_5 = 01$		$b_6 b_5 = 10$		$b_6 b_5 = 11$	
				$b_4 = 0$	$b_4 = 1$	$b_4 = 0$	$b_4 = 1$	$b_4 = 0$	$b_4 = 1$	$b_4 = 0$	$b_4 = 1$
0	0	0	0			间隔	0	@	P		p
0	0	0	1			!	1	A	Q	a	q
0	0	1	0			"	2	B	R	b	r
0	0	1	1			#	3	C	S	c	s
0	1	0	0			$	4	D	T	d	t
0	1	0	1			%	5	E	U	e	u
0	1	1	0			&	6	F	V	f	v
0	1	1	1	控制符		'	7	G	W	g	w
1	0	0	0			(	8	H	X	h	x
1	0	0	1			)	9	I	Y	i	y
1	0	1	0			*	:	J	Z	j	z
1	0	1	1			+	;	K	[	k	{
1	1	0	0			,	$<$	L	\	l	|
1	1	0	1			—	$=$	M	]	m	}
1	1	1	0			·	$>$	N	$\wedge$	n	$\sim$
1	1	1	1			/	?	O	—	o	注销

附录 E　常用逻辑符号对照表

名称 \ 符号 \ 说明	本书所用符号	曾用符号	国外所用符号
与门	&		
或门	≥1	+	
非门	1		
与非门	&		
或非门	≥1	+	
与或非门	& ≥1	+	
异或门	=1	⊕	

（续表）

符号　说明　名称	本书所用符号	曾用符号	国外所用符号
同或门			
集电极开路与非门			
三态输出与非门			
传输门			
半加器			
全加器			
基本 RS 触发器			
同步 RS 触发器			

（续表）

符号　说明 名称	本书所用符号	曾用符号	国外所用符号
上升沿触发 D 触发器			
下降沿触发 JK 触发器			
脉冲触发（主从） JK 触发器			
带施密特触发 特性的与门			

参 考 文 献

1. 秦曾煌.电工学(第七版)电工技术.北京：高等教育出版社,2009.
2. 秦曾煌.电工学(第六版)电子技术.北京：高等教育出版社,2004.
3. 康华光.电子技术基础 模拟部分(第四版).北京：高等教育出版社,1999.
4. 康华光.电子技术基础 数字部分(第四版).北京：高等教育出版社,2000.
5. 邱关源.罗先觉修订,电路(第五版).北京：高等教育出版社,2006.
6. 张建华.数字电子技术(第 2 版).北京：机械工业出版社,2000.
7. 华成英.模拟电子技术基础(第四版)习题解答.北京：高等教育出版社,2007.
8. 谢自美.电子线路设计·实验·测试(第二版).武汉：华中科技大学出版社,2000.
9. 童诗白,何金茂.电子技术基础试题汇编(数字部分).北京：高等教育出版社,1991.
10. 唐竞新.数字电子技术基础解题指南.北京：清华大学出版社,1993.
11. 席时达.电工技术(第二版).北京：高等教育出版社,2000.
12. 张莉,张绪光.电工技术.北京大学出版社[北京]2011.
13. 侯文,忻尚芝.电工与电子技术.北京：中国计量出版社,2009.
14. 忻尚芝,侯文.电工与电子技术习题及解答.北京：中国计量出版社,2011.
15. 第二届全国大学生电子设计竞赛组委会.全国大学生电子设计竞赛获奖作品选编.北京：北京理工大学出版社,1997.